Dieter Osteroth

# Von der Kohle zur Biomasse

Chemierohstoffe und Energieträger
im Wandel der Zeit

Mit 78 Abbildungen und 34 Tabellen

Springer-Verlag
Berlin Heidelberg New York
London Paris Tokyo

Dipl.-Chem., Dr. rer. nat. Dieter Osteroth
Direktor i. R., Lehrbeauftragter an der Universität Karlsruhe
sowie an der Fachhochschule Lippe in Lemgo und
an der Fachhochschule Bielefeld
Uhlandstraße 23, 4800 Bielefeld 1

ISBN-13: 978-3-540-50712-3    e-ISBN-13: 978-3-642-88669-0
DOI: 10.1007/978-3-642-88669-0

CIP-Titelaufnahme der Deutschen Bibliothek
Osteroth, Dieter: Von der Kohle zur Biomasse: Chemierohstoffe und Energieträger im Wandel der Zeit / Dieter Osteroth. - Berlin; Heidelberg; New York; London; Paris; Tokyo: Springer, 1989
ISBN-13: 978-3-540-50712-3

Dieses Werk ist urheberrechtlich geschützt. Die dadurch begründeten Rechte, insbesondere die der Übersetzung, des Nachdrucks, des Vortrags, der Entnahme von Abbildungen und Tabellen, der Funksendung, der Mikroverfilmung oder der Vervielfältigung auf anderen Wegen und der Speicherung in Datenverarbeitungsanlagen, bleiben, auch bei nur auszugsweiser Verwertung, vorbehalten. Eine Vervielfältigung dieses Werkes oder von Teilen dieses Werkes ist auch im Einzelfall nur in den Grenzen der gesetzlichen Bestimmungen des Urheberrechtsgesetzes der Bundesrepublik Deutschland vom 9. September 1965 in der Fassung vom 24. Juni 1985 zulässig. Sie ist grundsätzlich vergütungspflichtig. Zuwiderhandlungen unterliegen den Strafbestimmungen des Urheberrechtsgesetzes.

© Springer-Verlag Berlin Heidelberg 1989

Die Wiedergabe von Gebrauchsnamen, Handelsnamen, Warenbezeichnungen usw. in diesem Werk berechtigt auch ohne besondere Kennzeichnung nicht zu der Annahme, daß solche Namen im Sinne der Warenzeichen- und Markenschutz-Gesetzgebung als frei zu betrachten wären und daher von jedermann benutzt werden dürften.

Gesamtherstellung: Appl, Wemding
2151/3140-543210 - Gedruckt auf säurefreiem Papier

# Für Inge

# Vorwort

Wir sind Zeugen eines geistigen Umbruchs: An die Stelle unbedingten Vertrauens in die weltverbessernde Kraft von Naturwissenschaften und Technik sind Vorbehalte, Zweifel und sogar Ängste getreten; zunehmend werden nicht nur Nutzen, sondern auch durch die Technik verursachte weltweite Risiken und Schäden wahrgenommen. Schienen früher die Möglichkeiten von Naturwissenschaften und Technik nahezu unbegrenzt zu sein, so zeichnen sich seit geraumer Zeit die nicht zuletzt auch rohstoffbedingten Grenzen des Wachstums deutlich ab. Unermeßliche Schäden in unserer Umwelt (Boden, Wasser, Luft), die sich in sterbenden Wäldern, verseuchten Meeren oder bedrohter Tierwelt manifestieren, sind nicht zu übersehende Warnzeichen und fordern energisch dazu auf, den bisher begangenen Weg zu überdenken.

Eines der zentralen Themen ist die Nutzung fossiler Brennstoffe zur Deckung des Weltbedarfs an Primärenergien, flüssigen Treibstoffen und Rohstoffen für die chemische Industrie. Erdöl ist derzeit der wichtigste Energieträger, zugleich auch mengenmäßig das bedeutendste Welthandelsprodukt; daneben hat Erdgas zunehmende Bedeutung gewonnen. Die Bedeutung der Kohle, die vor Jahrzehnten eine unangefochtene Schlüsselposition innehatte, nahm dagegen seit den 50er Jahren ständig ab; als Chemierohstoff spielt sie bei uns nur noch eine untergeordnete Rolle. Die stolzen Erfolge der deutschen Kohlechemie, die in den 20er und frühen 30er Jahren Bewunderung in der ganzen Welt erregten, sind nur noch Fachleuten bekannt.

Zahlreiche Fragen tauchen auf: Wie kam es zu dieser Entwicklung? Bedeutende Erdöllagerstätten finden sich im Gegensatz zur Kohle nur an wenigen Stellen auf der Erde; wie sicher ist die Versorgungslage? Sind wir auf Gedeih und Verderb auf Erdöl angewiesen? Ist es, wie kürzlich der frühere saudiarabische Ölminister Yamani meinte, nur eine Frage der Zeit, bis die gesamte Welt vom Golferdöl abhängig sein wird? Trifft die Befürchtung von C. A. J. Herkströter zu, daß die Industrieländer eines Tages wieder bei der OPEC an die Tür klopfen müssen? Wird die Abhängigkeit vom Golföl größer werden als je zuvor? Kann Kohle eine Alternative zum Erdöl bieten? Welche Folgen kann eine immer weiter ausgedehnte Verwendung fossiler Brennstoffe im weltweiten Maßstab haben? Verbietet der drohende *Treibhauseffekt* infolge ansteigenden $CO_2$-Gehaltes in der Atmosphäre die Verwendung fossiler Brennstoffe und erzwingt völlig neue Technologien? Können Energiewirtschaft und chemische Industrie ohne Erdöl und Kohle leben? Der Katalog der Fragen ließe sich leicht noch erweitern!

Diese Entwicklung habe ich seit nahezu 5 Jahrzehnten bewußt miterlebt. Aufgewachsen im Schatten hoher Schornsteine eines mitten im mitteldeutschen Braunkohlerevier gelegenen Chemiewerkes, wurde mein Interesse (nicht zuletzt auch durch den Beruf meines Vaters) frühzeitig auf die Chemie, insbesondere die Kohlechemie, gelenkt; Bücher wie *Wissenschaft bricht Monopole* oder *Chemie erobert die Welt,* die heute sicherlich mit anderen Augen gesehen werden müssen, erweckten damals meine Begeisterung für technische Chemie. Die Problematik der Kohleveredlung wurde mir schon frühzeitig hautnah vermittelt: Mächtige Abraumhalden aus einem nahegelegenen Braunkohlentagebau wuchsen fast vor der Haustür; durch offene Fenster wehte der feine Kohlenstaub aus einer benachbarten Brikettfabrik, zuweilen bei ungünstiger Windrichtung auch der eigentümlich-unangenehme Geruch von Braunkohlenschwelereien. Hochgradige Verschmutzung von Elster und Saale, Emissionen aus nahegelegenen Braunkohlenkraftwerken und einer riesigen Karbidfabrik, rücksichtslose Vernichtung schöner Auelandschaft durch den Bau großer Industrieanlagen, aber auch Erdbeeren aus dem eigenen Gemüsegarten, die nach Chlor rochen und ungenießbar waren, machten mich schon als Schüler auf die Umweltproblematik aufmerksam; der fast nur einen Steinwurf entfernte Großbetrieb, in dem Kampfgase aus Kartoffelsprit erzeugt wurden, zeigte mir den Januskopf der Chemie.

Mein Berufsweg führte später zur Begegnung mit Petrochemikalien, aber auch mit Biomassen; insbesondere die Verwendung nativer Öle und Fette als Rohstoffe für die chemische Industrie wurde zu meinem Spezialgebiet. Während meiner langjährigen Tätigkeit als Werksleiter wurde ich sehr hart mit Umweltproblemen konfrontiert und lernte dabei nicht nur die chemisch-technische Seite, sondern zugleich auch die mit ihr verbundene menschliche Problematik kennen. In diesen Jahren habe ich die Überzeugung gewonnen, daß die anstehenden Probleme nicht allein nur mit technischen Mitteln gelöst werden können: Erforderlich ist eine neue Denkrichtung bei den für die Geschäftsergebnisse ihrer Unternehmen verantwortlichen Managern, für die Ökonomie und Ökologie zumindest zu gleichgewichtigen Faktoren bei unternehmerischen Entscheidungen werden müssen (im Zweifelsfall muß der Ökologie Vorrang eingeräumt werden!). Anerkennend muß festgestellt werden, daß sich inzwischen in einer Reihe führender Unternehmen ein *neuer Geist* ausbreitet.

Im Verlauf meiner langjährigen Vorlesungstätigkeit als Lehrbeauftragter wurden immer wieder Fragen, wie ich sie bereits nannte, an mich herangetragen und kritisch durchleuchtet. Aus einer intensiven Beschäftigung mit diesen Problemen, einer Vorlesung für Hörer aller Fachbereiche an der Fachhochschule Lippe in Lemgo sowie zahlreichen Diskussionen mit Fachkollegen ist das vorliegende Buch entstanden, das - so hoffe ich - klar vor Augen führt, daß die anstehenden weltweiten Probleme technisch lösbar sind; erforderlich ist der Wille bei den Verantwortlichen, die vorhandenen Technologien trotz hohen finanziellen Aufwandes auch einzusetzen und weiterzuentwickeln zur langfristigen Sicherung der menschlichen Existenz auf unserer Erde.

Ohne Unterstützung zahlreicher Firmen und Verbände wäre es mir nicht möglich gewesen, dieses Buch in der vorliegenden Form zu veröffentlichen; für die übergebenen Unterlagen und Fotos möchte ich meinen Dank sagen. Ebenso danke ich meinem Bruder, Helmut Osteroth, Essen, für das Zeichnen einiger Abbildungen. Besonderen Dank schulde ich Herrn Andreas Kurzweil von der Arbeitsgruppe Teerschwele im Förderkreis des Museumsdorfes Düppel e. V., Berlin-Zehlendorf, der mir zahlreiche Hinweise gab und Unterlagen zur Verfügung stellte, die ich bei der Behandlung des Themas *Holz als Chemierohstoff* verwendet habe.

Dem Rektor der Fachhochschule Lippe, Herrn Professor Dr. sc. agr. Dietrich Lehmann, danke ich herzlich dafür, daß ich Gelegenheit geboten bekam, die im Buch behandelten Themen im Rahmen von Vorlesungen abzuhandeln.

Bielefeld, März 1989         Dieter Osteroth

# Inhaltsverzeichnis

*1  Einleitung* .......................... 1

1.1  Technik: Fortschritt oder Bedrohung? ......... 1
1.2  Die Situation in der chemischen Industrie und
     Energieversorgung .................... 3
1.2.1 Rohstoffe ......................... 3
1.2.2 Umwelt .......................... 11

*2  Erdöl und Erdgas* ..................... 14

2.1  Der Energiehunger der Welt .............. 14
2.2  Das Erdölzeitalter ..................... 16
2.3  Was ist Erdöl? ....................... 19
2.4  Erdölchemie ........................ 22
2.5  Petrochemie ........................ 31
2.6  Erdgas ............................ 36
2.7  Synthesegas ........................ 39
2.8  Erdöl verdrängt Kohle als Chemierohstoff ...... 49

*3  Kohleveredlung I - Teer und Koks* ......... 53

3.1  Was ist Kohle? ...................... 53
3.2  Die Gasanstalt - Keimzelle der Teerchemie ...... 56
3.3  Koks für Eisenhütten ................... 60
3.4  Der Weg zum modernen Koksofen ........... 63
3.5  Steinkohlenteer ...................... 70
3.6  Schwelung ......................... 86

*4  Kohleveredlung II - Vergasung und Hydrierung
    von Kohle* ......................... 99

4.1  Kohlevergasung ...................... 99
4.1.1 Feststoffvergasung .................... 103
4.1.2 Wirbelschichtvergasung ................. 109
4.1.3 Flugstromvergasung ................... 113

| | | |
|---|---|---|
| 4.2 | Zukünftige Möglichkeiten bei der Kohlevergasung | 119 |
| 4.2.1 | Untertagevergasung (UTG) | 119 |
| 4.2.2 | Koppelung von Kohlechemie und Kernkraft | 124 |
| 4.3 | Kohlehydrierung | 125 |
| 4.3.1 | Vorgeschichte | 125 |
| 4.3.2 | Das IG-Verfahren | 127 |
| 4.3.3 | Renaissance der Kohlehydrierung? | 134 |
| 4.3.4 | Aufarbeitung von Kohleöl | 138 |
| 4.3.5 | Weitere Einsatzprodukte für die Kohlehydrierung | 141 |
| 4.3.6 | Die Verarbeitung von Ölschiefern und Ölsanden (Teersanden) | 143 |
| 4.4 | Treibstoffe und chemische Grundstoffe aus Kohlenmonoxid (Synthesegas) | 149 |
| 4.4.1 | Die Fischer-Tropsch-(FT)-Synthese | 149 |
| 4.4.2 | Methanol und der MTG-Prozeß | 152 |
| 4.5 | Acetylen | 154 |

## 5 Kohle und Biomassen contra Erdöl? ........ 161

| | | |
|---|---|---|
| 5.1 | Kohle | 161 |
| 5.1.1 | Beispiel: Butadien | 167 |
| 5.1.2 | Ein neuer Kraftwerkstyp mit Zukunft: Das Kohlegaskombikraftwerk | 171 |
| 5.2 | Biomassen | 174 |
| 5.2.1 | Treibstoffe und chemische Grundstoffe aus Land- und Forstwirtschaft | 180 |
| 5.2.2 | Neue Wege zur Nutzung nachwachsender Rohstoffe | 197 |
| 5.3 | Zusammenfassung | 200 |

## 6 Wir und unsere Umwelt ................. 202

| | | |
|---|---|---|
| 6.1 | Umweltschutz | 202 |
| 6.2 | Was ist Umwelt? | 203 |
| 6.2.1 | Boden | 204 |
| 6.2.2 | Luft | 207 |
| 6.2.3 | Wasser | 211 |
| 6.3 | Ausblick | 214 |

## 7 Literatur ........................... 216

## 8 Sachverzeichnis ..................... 219

# 1 Einleitung

## 1.1 Technik: Fortschritt oder Bedrohung?

An der Schwelle vom 20. zum 21. Jahrhundert hat sich ein eigenartiges Phänomen eingestellt: Zwar übersteigen dank der Technik unsere heutigen Möglichkeiten die kühnsten Träume unserer Vorfahren, die an der Schwelle vom 19. zum 20. Jahrhundert lebten, nie zuvor wurde jedoch so oft und so lautstark behauptet, die Technik habe das langersehnte Glück nicht gebracht; Rückkehr zur Natur, zum natürlichen Leben und zu natürlichen Produkten – so lautet daher die Forderung vieler *Humanisten* und Romantiker unserer Tage, und sie findet Widerhall in weiten Schichten unserer Gesellschaft. Sehnsucht nach der *Idylle* längst vergangener Jahrzehnte, *als die Welt noch in Ordnung war,* läßt vergessen, daß die meisten Errungenschaften unserer Zeit schon von den Menschen herbeigesehnt wurden, die in jener romantischen Idylle lebten; von der heutigen Generation werden sie überwiegend als notwendig hingenommen.

Was die Beurteilung der Technik anbelangt, so hat sich tatsächlich in weiten Kreisen unserer Gesellschaft ein Umdenkprozeß vollzogen: Wurde vor hundert Jahren jeder technische Fortschritt stürmisch begrüßt, so hat sich in unseren Tagen tiefes Unbehagen eingestellt; euphorischer Fortschrittsglaube wurde von Skepsis und Mißtrauen verdrängt. Mehr und mehr wird technischer Fortschritt mit Recht als ein äußerst komplexer Prozeß mit vielfältigen Auswirkungen auch auf Bereiche verstanden, die außerhalb des technischen Sektors liegen. Hinter dieser veränderten Technik-Bewertung verbirgt sich die Überzeugung, daß technische Aktivitäten weitreichende Folgen für die natürliche wie auch soziale Umwelt des Menschen haben können; durch sie verursachte negative Effekte lassen sich in vielen Fällen kaum noch mit wirtschaftlich vertretbarem Aufwand unter Kontrolle bringen oder gar beseitigen. Deshalb akzeptieren viele Menschen nicht mehr ohne weiteres die Einführung neuer Technologien; die mit ihrem Einsatz verbundenen (sehr oft nur vermeintlichen) negativen ökologischen und gesellschaftspolitischen Folgen werden übertrieben, oft sogar sachlich falsch dargestellt, verursachen Ängste und führen in vielen Fällen zu strikter Ablehnung, lauten Protesten und Widerstand.

Die technische Entwicklung wurde aber von Beginn an auch von kritischen Stimmen begleitet; vereinzelt wurden die negativen Folgen industrieller Tätigkeit schon frühzeitig erkannt. So berichtet Georg Agricola, der an der Schwelle zur Neuzeit steht, in seinem großartigen Werk *De re metallica* (zwölf Bücher vom Berg- und Hüttenwesen) von Einwändern kritischer Zeitgenossen gegen den Bergbau, die – in der Sprache unserer Zeit ausgedrückt – dessen *Umweltverträglichkeit* und *Sozialverträglichkeit* anzweifelten. Klagen über Rauchschäden in der belebten Natur, über gesundheitsschädliche Stoffe in der Luft und Verunreinigungen im Wasser begleiten den Prozeß der Industrialisierung; Beispiele hierfür bieten Waldsterben in der Umgebung von Metallhütten etwa im Harz oder im Erzgebirge, die vom *Hüttenrauch* (hauptsächlich Schwefeldioxid $SO_2$) verursacht wurden, oder massive Bürgerproteste gegen Verseuchung von Wasser und Luft durch LeBlanc-Sodafabriken in der Mitte des vorigen Jahrhunderts. Auch bei der Versorgung mit Brennstoffen und Rohstoffen traten schon frühzeitig Versorgungsengpässe auf; ein herausragendes Beispiel hierfür bietet Holz, das in gewaltigen Mengen als Baumaterial und Brennholz, aber auch in Form von Holzkohle für die Verhüttung von Erzen und für weitere metallurgische Zwecke benötigt wurde, ehe Kohle und Koks an seine Stelle traten. Stets aber handelte es sich um Probleme, die mehr oder weniger nur lokale Bedeutung hatten und lediglich einen kleinen Kreis von Gebildeten oder Fachleuten interessierten. Hier ist ein entscheidender Wandel eingetreten: Die Umweltproblematik und weiter die begrenzte Verfügbarkeit von Rohstoffen sind heute zu zentralen weltweiten Themen geworden.

Am Beginn dieser Entwicklung stehen zwei herausragende Namen: 1962 veröffentlichte die US-amerikanische Meeresbiologin Rachel Carson ihr Buch *Silent Spring* (deutscher Übersetzungstitel *Der stumme Frühling*) und lenkte die Aufmerksamkeit weiter Kreise auf die von ihr befürchtete weltweite Bedrohung unserer Umwelt durch Pflanzenschutzmittel; ihre Vision von einer stummen, toten Natur erweckte Angst vor unbekannten und daher unheimlichen chemischen Mitteln. Zu Beginn der 70er Jahre veröffentlichte der Club of Rome das Ergebnis seiner mehrjährigen Studien und Modellrechnungen und zeigte die *Grenzen des Wachstums* auf; erstmals wurde nun weiten Kreisen bewußt, daß unsere Welt ein endliches System darstellt, in dem es kein unendliches Wachstum geben kann: Allein schon die Begrenztheit der Rohstoffe, insbesondere der fossilen Energieträger, zwingt zu sparsamen Verbrauch. Zwar erwiesen sich die in beiden Büchern aufgestellten Thesen zum Teil als so nicht haltbar; weltweit war aber die Öffentlichkeit alarmiert, und die Diskussion riß seitdem nicht mehr ab.

Anfangs wurden solche Diskussionen von der Wirtschaft, ebenso aber auch von Politikern nur zu oft mit Argwohn verfolgt. Öffentliche Diskussionen über schädliche Auswirkungen industrieller Tätigkeiten galten, wie der Autor aus langjähriger eigener Erfahrung weiß, als schädlich für Wirtschaftswachstum, Arbeitsplätze und technischen Fortschritt; nur zu oft wurden Umweltprobleme bewußt verharmlost oder gar verschwiegen. Dabei wurde übersehen, daß Verschweigen oder Ignorieren von Nachteilen oder schädlichen Folgen industrieller Aktivitäten sich letztlich weit negativer auf die Akzeptanzbereitschaft der Bevölkerung auswirken können, als frühzeitige Offenlegung von Fakten und wissenschaftlich begründeten Annahmen. Zweifellos beruhen Ängste und kritische Haltung weiter Kreise unserer Bevölkerung auf einem Mangel an sachlichen Informationen; nur so ist zu erklären, daß technischer Fortschritt geradezu zum Synonym für massive Bedrohung unserer Umwelt, ja der menschlichen Existenz überhaupt, werden konnte. Sicherlich ist hier von Seiten unserer Schulen und weiterer Bildungs- und Ausbildungsstätten noch viel zu tun, und auch unsere Medien sind angesprochen. Kein Zweifel aber kann daran bestehen, daß hier eine Bringschuld der Industrie vorliegt! Inzwischen hat ein breiter Umdenkprozeß stattgefunden; viele Unternehmen, aber auch Wirtschaftsverbände usw. suchen das Gespräch mit der Öffentlichkeit und geben bereitwillig umfassende Informationen. Die chemische Industrie hat sich oft schwergetan, der Ökologie vor der Ökonomie das Primat einzuräumen; die Umweltkatastrophen in der jüngsten Vergangenheit scheinen aber eine notwendige Zäsur darzustellen. Zu diesem Problem hat sich Professor H. Grünewald, der Aufsichtsratvorsitzende der Bayer AG, klar geäußert: „Wenn man erkennt, daß etwas ökologisch notwendig ist, dann hat sich die Ökonomie der Ökologie unterzuordnen".

## 1.2 Die Situation in der chemischen Industrie und Energieversorgung

Wie in allen produzierenden Wirtschaftszweigen, vollzieht sich die Entwicklung auch in der chemischen Industrie im Spannungsfeld zwischen Rohstoffversorgung und Forderungen des Umweltschutzes.

### 1.2.1 Rohstoffe

Eine gesicherte Rohstoffversorgung ist unabdingbare Voraussetzung für jegliche industrielle Produktion; dies gilt in besonderem Maße für die chemische Industrie, die eine Vielzahl von Rohstoffen benötigt, die jedoch meistens in ausreichender Menge verfügbar sind. Eine besondere Situation liegt allerdings bei der Versorgung mit kohlenstoffhaltigen organischen Rohstoffen vor. Bis in die frühen 50er Jahre bildete vor allem in Europa fast ausschließlich Kohle die Versorgungsbasis. Hier hat seitdem ein Verdrängungsprozeß stattgefunden: Heute erfolgt die Bedarfsdeckung fast ausschließlich mit Erdöl und Erdgas. Schon an dieser Stelle sei klar gesagt: Erst die Umstellung von Kohle auf Erdöl und Erdgas als Chemierohstoffe, mithin also der Übergang von Kohlechemie *(Carbochemie)* auf Petrochemie, hat die Massenproduktion unentbehrlicher Stoffe wie Kunstfasern und Kunststoffe, Synthesekautschuk oder synthetische Waschrohstoffe (dies sind nur einige wenige Beispiele!) ermöglicht.

Erdöl ist weltweit auch der wichtigste Energieträger; mit Recht kann es als Triebfeder des technischen Fortschritts in der zweiten Hälfte unseres Jahrhunderts angesehen werden. Etwa 90% des jährlich geförderten Erdöls werden in Form von Heizölen (etwa 50%) und Kraftstoffen für Otto- und Dieselmotoren sowie Flugturbinen (ca. 40%) *verbrannt,* nur etwa 8–10% dienen als Ausgangsmaterial für chemische Veredlung; dennoch ist chemische Produktion im heutigen Umfang ohne Erdöl und Erdgas schlechterdings undenkbar.

Die Abhängigkeit der Weltwirtschaft vom Erdöl manifestierte sich in den beiden Erdölkrisen von 1973/74 und 1979/80, die in Wirklichkeit keine Krisen, sondern Preisschocks waren: Die ölexportierenden Länder legten die Erkenntnisse des *Club of Rome* auf ihre Weise aus, hoben die Preise für Rohöl drastisch und schlagartig an und zeigten den Industrieländern, in welchem Maße das rasche Wirtschaftswachstum der Nachkriegsjahre von *billigen* Rohöl abhing. Seitdem steht die Frage im Raum: Wie sicher – sowohl kurzfristig wie auch langfristig gesehen – ist die Versorgung der Industrieländer mit Rohöl bzw. insgesamt mit fossilen Rohstoffen? Ein Blick auf die nachfolgenden Tabellen gibt eine klare Antwort.

Die Weltvorräte an den fossilen Rohstoffen Erdöl, Erdgas und Kohle weist Tabelle 1 aus.

Deutlich führen diese Angaben vor Augen, daß sich die größten Ölreserven in politisch unsicheren Ländern im Nahen Osten befinden. Wie sich die Erdölvorräte auf die zehn ölreichsten Länder verteilen, ist aus Tabelle 2 zu entnehmen (die folgenden Tabellen 2–6 sind aus der Schrift *Oeldorado 87* der Esso AG, Hamburg, entnommen). In den Jahren 1973–1987 lag die jährliche Welterdölförderung zwischen rund 2900 und 3300 Mio. t; ihren Höchststand hatte sie 1979 erreicht, wobei fast die Hälfte der Produktion auf die OPEC-Länder entfiel. Im Jahre 1987 wurden rund 2907 Mio. t Erdöl (vorläufiges Ergebnis) gefördert; die zehn wichtigsten Erdölförderländer, die zusammen einen Anteil von 71,7% halten, sind aus Tabelle 3 zu entnehmen (rund ein Fünftel der weltweiten Förderung entfällt auf die UdSSR). Die zehn größten Erdölverbraucher sind in Tabelle 4 aufgelistet. Die Erdgasförderung in der Welt hat sich seit 1950 etwa verzehnfacht und erreichte 1987 eine Höhe von 1861 Mrd. Nm$^3$, von denen rund vier Fünftel aus nur zehn Ländern stammen. Tabelle 5 führt die zehn erdgasreichsten Länder auf, während die zehn bedeutendsten Erdgasförderländer in Tabelle 6 genannt sind.

**Tabelle 1.** Primärenergie. Weltvorräte 1986 der fossilen Brennstoffe nach Ländern und Erdteilen aufgelistet. (Quelle: Weltenergiekonferenz; Oil and Gas Journal. Aus: Jahrbuch für den Bergbau 1987/88)

| Länder | Geologische Vorräte | | Wirtschaftlich gewinnbare Vorräte | | | Erdöl[a] | Erdgas |
|---|---|---|---|---|---|---|---|
| | Steinkohle Mio. t | Braunkohle Mio. t | Steinkohle Mio. t | Braunkohle Mio. t | Kohle insgesamt Mio. t SKE | Mio. t | Mrd. m$^3$ |
| Bundesrepublik Deutschland | 230 300 | 55 000 | 23 919 | 35 150 | 34 464 | 184 | |
| Frankreich | 960 | 168 | 332 | 49 | 370 | 32 | 35 |
| Großbritannien | 190 000 | 400 | 45 000 | – | 45 000 | 1231 | 946 |
| Niederlande | 1406 | – | 497 | – | 497 | 29 | 1994 |
| Spanien | 3531 | 1885 | 415 | 468 | 674 | 4 | 23 |
| Sonstige | 2227 | 7668 | 435 | 3080 | 1473 | 200 | 475 |
| **EG** | **428 424** | **65 121** | **70 598** | **38 747** | **82 478** | **1831** | **3657** |
| Bulgarien | 1236 | 5118 | 30 | 3700 | 1880 | 2 | 7 |
| CSSR | 11 250 | 8840 | 2700 | 2860 | 4416 | 3 | 10 |
| DDR | – | 47 000 | – | 21 000 | 6300 | 1 | 60 |
| Jugoslawien | 102 | 21 535 | 70 | 16 500 | 8740 | 41 | 90 |
| Norwegen | 135 | – | 30 | – | 30 | 1341 | 2922 |
| Polen | 163 500 | 33 600 | 28 300 | 14 400 | 32 620 | 2 | 128 |
| Ungarn | 2109 | 13 595 | 596 | 3865 | 2313 | 25 | 133 |
| Sonstige | 77 | 4196 | 17 | 312 | 194 | 1056 | 8 |
| **Europa** | **606 833** | **199 005** | **102 341** | **101 384** | **138 971** | **4302** | **7015** |
| **UdSSR** | **2 299 000** | **3 202 700** | **108 800** | **135 900** | **172 277** | **10 630** | **43 891** |

[a] Einschließlich Ölschiefer und Teersande.

*Tabelle 1* (*Fortsetzung*)

| Länder | Geologische Vorräte | | Wirtschaftlich gewinnbare Vorräte | | | Erdöl[a] | Erdgas |
|---|---|---|---|---|---|---|---|
| | Steinkohle Mio. t | Braunkohle Mio. t | Steinkohle Mio. t | Braunkohle Mio. t | Kohle insgesamt Mio. t SKE | Mio. t | Mrd. m³ |
| Australien | 555 540 | 229 686 | 27 442 | 38 260 | 39 909 | 218 | 529 |
| China | 2 310 600 | 426 500 | 100 000 | 1 300 | 100 500 | 2 516 | 850 |
| Indien | 111 878 | 3 524 | 20 738 | 1 581 | 21 971 | 555 | 497 |
| Indonesien | 774 | 22 458 | 90 | 1 100 | 546 | 1 119 | 1 400 |
| Japan | 8 479 | 175 | 997 | 18 | 1 003 | 8 | 31 |
| Sonstige | 20 375 | 30 542 | 1 047 | 1 759 | 2 415 | 629 | 3 169 |
| **Ferner Osten** | **3 007 646** | **712 885** | **150 314** | **44 018** | **166 344** | **5 045** | **6 476** |
| Iran | 385 | – | 193 | – | 193 | 6 735 | 12 743 |
| Irak | – | – | – | – | – | 6 291 | 816 |
| Kuwait | – | – | – | – | – | 13 117 | 1 167 |
| Saudi-Arabien | – | – | – | – | – | 23 110 | 3 687 |
| Sonstige | 1 373 | 8 133 | 94 | 4 763 | 1 523 | 6 534 | 7 824 |
| **Naher Osten** | **1 758** | **8 133** | **287** | **4 763** | **1 716** | **55 787** | **26 237** |
| Algerien | 66 | – | 43 | – | 43 | 1 122 | 3 002 |
| Libyen | – | – | – | – | – | 2 811 | 600 |
| Nigeria | 21 | 1 338 | – | 169 | 132 | 2 801 | 1 331 |
| Südafrika | 132 630 | – | 58 404 | – | 58 404 | – | – |
| Sonstige | 122 701 | 1 114 | 7 236 | 55 | 7 272 | 2 852 | 771 |
| **Afrika** | **255 418** | **2 452** | **65 683** | **224** | **65 851** | **9 586** | **5 704** |

|  |  |  |  |  |  |  |
|---|---|---|---|---|---|---|
| Argentinien | – | 7930 | – | 130 | 102 | 319 | 651 |
| Brasilien | 21 | 30993 | 20 | 2323 | 1832 | 700 | 91 |
| Ecuador | – | 36 | – | 18 | 6 | 233 | 115 |
| Mexiko | 3557 | 1596 | 1274 | 643 | 1776 | 7786 | 2166 |
| Venezuela | 2759 | – | 372 | – | 372 | 3937 | 1671 |
| Sonstige | 10312 | 5298 | 1046 | 1175 | 1961 | 409 | 688 |
| **Mittel- und Südamerika** | **16649** | **45853** | **2712** | **4289** | **6049** | **13384** | **5382** |
| Kanada | 30590 | 36154 | 3548 | 3298 | 5443 | 6021 | 2820 |
| USA | 695709 | 874286 | 131971 | 131872 | 225673 | 3312 | 5250 |
| Sonstige | – | 680 | – | – | – | – | – |
| **Nordamerika** | **726299** | **911120** | **135519** | **135170** | **231116** | **9333** | **8070** |
| **Welt** | **6913603** | **5082148** | **565656** | **425748** | **782324** | **108067** | **102775** |

8 Einleitung

**Tabelle 2.** Die zehn ölreichsten Länder (Angaben in Mio. t)

|  | 1987 | 1978 | Veränderung (%) |
|---|---|---|---|
| Saudi Arabien | 22 843 | 23 581 | − 1,5 |
| Irak | 13 333 | 4 307 | +209,6 |
| Abu Dhabi | 12 930 | 4 115 | +214,2 |
| Kuwait | 12 679 | 9 117 | + 39,1 |
| Iran | 12 547 | 7 916 | + 58,5 |
| UdSSR | 8 071 | 9 660 | − 16,4 |
| Venezuela | 8 043 | · | · |
| Mexiko | 6 846 | 4 000 | + 71,2 |
| USA | 3 406 | 4 227 | − 19,4 |
| Libyen | 2 793 | 3 191 | − 12,5 |
| VR China | · | 2 740 | · |
|  | 103 491 | 71 854 | + 44,0 |
| Anteil an Welterdölreserven | 85,8% | 80,5% |  |

**Tabelle 3.** Die zehn größten Erdölförderer (Angaben in Mio. t)

|  | 1987 | 1978 | Veränderung (%) |
|---|---|---|---|
| UdSSR | 625,0 | 572,5 | + 9,2 |
| USA | 460,5 | 481,5 | − 4,4 |
| Saudi Arabien | 209,5 | 422,0 | −50,4 |
| Mexiko | 143,5 | · | · |
| VR China | 133,0 | 104,0 | +27,9 |
| Großbritannien | 122,0 | · | · |
| Iran | 112,5 | 260,9 | −56,9 |
| Irak | 101,2 | 128,9 | −21,5 |
| Venezuela | 90,2 | 115,7 | −22,0 |
| Kanada | 87,5 | · | · |
| Kuwait | · | 108,9 | · |
| Libyen | · | 96,2 | · |
| Nigeria | · | 94,0 | · |
|  | 2084,9 | 2384,6 | −12,5 |
| Anteil an Welterdölförderung | 71,7% | 77,0% |  |

Die Situation in der chemischen Industrie und Energieversorgung 9

*Tabelle 4.* Die zehn größten Ölverbraucher (Angaben in Mio. t)

|  | 1987 | 1978 | Veränderung (%) |
|---|---|---|---|
| USA | 762,0 | 921,2 | −17,3 |
| UdSSR | 450,0 | 409,0 | +10,0 |
| Japan | 208,4 | 266,1 | −21,7 |
| Bundesrepublik | 114,6 | 142,7 | −19,7 |
| VR China | 110,0 | 93,3 | +17,9 |
| Italien | 89,6 | 100,8 | −11,1 |
| Frankreich | 82,9 | 121,3 | −31,7 |
| Großbritannien | 74,5 | 93,9 | −20,6 |
| Kanada | 73,0 | 87,8 | −16,9 |
| Mexiko | 69,0 | . | . |
| Spanien | . | 50,3 | . |
|  | 2034,0 | 2286,4 | −11,0 |
| Anteil am Weltmineralölverbrauch | 68,9% | 72,6% |  |

*Tabelle 5.* Die zehn gasreichsten Länder (Angaben in Mrd. m$^3$)

|  | 1987 | 1978 | Veränderung (%) |
|---|---|---|---|
| UdSSR | 41 000 | 25 770 | + 59,1 |
| Iran | 13 850 | 14 160 | −  2,2 |
| Arab. Emirate | 5 760 | 610 | +844,3 |
| USA | 5 285 | 5 670 | −  6,8 |
| Katar | 4 435 | 1 130 | +292,5 |
| Saudi Arabien | 3 960 | 2 660 | + 48,9 |
| Algerien | 3 000 | 2 970 | +  1,0 |
| Norwegen | 3 000 | . | . |
| Kanada | 2 775 | 1 670 | + 66,2 |
| Venezuela | 2 670 | 1 160 | +130,2 |
| Niederlande | . | 1 635 | . |
|  | 85 755 | 57 435 | + 49,3 |
| Anteil an Welterdgasreserven | 79,8% | 80,9% |  |

**Tabelle 6.** Die zehn größten Erdgasförderer (Angaben in Mrd. m³)

|  | 1987 | 1978 | Veränderung (%) |
|---|---|---|---|
| UdSSR | 718,0 | 372,4 | +92,8 |
| USA | 454,0 | 565,6 | −19,7 |
| Kanada | 83,0 | 68,1 | +21,9 |
| Niederlande | 72,0 | 93,7 | −23,2 |
| Großbritannien | 44,5 | 38,3 | +16,5 |
| Algerien | 43,0 | · | · |
| Rumänien | 38,0 | 34,4 | +10,5 |
| Indonesien | 37,0 | 23,2 | +59,5 |
| Norwegen | 28,5 | · | · |
| Mexiko | 26,5 | 21,5 | +23,3 |
| Bundesrepublik | − | 20,6 | − |
| Venezuela | · | 15,0 | · |
|  | 1544,5 | 1252,7 | +23,3 |
| Anteil an Welterdgasförderung | 83,0% | 86,3% |  |

In beiden Tabellen liegt die UdSSR an der Spitze.

Die größte Menge des Erdöls wird aus Lagerstätten gefördert, die sich auf dem Festland befinden. Daneben gewinnt aber die Offshore-Förderung zunehmend an Bedeutung; hierunter versteht man Erdöl- und auch Erdgasförderung vor der Festlandsküste auf dem die Kontinente umgebenden Shelfgürtel sowie in größeren Binnenseen. Etwa 37% der weltweit nachgewiesenen Ölreserven befinden sich im Offshore-Bereich. Derzeit werden jährlich etwa 600 Mio. t Rohöl aus Offshore-Vorkommen gefördert (das sind rund 20% der Weltfördermenge). Das Niederbringen von Bohrungen erfolgt

**Tabelle 7.** Energie aus der Nordsee. (Aus: Erdöl und Kohle-Erdgas-Petrochemie, 1987, 40: 292)

|  | Ölförderung (in Mio. t) | | | Ölreserven (in Mio. t) |
|---|---|---|---|---|
|  | 1982 | 1984 | 1986 | Stand: 1.1.1987 |
| Großbritannien | 104 | 124 | 131 | 1236 |
| Norwegen | 27 | 37 | 44 | 1411 |
| Dänemark | 1,7 | 2,4 | 3,7 | 58 |
|  | Gasförderung (in Mrd. m³) | | | Gasreserven (in Mrd. m³) |
| Großbritannien | 44 | 45 | 49 | 650 |
| Norwegen | 26 | 31 | 32 | 2228 |
| Dänemark | 10 | 15 | 15 | 270 |

hier grundsätzlich mit den gleichen Bohrtürmen wie an Land; zusätzlich ist jedoch eine Aufstellungsplatte auf einer festen oder schwimmenden Bohrinsel erforderlich. An der Versorgung Westeuropas haben heute die Erdöl- und Erdgaslagerstätten in der Nordsee im britischen und norwegischen Kontinentalshelf-Sektor maßgeblichen Anteil; hier wurden im Jahre 1986 rund 180 Mio t Rohöl und 96 Mrd. Nm$^3$ Erdgas gefördert. Tabelle 7 vermittelt einen Überblick über die Situation in der Nordsee.

Erdöl und Erdgas haben zusammen einen Anteil von nahezu 60% am Primärenergieverbrauch der Welt; einen Überblick gibt Tabelle 8.

Die Situation in der Bundesrepublik ist aus Tabelle 9 zu entnehmen.

*Tabelle 8.* Primärenergieverbrauch 1986. (Aus: Erdöl und Kohle-Erdgas-Petrochemie, 1987, 40: 382)

| Gesamtmenge | Welt | Westeuropa |
|---|---|---|
| | 10,6 Mrd. t SKE (%) | 1,8 Mrd. t SKE (%) |
| Davon: | | |
| Mineralöl | 38 | 43 |
| Erdgas | 20 | 16 |
| Kohle | 30 | 22 |
| Kernenergie und Sonstige | 12 | 19 |

*Tabelle 9.* Primärenergieverbrauch 1986 der Bundesrepublik. (Aus: Erdöl und Kohle-Erdgas-Petrochemie, 1987, 40: 379)

| Gesamtmenge 386,5 Mio. t SKE (%) | |
|---|---|
| Davon: | |
| Mineralöl | 43,3 |
| Erdgas | 14,9 |
| Steinkohle | 20,1 |
| Braunkohle | 8,6 |
| Kernenergie | 10,1 |
| Sonstige, u.a. Wasserkraft | 3,0 |

## 1.2.2 Umwelt

Die durch zwei Weltkriege gewaltsam gebremste technische Entwicklung erlangte seit den 50er Jahren eine wohl kaum vorausgesehene Beschleunigung; ein besonders augenfälliges Beispiel hierfür ist die von Jahr zu Jahr anschwellende Autolawine. Technischer Fortschritt und Wirtschaftswachstum überschlugen sich; steigende Produktion und wachsender Energiebedarf führten zwangsläufig zu immer stärkerem Zugriff auf die Rohstoffreserven und zur Notwendigkeit, immer größere Abfallmengen zu beseitigen. Beides erfordert tiefe Eingriffe in die natürliche Umwelt, die nunmehr die Selbstheilkräfte der Natur und die Pufferkapazität der Biosphäre zu überschreiten drohen, an einigen Stellen wohl schon überschritten haben. Berge von Müll, kranke, z. T. sterbende Wälder, halogenierte Kohlenwasserstoffe im Grundwasser, tote Flüsse mit hoher Salzfracht, bedrohte Tier- und Pflanzenwelt usw. legen den Gedanken nahe, daß die Industriegesellschaft vielfach schon die natürliche Pufferungsgrenze der Biosphäre hinter sich gelassen hat, ohne sich dabei der Folgen solchen Handelns bewußt zu sein, die zudem oft auch lange bestritten wurden.

Sicherlich waren tiefe Eingriffe in die *natürliche Umwelt* schon immer eine unvermeidliche Begleiterscheinung bei der Entwicklung unserer Zivilisation mit ihrer *künstlichen Umwelt* (Städte, Straßen, Umgestaltung der natürlichen Umwelt durch die Landwirtschaft, Bergbau, künstliche Bewässerung usw.); stets traten sie dort in besonders starkem Maße auf, wo sich Menschen in Ballungszentren zusammendrängten. Verstärkt machten sich Schäden in der Umwelt seit Beginn der industriellen Revolution bemerkbar, die also keine Erscheinungen sind, die erst in unseren Tagen beobachtet werden. Im Vergleich zu früheren Epochen gibt es jedoch einen fundamentalen Unterschied: Handelte es sich einst um lokale Probleme, die *vor Ort* gelöst werden konnten, so ist die fortschreitende Umweltbelastung zum globalen Problem geworden, für das Lösungen nur noch im weltweiten Umfang möglich sind.

Erhofften frühere Generationen vom technischen Fortschritt Verbesserungen ihrer Existenzbedingungen, so scheint nunmehr die rasante Entwicklung in Naturwissenschaften und Technik die menschliche Existenz zu bedrohen. Offensichtlich, so wird häufig argumentiert, folgt die Technik ohne Rücksicht auf den Menschen einer ihr innewohnenden Eigengesetzlichkeit, die sich teilweise schon seiner Kontrolle entzogen hat. So gesehen wäre die Umweltkrise Ergebnis einer entfesselten Technik; daher konnte der Gedanke, weitere Perfektion der Technik führe nicht aus der Sackgasse heraus, sondern verschärfe im Gegenteil die Krise noch, weiten Anklang bei denen finden, die kein Vertrauen mehr zu Naturwissenschaften und Technik haben. So ist die Umweltkrise zugleich auch eine tiefe Vertrauenskrise: Nicht die Folgen einiger *technischer Entgleisungen*, die vom Untergang der Titanic bis hin zur Katastrophe von Tschernobyl reichen, sind ins Kreuzfeuer der Kritik geraten – auf der Anklagebank sitzen heute Naturwissenschaften und Technik! Hier liegt der entscheidende Unterschied zur Technikkritik früherer Jahrzehnte!

In den Industrieländern, besonders in der Bundesrepublik, geriet die chemische Industrie als schlimmer Umweltverschmutzer in Verruf; seit der

Umweltkatastrophe von Seveso (1976) riß die oft unsachlich und kontrovers geführte Diskussion nicht mehr ab. Zweifellos haben die insgesamt auf menschliche Aktivitäten zurückgehenden Umweltschädigungen in den letzten drei Jahrzehnten eine neue Dimension erreicht; selbst beim heutigen hohen Stand der Wissenschaften ist es noch bei weitem nicht möglich, das Gefährdungspotential für die Umwelt in allen Fällen sicher abzuschätzen. Die Beherrschung der stofflichen Umwelt bleibt auch in den 90er Jahren eine der großen Herausforderungen; die Lösung der anstehenden Probleme kann nur in interdisziplinärer Zusammenarbeit im weltweiten Rahmen erfolgen.

Wir verfügen heute über ein breites Spektrum technischer Möglichkeiten zur Lösung anstehender Umweltprobleme; in den weitaus meisten Fällen wies die Chemie den Weg zu den Lösungen: Rauchgasreinigung in Kohlekraftwerken, Entgiftung der Abgase aus Kraftfahrzeugen, Reinigung der Abwässer, Sanierung kontaminierter Böden oder Wasserstoff als Alternativenergieträger sind Beispiele hierfür.

Zur langfristigen Sicherung der menschlichen Existenz auf unserer Erde müssen neue Wege beschritten werden; das gilt für die Energieversorgung wie auch für die Rohstoffversorgung der chemischen Industrie, die ja wesentliche Beiträge leistet, um Ernährung, Bekleidung und Gesundheit einer rasch anwachsenden Weltbevölkerung sicherzustellen. Die hierfür notwendigen Technologien müssen von einer breiten Mehrheit akzeptiert werden; Akzeptanzbereitschaft setzt aber Aufklärung voraus. Dies kleine Werk möchte hierfür einen Beitrag leisten.

# 2 Erdöl und Erdgas

## 2.1 Der Energiehunger der Welt

Ein Alltag ohne Erdölprodukte? Heute unvorstellbar: Benzin und Dieselöl, Kraftstoffe für Turbinentriebwerke von Flugzeugen, leichtes Heizöl für Haushalt und Gewerbe wie schweres Heizöl für die Industrie, Bitumen für Straßenbau und Dachpappen, Schmierstoffe für alle nur denkbaren Schmierungszwecke, Paraffine und Wachse für Kerzen oder Polituren und Fußbodenpflegemittel, Vaseline für kosmetische und pharmazeutische Produkte – sie alle (und noch viele weitere Produkte) stammen aus Erdöl. Doch auch die Vielfalt organisch-chemischer Erzeugnisse – Kunststoffe und Synthesefasern, Synthesekautschuk und Lackrohstoffe, Lösungsmittel, Waschrohstoffe und Pflanzenschutzmittel sind Beispiele hierfür – wird zu rund 90% aus erdölstämmigen Grundstoffen hergestellt. Ammoniak und Salpetersäure, wichtige Vorprodukte für die Düngemittelherstellung, werden ebenfalls auf Basis von Erdöl (und Erdgas) gewonnen. Ohne Erdöl ist unsere Zivilisation nicht vorstellbar: Jeder Bundesbürger verbraucht im Durchschnitt mehr als 1800 l Mineralöl pro Jahr! Das ist noch nicht lange so: Die Abhängigkeit der Weltwirtschaft vom Erdöl besteht erst seit wenigen Jahrzehnten.

Ein Blick zurück in die Vergangenheit lehrt, daß unser heutiger Lebensstandard das Ergebnis der industriellen Revolution ist. Dieser Prozeß setzte zuerst in England ein, wo im 18. Jahrhundert der Aufbau der Baumwolltextilindustrie der erste Schritt in eine neue Richtung war. Zwar waren Bergbau und Hüttenwesen schon Jahrhunderte früher auf einen beachtlichen technischen Stand entwickelt worden, doch die Gruben und Hüttenwerke waren noch Kleinbetriebe: Erst die Industrialisierung schuf Massenbedarf an Eisen und Stahl und führte zum Aufbau von Großbetrieben.

Um den Prozeß der Industrialisierung in Gang zu setzen, reichten die damals bekannten *Kraftmaschinen* nicht mehr aus: Mit Wasserrädern und Pferdegöpeln allein konnte der Schritt ins technische Zeitalter nicht gelingen. Die ersten großen Probleme traten im Bergbau auf, wo mit zunehmender Teufe die Entwässerung der Gruben mit herkömmlichen Mitteln immer schwieriger und kostspieliger wurde. Die Nutzung *künstlicher Energie* war Gebot der Stunde. Damals hatte man erkannt, welche Energie im gespannten Wasserdampf steckt und suchte nach Lösungen, um sie für den Betrieb von

Maschinen zu verwenden. Die ersten schwerfälligen atmosphärischen Dampfmaschinen am Beginn des 18. Jahrhunderts trieben Pumpen in Bergwerken an, indem die Hin- und Herbewegung des Dampfkolbens über einen Balancier auf den Pumpenkolben übertragen wurde. Erst nach technischer Umgestaltung dieser kohlefressenden *Feuermaschinen* zur doppelt-wirkenden Dampfmaschine mit Drehbewegung durch James Watt (1769) stand ein universell einsetzbares, betriebssicheres Antriebsaggregat zur Verfügung: Im Gegensatz zu den standortgebundenen Wasserrädern ließen sich Dampfmaschinen an (fast) jedem beliebigen Ort betreiben; nunmehr konnte der für die betreffende Produktion optimale Standort ausgesucht werden. *Eiserne Sklaven,* oft auch als *eiserne Engel* bezeichnet, übernahmen den Antrieb von Spinn- und Webmaschinen, von Blasebälgen in Hüttenwerken und von Pumpen und Fördermaschinen in Bergwerken. Dampflokomotiven und Dampfschiffe bewirkten Senkung von Kosten und Zeitaufwand im Transportwesen; die Welt wuchs mehr und mehr zusammen. Einziger Energieträger von Bedeutung war die Kohle.

Entscheidenden Einfluß auf den Fortgang der Industrialisierung hatte die technische Nutzung der Elektrizität, die nach der Entdeckung des dynamoelektrischen Prinzips durch Werner v. Siemens (1866) eine neue Phase einleitete. Die Kombination von schnellaufenden Dampfturbinen mit Dynamomaschinen führte zum Großkraftwerk; Fernleitungen brachten elektrische Energie auch ins letzte Dorf. Diese Entwicklung erhielt um die Jahrhundertwende neue gewaltige Impulse durch das Aufkommen von Ottomotoren und Dieselmotoren; sicherlich ist es nicht übertrieben zu sagen, daß ihr sogar eine neue Dimension hinzugefügt wurde.

Die Hebung des Lebensstandards durch Industrialisierung und damit immer höhere Gütererzeugung erforderte immer größeren Energieaufwand. Noch um 1900 wurde der Weltenergiebedarf von rund 800 Mio. t SKE ( = Steinkohleneinheiten; 1 kg SKE = 8,14 kWh = 7000 kcal) zu etwa 95% aus Stein- und Braunkohlen gedeckt; zum gleichen Zeitpunkt lag die Rohölförderung bei nur knapp 20 Mio. t. Erst Jahrzehnte später erlangten Erdöl und Erdgas ihre überragende Bedeutung: Der heutige Primärenergiebedarf der Welt (1986) liegt bei 10,6 Mrd. t SKE, von denen 38% auf Erdöl und 20% auf Erdgas entfallen, während Kohle zu nur noch 30% an seiner Deckung beteiligt ist.

Diese Entwicklung ist mit sehr großen Verbesserungen der Energienutzung verbunden: Lag der Wirkungsgrad, d. h. die Umsetzung von zugeführter Energie in nutzbare Energie, um 1900 bei etwa 5–10%, so werden heute z. B. in Dieselmotoren 40% und mehr erreicht. Parallel zu dieser Entwicklung gelang auch in den übrigen Bereichen der Technik eine wesentlich bessere Energienutzung, so z. B. in der Eisen- und Stahlindustrie. Ohne solche Verbesserungen wäre der heutige Weltenergieverbrauch etwa 30–40mal höher als zur Jahrhundertwende.

## 2.2 Das Erdölzeitalter

Wir kennen auf den Tag genau den Beginn des *Erdölzeitalters:* Am Samstag, den 27. August 1859 wurde *„Oberst"* Edwin L. Drake - eine schillernde Figur, von Beruf ursprünglich Schaffner bei der New York & New Haven Eisenbahn - bei seinen Bohrungen in der Nähe von Titusville in Pennsylvania in 20,9 m Tiefe erstmals fündig. War auch die Ausbeute aus dieser ersten gezielten amerikanischen Ölbohrung nur gering und überstieg selten 300 l pro Tag, vernichtete zudem wenige Wochen später ein Großfeuer die gesamte Förderanlage einschließlich aller gesammelten Ölvorräte - das erste große Erdölfeld in den USA war entdeckt, das Erdölfieber in der Neuen Welt angefacht: Die Geburtsstunde der Erdölindustrie hatte geschlagen. Erdöl, so wie es aus dem Bohrloch quillt, kann jedoch in dieser Form nicht verwendet werden; seinen Wert erhält es erst durch Verarbeitung zu konsumfähigen Produkten in Erdölraffinerien: Hier wird es durch Destillation in einzelne Schnitte (Fraktionen) mit festgelegten Siedebereichen zerlegt, etwa Benzin, Petroleum, Dieselöl, Heizöl, Bitumen usw.

Am Anfang der industriellen Erdölverarbeitung war Petroleum für Beleuchtungszwecke das einzige Produkt von Bedeutung; wenige Jahrzehnte später wurde die Petroleumlampe allmählich von der elektrischen Lampe verdrängt. Seine heutige überragende Bedeutung - Erdöl ist seit vielen Jahren das mengenmäßig bedeutendste Welthandelsgut! - erhielt es erst durch die Motorisierung, die rasant in den zwanziger Jahren in den USA einsetzte, wo schon 1924 rund 15 Mio. Autos fuhren. Seitdem sind Treibstoffe für Motoren die wichtigsten Produkte der Erdölaufarbeitung. Bis 1945 hatte aber auch in den USA Kohle einen Anteil von rund 50% an der Deckung des Primärenergiebedarfes; zum gleichen Zeitpunkt lag der Anteil des Erdöls bei rund 32%, der des Erdgases bei etwa 13%. Innerhalb der nächsten 20 Jahre erfolgte aber eine dramatische Umstrukturierung auf dem amerikanischen Energiemarkt; in diesem Zeitraum sank der Anteil der Kohle auf nur noch rund 22%, während der Anteil des Erdöls auf rund 43%, der von Erdgas auf rund 32% anstieg.

Dieser Trend hat sich seitdem in der ganzen Welt fortgesetzt; der Übergang von Kohle zu Erdöl und Erdgas vollzog sich, wenn auch mit zeitlichen Verschiebungen, selbst in solchen Industrieländern, die über eigene große Kohlevorkommen mit viel günstigeren Abbaubedingungen als etwa bei uns im Ruhrgebiet verfügen.

Ein ganz entscheidender Grund für diese Verschiebungen ist die viel bessere Beweglichkeit von Erdöl und Erdgas, die ja leicht in Pipelines über weite Strecken hinweg zu den Verarbeitern und Verbrauchern transportiert werden können. Schon um die Jahrhundertwende waren in den USA bis zu 500 km lange Ölpipelines in Betrieb. Als Erfinder der Pipeline zum Öltransport gilt

Samuel van Sichel; die erste Ölfernleitung, die 5 cm Durchmesser und eine Länge von 8 km hatte, wurde 1865 gebaut. Auch in Rußland wurden schon frühzeitig Leitungen zum Ferntransport von Rohöl verwendet; die 1906 vollendete Ölleitung von Baku nach Batum war mit 883 km Länge die damals längste Pipeline der Welt.

Für den Überseetransport gewannen *Tanker* besondere Bedeutung. Der erste Überseetankdampfer der Welt wurde im Auftrag von Wilhelm Anton Riedemann (Spediteur und Reeder in Geestemünde) auf einer englischen Werft gebaut; das Schiff wurde von ihm auf den Namen *Glückauf* getauft und 1886 in Dienst gestellt. Zu den Pionieren der Tankschiffahrt gehören die Schweden Ludwig und Robert Nobel, zwei Brüder des bekannten Erfinders des Dynamits und Stifter des seinen Namen tragenden Preises Alfred Nobel.

Die leichte Handhabung von Erdöl und Erdölprodukten ermöglichte den Aufbau eines weltweiten Versorgungsnetzes; Öltanker, Pipelines, Kesselwagen und Tanklastzüge bewirkten tiefgreifende strukturelle Änderungen in der Weltwirtschaft und erlaubten flexible Anpassung an die unterschiedlichsten Bedarfsstrukturen. Erdöl erwies sich geradezu als *Treibstoff des Fortschritts,* denn es hat die Industrialisierung in wirtschaftlichen Randgebieten weitab von den – in der Nähe von Kohle- oder Erzlagern entstandenen – *klassischen* industriellen Ballungszentren erst ermöglicht oder zumindest stark beschleunigt.

In Europa, besonders im Deutschen Reich, verlief die Entwicklung zunächst jedoch in anderer Richtung. Zwar gab es schon vor dem ersten Weltkrieg einige kleinere Erdölraffinerien; insgesamt hatte die Mineralölindustrie noch keine größere Bedeutung: 1907 wurden im Deutschen Reich nur 120 000 t Benzin abgesetzt, von denen etwa ein Drittel von den wenig mehr als 10 000 Personenwagen, knapp 1000 Lastkraftwagen und etwa 16 000 Motorrädern verbraucht wurde; die restliche Menge diente als Lösungsmittel bzw. als Reinigungsmittel. Übrigens wurde damals ein erheblicher Teil des Benzins, ebenso aber auch der Schmieröle, importiert. Nach dem ersten Weltkrieg setzte auch in Europa die Motorisierung ein; so gab es in Deutschland Mitte 1921 bereits 92 000 Kraftfahrzeuge, deren Zahl bis Mitte 1925 auf 256 000 angestiegen war. Im gleichen Zeitraum stieg die Zahl der Motorräder von 27 000 auf 161 000 an. Zu Beginn der 30er Jahre waren in Deutschland fast 500 000 Personenkraftwagen, 160 000 Nutzfahrzeuge und 730 000 Motorräder zugelassen; 1931 betrug der Kraftstoffverbrauch rund 1,7 Mio. t Benzin und Benzol sowie 0,5 Mio. t Dieselkraftstoff.

Europa war arm an Erdölvorkommen (die großen Lagerstätten in der Nordsee waren ja noch unbekannt und hätten zudem beim damaligen Stand der Fördertechnik gar nicht genutzt werden können!); außerdem wurden die Welterdölvorräte viel zu niedrig eingeschätzt: Nach Meinung damaliger Experten sollten sie in wenigen Jahrzehnten erschöpft sein. Benzin war knapp und teuer, die Erdölchemie noch wenig entwickelt; Kohle jedoch war billig und stand in großen Mengen zur Verfügung. Einen Ausweg aus dieser Situation sollte die Gewinnung von synthetischem Benzin aus Kohle bringen.

Die Geburtsstätte der industriellen Hochdrucksynthese liegt in Ludwigshafen am Rhein; hier gelang Carl Bosch und seinen Mitarbeitern bei der BASF die Übertragung der von Fritz Haber entwickelten Ammoniaksynthese durch Hochdruckhydrierung von Stickstoff in den technischen Maßstab. Kurz vor Ausbruch des ersten Weltkrieges nahm die erste Ammoniakfabrik ihren Betrieb auf. Nach dem Kriege beschäftigten sich die Ludwigshafener Hochdruckspezialisten mit der Hydrierung von Kohle zu Benzin *(Kohleverflüssigung);* bereits 1926 gründete die I.G. Farbenindustrie AG, zu deren Verband auch die BASF gehörte, die Deutsche Gasolin AG als Verkaufsorganisation für synthetische Kraftstoffe. Zuvor war beschlossen worden, in den ebenfalls zur I.G. gehörenden Leuna-Werken in Merseburg (heute DDR) eine Großanlage zur Kohlehydrierung mit einer jährlichen Kapazität von 100 000 t Benzin zu errichten. 1927/1928 konnten bereits rund 27 000 t *Leuna-Benzin* erzeugt werden; die volle Kapazität wurde 1931/1932 erreicht.

Nach der Regierungsübernahme durch die Nationalsozialisten im Jahre 1933 kam die Mineralölindustrie unter die Kontrolle des Staates, der im Rahmen der Autarkiebestrebungen und bald schon der Kriegswirtschaft bei der Kohlehydrierung einen Schwerpunkt staatlicher Wirtschaftlenkung setzte. Während des zweiten Weltkrieges wurde die Hauptmenge der flüssigen Kraftstoffe in Hydrierwerken erzeugt, deren Ausstoß im Jahre 1943 bei rund 3 Mio. t lag. Im gleichen Jahr fielen bei der deutschen Rohölaufarbeitung 770 000 t Schmieröle und 430 000 t Dieselkraftstoff an; die Fischer-Tropsch-Anlagen lieferten 370 000 t Kraftstoffe. Die kriegswirtschaftliche Bedeutung dieser Werke wurde von den Alliierten erkannt; durch ausgedehnte Luftangriffe wurde die Produktion schließlich völlig lahmgelegt.

Am Ende des Krieges war von den deutschen Werken der Mineralölindustrie nur wenig verblieben. Die meisten Raffinerien und Hydrierwerke waren zerstört; die ersten Nachkriegsjahre mußten notdürftig mit Reparaturen und Improvisationen überbrückt werden. An einen planmäßigen Wiederaufbau dieses Industriezweiges konnte zunächst nicht gedacht werden, zumal ja auch Devisen für den Import von Rohöl fehlten. Erst im Jahre 1948 standen 200 000 t importiertes Rohöl zur Verfügung; zuvor verarbeiteten die Werke jährlich nur rund 600 000 t Erdöl aus den Feldern im Raum Hannover und im Emsland. 1950 lag die jährliche Verarbeitungskapazität schon wieder bei etwa 4 Mio. t. Bis hinein in die ersten Jahre nach dem zweiten Weltkrieg wurde Rohöl meist in großen rohstofforientierten Raffinerien in den Förderländern selbst verarbeitet; international herrschte im Mineralölgeschäft der Handel mit Mineralölprodukten vor. Mit dem raschen Anwachsen der *Autolawine* stieg der Verbrauch von Benzin und Dieselkraftstoff jedoch stark an.

Jetzt erschien es sinnvoller, Raffinerien in der Nähe der Verbraucher zu errichten und Rohöle zu importieren; es ist billiger, große Mengen Rohöl zu transportieren als viele kleinere Partien von Mineralölprodukten. Die ersten Raffinerien entstanden in Hafenstädten; so entwickelten sich Rotterdam, Hamburg und Marseille zu Raffineriezentren. Wenig später wurde es als vorteilhaft angesehen, noch näher an die Verbraucher heranzugehen und Raffinerien im Landesinnern zu bauen; die Versorgung dieser Werke erfolgt von Nordsee- und Mittelmeerhäfen aus durch Pipelines, die inzwischen ein dichtes Netz über Europa bilden. Große Raffineriezentren in der Bundesrepublik liegen im Rhein-Ruhr- und Frankfurter Raum, im Raum Karlsruhe-Mannheim, im Industriegebiet am Oberrhein sowie im süddeutschen Raum in Ingolstadt und Burghausen.

## 2.3 Was ist Erdöl?

Erdöl zeugt von frühem Leben auf unserem Planeten. Seine ursprünglichen Entstehungsorte lagen in flachen Randmeeren und Binnenseen: Hier hat es sich – beginnend bereits im Präkambrium – in geologischen Zeiträumen aus winzigen primitiven Lebewesen gebildet, deren Zuordnung zum Tier- oder Pflanzenreich umstritten ist. So zahlreich waren diese Organismen, daß das von ihnen gebildete, in den oberen sonnendurchfluteten Wasserschichten schwimmende Plankton einer sämigen Suppe geglichen haben mag, ähnlich der Entengrütze auf Teichen. Über geologische Zeiträume hinweg rieselte ein *Dauerregen* aus abgestorbenen Organismen auf den Meeresboden; zugleich sanken mit ihnen klastische (d.h. aus Gesteinstrümmern stammende) Stoffe auf den Grund, die von den Gebirgen her durch Flüsse in die Meere und Seen geschwemmt wurden.

Nun enthält Wasser von Seen und Meeren fast überall Sauerstoff in gelöster Form; durch ihn wird die ganz überwiegende Menge des toten organischen Materials oxidativ vollständig zu einfachen Molekülen wie Kohlendioxid und Wasser abgebaut. Nur da, wo Mangel an Sauerstoff durch zu großes Angebot an organischer Substanz und schlechte Belüftung infolge mangelhafter Wasserbewegung herrschte, konnte ein anderer Vorgang die Oberhand gewinnen: Durch die Tätigkeit gewisser Bakterien, die keinen Sauerstoff für ihre Lebensvorgänge benötigen (Anaerobier), kommt es zum unvollständigen Abbau der organischen Materie unter Bildung von *Faulschlamm*. Die fortwährende Sedimentation von klastischem und organischem Material führte unter Verdichtung des Sedimentes zu Sedimentgesteinen, in denen der organische Anteil bei höheren Temperaturen und unter hohem Druck weiteren Umwandlungen unterlag. Durch den Druck des Deckgebirges wurden die vielen im Gestein weit verstreuten organischen Anteile aus dem *Muttergestein* herausgepreßt, bewegten sich durch die Porenräume im Gestein und sammelten sich schließlich in porösen Kalk- oder Sandsteinschichten an oder wurden in sog. *Ölfallen* zwischen ölundurchlässigen Schichten festgehalten; in dieser Form werden heute die Erdöllagerstätten angetroffen.

Rohöle sind ganz überwiegend flüssige Mischungen aus Kohlenwasserstoffen und verwandten Verbindungen. Je nach Typ bilden sie helle dünnflüssige bis dunkle dickflüssige, z. T. zähe Massen mit unterschiedlichem Gehalt an Alkanen (Paraffinen), Cycloalkanen (Cycloparaffinen) und Aromaten; daneben sind noch kleinere Mengen an stickstoff-, sauerstoff- und schwefelhaltigen Verbindungen im Rohöl enthalten. Diese Verbindungen haben teilweise recht hohe Molekulargewichte und sind nicht verdampfbar; bei der destillativen Aufarbeitung der Rohöle fallen daher große Mengen nicht destillierbarer Rückstände an.

Die Rohöle gelangen aus z. T. sehr tiefen Bohrlöchern an die Oberfläche; in den weitaus meisten Fällen wendet man beim Bohren der Förderlöcher das Drehbohr-(Rotary)-Verfahren an, mit dem man in Tiefen bis zu 10000 m vordringen kann. Ohne auf Einzelheiten einzugehen, sei erwähnt, daß folgende Förderarten unterschieden werden:

*1. Primäre Förderung:* Das Erdöl in der Lagerstätte steht unter einem natürlichen Eigendruck. Dieser Druck wird einerseits durch salzhaltiges *Randwasser* verursacht, das unter einem der Tiefe entsprechenden hydrostatischen Druck steht; er kann ferner durch Gase verursacht werden, die eine *Gaskappe* oberhalb des Öls bilden oder aber in ihm selbst gelöst vorliegen. Abbildung 1 zeigt schematisch die Verhältnisse in einer Lagerstätte.

Wird die Lagerstätte angebohrt, so schießt das Öl infolge des Lagerstättendruckes durch das Bohrloch an die Erdoberfläche; der Entölungsgrad bei dieser eruptiven Förderung beträgt im Durchschnitt nur 10-15%. Sobald der Druck nachläßt, müssen Pumpen eingesetzt werden, um das Öl aus der Tiefe zu holen.

*2. Sekundäre Förderung:* Reicht der natürliche Eigendruck in der Lagerstätte nicht mehr für eine Förderung aus, so kann man ihn künstlich durch Einpressen großer Wassermengen durch Nachbarbohrlöcher erhöhen; so werden heute rund 75% der bundesdeutschen Förderung durch *Wasserfluten* gewonnen. Diese Methode hat jedoch große Nachteile: Das geförderte Öl ist stark verwässert: 100 m$^3$ eines *Naßöls* enthalten oft 90 und mehr m$^3$ Wasser. Außerdem ist der Entölungsgrad unbefriedigend; die Ausbeuten werden bestenfalls um weitere 15-20% erhöht. Die hohe Grenzflächenspannung zwischen Wasser und Öl bewirkt nämlich folgenden Effekt: Die einzelnen Ölmoleküle ballen sich zu Tröpfchen zusammen und verstopfen die winzigen

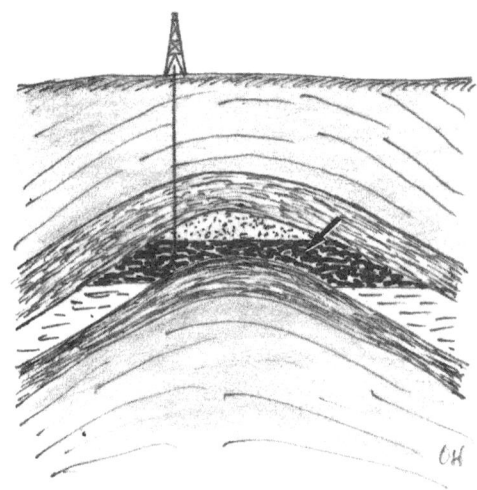

*Abb. 1.* Schematische Darstellung der Ansammlung von Erdöl. Das Erdöl *(Pfeil)* hat sich unter einem mächtigen Deckgebirge in der Scheitelzone von Antiklinen in einer Schicht von Speichergestein (z. B. Sandstein) angesammelt; an der obersten Stelle der Lagerschicht ist die *Gaskappe* zu erkennen. Oberhalb und unterhalb des Speichergesteins wird das Öl von undurchlässigen Schichten (z. B. Tonschichten) am Weiterwandern gehindert. Unter dem Erdöl ist das Randwasser zu sehen. (Zeichnung vom Verf.)

Poren im Gestein; diese haften hartnäckig an der Gesteinsoberfläche, während das viel weniger viskose Wasser an ihnen vorbei die Lagerstätte in Richtung Förderloch passiert, ohne sie mitreißen zu können.

Insgesamt lassen sich mit den beiden genannten Methoden im Durchschnitt nur etwa 30% des Öls aus der Lagerstätte fördern; die Hauptmenge verbleibt zurück.

Hochviskose Rohöltypen werden durch *Dampffluten* gefördert: Bis zu 340 °C heißer Wasserdampf wird in die Lagerstätte gepreßt, die dadurch aufgeheizt wird; infolge der höheren Temperaturen wird die Viskosität des Öls herabgesetzt, das nun besser fließfähig ist. Fluten mit heißem Wasser bringt schlechtere Effekte.

*3. Tertiäre Förderung:* Dem zum Fluten eingesetzten Wasser werden Tenside (= grenzflächenaktive Substanzen) zugesetzt, die die Grenzflächenspannung zwischen Öl und Wasser erniedrigen; dadurch kann sich das *entspannte* Wasser mit dem Öl vermischen. Durch Einblasen von Wasserdampf in die Lagerstätte läßt sich dieser Effekt noch verbessern: *Tensidfluten* führt zu stärkerer Entölung der Lagerstätten und ermöglicht bessere Ausnutzung der heutigen

Ölreserven; eine Ausbeuteerhöhung von 15-20% scheint möglich zu sein. Einen Nachteil haben die Tenside: Sie sind teuer und erhöhen daher die Förderkosten beträchtlich.

Eine weitere Methode der tertiären Förderung ist das sog. *Polymerfluten,* bei dem geeignete Polymere im Flutwasser gelöst werden. Hier wendet man nicht das Prinzip des *Ölverdünnens* wie beim Tensidfluten an, sondern im Gegensatz hierzu das Prinzip des *Wasserverdickens:* Das Flutwasser wird durch diesen Zusatz dickflüssiger und der Viskosität des Öls angepaßt; es hat dadurch die Fähigkeit verloren, auf seinem Weg durch die Lagerstätte zum Förderloch hin das langsamer fließende Öl sozusagen zu *überholen.*

## 2.4 Erdölchemie

Die ersten Erdölraffinerien waren noch mit recht einfachen Destillationsblasen ausgerüstet, die mit direktem Feuer beheizt wurden. Hauptprodukt der Rohöldestillation war Petroleum für Beleuchtungszwecke; hinzu kamen noch Schmieröle sowie Heizöle, speziell *Bunkeröle* für Dampfschiffe, auf denen sie seit der Jahrhundertwende allmählich an die Stelle von Kohle traten - ein Beispiel für einen frühen Verdrängungsprozeß, der sich später in allerdings geringerem Umfang auch bei Dampflokomotiven wiederholt hat. Benzin hatte nur wenig Bedeutung.

Das Ergebnis einer einfachen Rohöldestillation verschiedener Rohöle aus der Zeit um die Jahrhundertwende zeigt Tabelle 10.

Die Destillation der Rohöle aus den russischen Feldern am Kaspischen Meer erfolgte in der *Schwarzen Stadt,* einer Vorstadt von Baku; Begründer der russischen Erdölindustrie ist der Schwede Alfred Nobel, der Erfinder des Dynamits. In den meisten Fällen wurden kontinuierlich arbeitende Kesselbatterien nach Gebr. Nobel eingesetzt: 18 liegende Walzenkessel wurden der Reihe nach vom Rohöl durchflossen; aus den ersten 4 Kesseln destillierte Benzin ab, aus den folgenden 14 Kesseln Leuchtöl. Aus dem 18. Kessel flossen kontinuierlich die Rückstände ab. Die Kessel faßten je 20 t Öl und wurden mit Rückständen direkt beheizt.

*Tabelle 10.* Zusammensetzung einiger Rohöle. Die Fraktionen haben folgende Siedebereiche: Benzin bis 150 °C, Leuchtöl 150-300 °C, Rückstand über 300 °C

| Rohöl aus: | Spez. Gewicht | Benzin (%) | Leuchtöl (%) | Rückstand (%) |
|---|---|---|---|---|
| Pennsylvanien | 0,79-0,82 | 10-20 | 55-75 | 10-20 |
| Ohio | 0,80-0,85 | 10-20 | 30-40 | 35-50 |
| Baku | 0,85-0,90 | 5 | 25-30 | 60-65 |

Als bald nach der Jahrhundertwende die Motorisierung in den USA einsetzte, entwickelte sich rasch ansteigender Bedarf an Benzin und speziellen Schmierölen, an die immer höhere Ansprüche gestellt wurden. Mit den einfachen Raffinerie-Ausrüstungen der Pionierzeit konnte man den Anforderungen des Marktes nicht mehr nachkommen.

Erst nach Einführung der chemischen Veredelung von Mineralölen mit zum großen Teil bekannten Verfahren, die sich zuvor schon in der chemischen und besonders in der Kohleveredelungsindustrie seit vielen Jahren bewährt hatten, konnten die erforderlichen Mengen und Qualitäten erreicht werden. Daher ist es nicht weiter erstaunlich, daß sich zwischen Unternehmen der chemischen Industrie und den großen Erdölkonzernen, die sich um die Jahrhundertwende etabliert hatten und die den Markt beherrschten, eine Zusammenarbeit anbahnte. So schlossen die Standard Oil Company – eine Gründung von John D. Rockefeller, dem wohl bekanntesten Mann im Ölgeschäft – und die I.G. Farbenindustrie AG – der damals wohl bedeutendste Chemiekonzern in der Welt – eine Interessengemeinschaft und gründeten die Standard-I.G.-Company: Ein Beispiel, das Schule machte. Die Mineralölindustrie tat den Schritt zur Erdölchemie.

Der Bedarf an leichter siedenden Fraktionen, insbesondere an Benzin, stieg mit zunehmender Motorisierung an. Nun ist der Anteil an niedrig siedenden Kohlenwasserstoffen im Rohöl relativ gering; mit steigendem Rohöldurchsatz stiegen naturgemäß auch die Mengen an schwer siedenden Fraktionen sowie an Rückständen an, für die es nur begrenzte Verwendungsmöglichkeiten gab. Die Lösung des Problems brachte der *Cracking*-Prozeß: Beim Erhitzen auf hohe Temperaturen zerfallen die großen, schwersiedenden Moleküle im Rohöl in kleinere Moleküle mit niedrigeren Siedepunkten. Ursprünglich diente dieser Prozeß dazu, den Anteil an Leichtölen (Leuchtpetroleum und Benzin) zu erhöhen. Zuerst trat ein größerer Bedarf an Benzin in den 60er Jahren des vorigen Jahrhunderts auf, als es zum Entfetten von Knochen und Palmkernen an die Stelle des bis dahin benutzten Schwefelkohlenstoffs trat und auch in *chemischen Wäschereien* Eingang fand.

Angeblich beruht dieser Prozeß auf einer zufälligen Beobachtung aus dem Jahre 1861: Bei einer liegenden, direkt befeuerten Destillationsblase für *periodischen Betrieb* – erst wurden die Leichtsieder (= Benzin) abgetrieben, anschließend destillierte die Leuchtölfraktion ab – kam es infolge mangelhafter Beaufsichtigung zu Überhitzung und Druckanstieg: Anstelle von Leuchtöl bildeten sich zusätzliche, damals unerwünschte Mengen von Benzin. Der nachlässige Bedienungsmann wurde entlassen; Jahrzehnte später gab diese *Panne* den Hinweis auf *thermisches Cracken,* einen der heute wichtigsten Prozesse in der Erdölindustrie.

Das Cracken der Destillationsrückstände erfolgte ursprünglich durch erneute Destillation aus hohen Eisenretorten, an deren überhitzten Wänden sich die aufsteigenden Dämpfe zersetzten. Bei zu starkem Überhitzen bildeten sich Gase und daneben noch Benzolkohlenwasserstoffe. Das Cracken zur Erhöhung der Benzinausbeute fand seit etwa 1910 immer weitere Verbreitung in den amerikanischen Raffinerien, als in den USA die Zahl der zugelassenen Kraftfahrzeuge rasch anschwoll: Produzierte die amerikanische Autoindustrie im Jahre 1904 erst 18 699 Kraftfahrzeuge, so waren es nur fünf Jahre später bereits 126 593. Im Jahre 1914 wurden 569 054 Autos abgesetzt, und 1919 waren rund 8 Mio. Kraftfahrzeuge in den USA zugelassen; in demselben Jahr wurden bereits 88 Mio. Barrels Benzin auf dem amerikanischen Markt abgesetzt, von denen rund 85% in Benzinmotoren verbraucht wurden (1 Barrel = 157 l).

Der Crackprozeß ist auch in Deutschland schon sehr lange bekannt: er wurde zur Spaltung von Braunkohlenteeren entwickelt, die beim Schwelen mitteldeutscher Braunkohlen in beachtlichen Mengen anfielen. Ein erstes Patent von Krey stammt aus dem Jahre 1886; die Spaltung des Teers zu leichten Kohlenwasserstoffen wurde in gußeisernen Blasen unter 6 bar Druck durchgeführt. Große Bedeutung konnte das Cracken von Braunkohlenteeren offenbar deshalb nicht erlangen, weil einerseits die Ausbeuten an Benzin unbefriedigend waren, andererseits aber das wertvolle *Paraffin,* das im großen Umfang zur Herstellung von Kerzen diente, unter Crack-Bedingungen zerfiel.

Beim Cracken von Rohölen fallen größere Mengen gasförmiger Nebenprodukte an, für die zunächst kein Bedarf bestand; sie wurden als Heizgase in den Raffinerien eingesetzt oder nutzlos *abgefackelt.* In diesen Gasen sind jedoch reaktionsfreudige Olefine wie Ethylen und Propylen, ferner Butene und Butadien enthalten – heute unentbehrliche Grundstoffe für die chemische Industrie, die erst die Herstellung von organischen Massenprodukten wie Kunststoffe, Synthesekautschuk und Synthesefasern ermöglicht haben. Zu Beginn der 20er Jahre begannen Chemiker darüber nachzudenken, wie man solche Verbindungen nutzbringend für chemische Synthesen verwenden könnte – die Geburtsstunde der Petrochemie hatte geschlagen.

Die Erdölchemie befaßt sich mit Prozessen zur Verarbeitung und Veredlung von Rohölen zu marktgängigen Produkten wie Benzin, Dieselöl, Flugbenzin, Heizöle, Paraffin, Bitumen usw.; bei all diesen Produkten handelt es sich um Mischungen aus zahlreichen einzelnen Verbindungen.

Die Zusammensetzung der Rohöle ist je nach Herkunft sehr unterschiedlich; so enthält z.B. pennsylvanisches Erdöl hauptsächlich Paraffine, während russische und rumänische Rohöle reich an Naphthenen (Cycloparaffinen) sind (bis zu 80%). Man kann Rohöle sehr grob in paraffinische und naphthenische Typen unterteilen. Die Raffinerien müssen in ihrer Ausrüstung dem jeweiligen Rohöltyp genau angepaßt sein.

Erste Verarbeitungsstufe in jeder Raffinerie ist die destillative Auftrennung der Rohöle in einzelnen Fraktionen (Schnitte) mit unterschiedlichen Siedebereichen; hierfür verwendet man heute ausschließlich kontinuierliche Fraktionierungskolonnen. Man arbeitet in zwei Schritten (s. Abb. 2): Im ersten Schritt erfolgt *atmosphärische* Rohöldestillation, d. h. man arbeitet unter Normaldruck; die üblichen Fraktionen mit den dazugehörigen Siedebereichen weist Tabelle 11 aus.

Die unter atmosphärischen Bedingungen nicht unzersetzt destillierbaren Produkte sammeln sich im untersten Teil der Kolonne *(Sumpf)* an und werden im zweiten Schritt unter Vakuum erneut destilliert. Dabei fällt Schwergasöl (Vakuumgasöl) neben verschiedenen weiteren Ölfraktionen wie leichtes und schweres Maschinenöl an; zurück bleiben je nach Rohöltyp schweres Heizöl bzw. Bitumen.

Rohöle enthalten eine Reihe unerwünschter Nebenbestandteile, wie Schwefel, Sauerstoff und Stickstoff in chemisch gebundener Form, die durch *Raffination* entfernt werden müssen. Dabei kommt besonders der Entschwefelung sehr große Bedeutung zu, denn der Anteil an schwefelarmen Rohölen mit einem Schwefelgehalt unter 0,5% nahm in den letzten Jahren laufend ab und macht heute nur noch rund ein Drittel der geförderten Gesamtrohölmenge aus.

Wenden wir unsere Aufmerksamkeit den bereits erwähnten Crack-Prozessen zu. Im Temperaturbereich von etwa 400–500 °C zerfallen Kohlenwasserstoffe: Größere Moleküle werden zu kleineren Molekülen *gecrackt*. Dieser Vorgang verläuft bei Paraffinen besonders leicht, bei Naphthenen schon schwieriger; Aromaten sind dagegen thermisch sehr stabil.

Ursprünglich crackte man in Raffinerien, um die Ausbeute an Benzin zu erhöhen bzw. die Oktanzahl des Benzins zu verbessern; heute dient Cracken im breiten Umfang dazu, den Überhang an schwerem Heizöl zu vermeiden und die Ausbeuten an Benzin und Dieselöl zu verbessern. Dazu werden die Rückstände aus der atmosphärischen bzw. Vakuumdestillation bei etwa 500 °C rein thermischen oder katalytischen Crackverfahren unterworfen.

*Tabelle 11.* Siedebereiche der Fraktionen aus der atmosphärischen Destillation von Rohöl

| Produkt | Ungefährer Siedebereich (°C) |
|---|---|
| Flüssiggas | bis 0 |
| Leichtbenzin | 0–100 |
| Schwerbenzin | 100–150 |
| Naphtha (Rohbenzin) | 150–180 |
| Petroleum (Kerosin) | 180–250 |
| Leicht- und Schwergasöl | 250–400 |

26  Erdöl und Erdgas

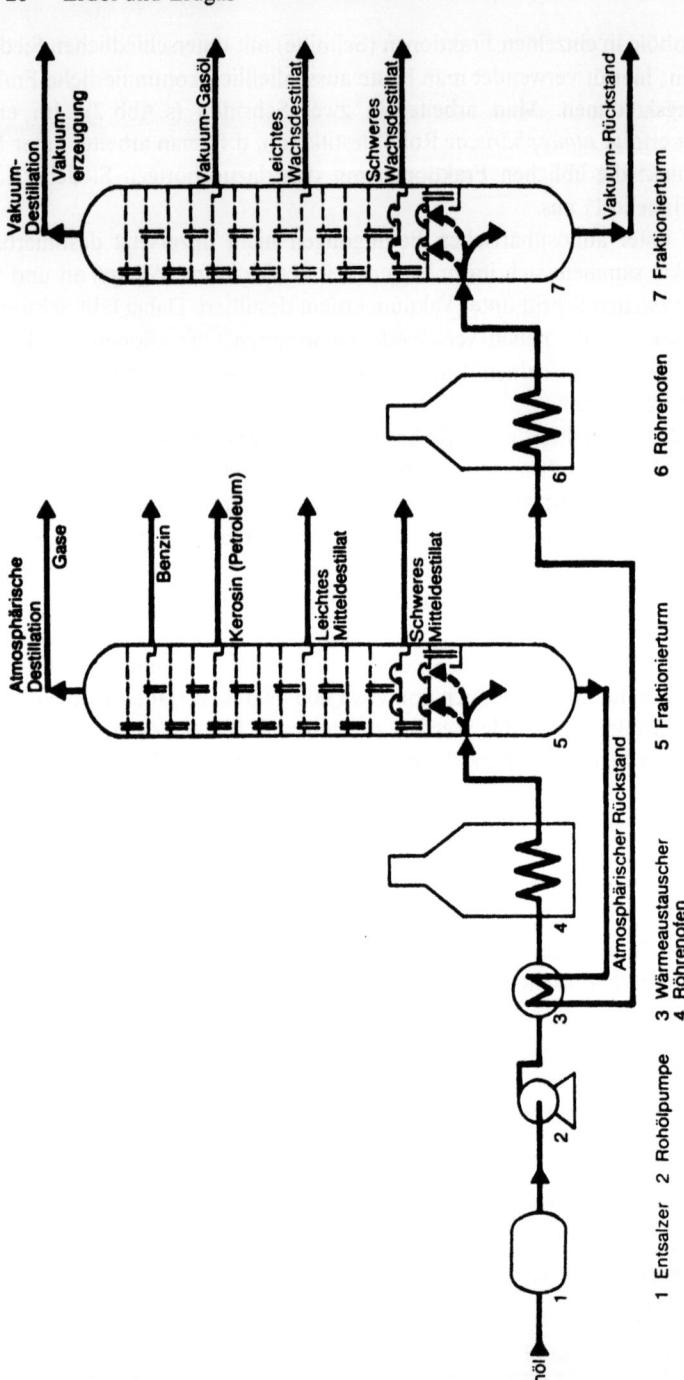

1 Entsalzer  2 Rohölpumpe  3 Wärmeaustauscher  4 Röhrenofen  5 Fraktionierturm  6 Röhrenofen  7 Fraktionierturm

Erdölchemie 27

Im Gegensatz zur weitverbreiteten Anwendung des Crackens steht die Tatsache, daß bis heute noch keine befriedigende Theorie des Crackens existiert, die exakte Vorausberechnung der quantitativen Zusammensetzung der Spaltprodukte gestattet. Das wird jedoch verständlich, wenn man an die große Anzahl unterschiedlicher Reaktionspartner sowie an die Vielfalt der Reaktionsmöglichkeiten denkt.

Qualitativ gesehen handelt es sich bei der thermischen Crackung (Pyrolyse) um eine radikalische Kettenreaktion:

*1. Start-Reaktion:* Ein Kohlenwasserstoffmolekül zerfällt in zwei Radikale, wie am Beispiel des n-Pentans $C_5H_{12}$ gezeigt sei:

$$CH_3-CH_2-CH_2-CH_2-CH_3 \longrightarrow CH_3-CH_2\cdot + \cdot CH_2-CH_2-CH_3$$

*2. Kettenreaktion:* Die im Startschritt gebildeten Radikale können auf zwei Wegen weiterreagieren:
a) Es kommt zur Bildung eines Olefins unter Bildung eines neuen Radikals, z. B.:

$$CH_3-CH_2-CH_2\cdot \longrightarrow CH_2=CH_2 + CH_3\cdot$$

b) Ein Radikal trifft auf ein intaktes Molekül und entzieht diesem ein H-Atom unter Bildung eines Paraffins sowie eines neuen Radikals, z. B.:

$$CH_3-CH_2\cdot + C_5H_{12} \longrightarrow CH_3-CH_3 + C_5H_{11}\cdot$$

*3. Kettenabbruch:* Er kann auf zwei Wegen erfolgen:
a) Durch Rekombination, bei der zwei Radikale unter Bildung eines neuen Paraffins reagieren, z. B.:

$$CH_3-CH_2\cdot + \cdot CH_2-CH_3 \longrightarrow CH_3-CH_2-CH_2-CH_3$$

◁ **Abb. 2.** Bei der Destillation wird das Rohöl aus den Lagertanks über einen Entsalzer und anschließende Wärmetauscher in einen Röhrenofen gepumpt. Auf 350-370 °C erhitzt, gelangt das Dampfflüssigkeitsgemisch in den 1. Destillationsturm mit normalem atmosphärischen Druck. Die verdampften Anteile steigen empor, kühlen ab und gehen auf den verschiedenen Böden des Turmes wieder in flüssigen Zustand über. Die *Fraktionen* werden seitlich abgeleitet. Der Rückstand am unteren Ende des Turmes wird in einen weiteren Destillationsturm mit vermindertem Druck geleitet. Im Vakuumturm verdampfen die schweren Kohlenwasserstoffe ohne Zersetzung, da sie bei verringertem Druck bereits bei niedrigeren Temperaturen sieden. Die dabei gewonnenen Wachsdestillate sind das Einsatzprodukt für die Konversionsanlagen oder die Schmierstoffherstellung. (Mit freundlicher Genehmigung des Mineralölwirtschaftsverbandes, MWV)

b) Durch *Disproportionierung*, wobei aus zwei Radikalen ein Olefin und ein Paraffin gebildet werden, z. B.:

$$CH_3-CH_2-CH_2\cdot + \cdot CH_2-CH_2-CH_3 \longrightarrow CH_3-CH=CH_2 + CH_3-CH_2-CH_3$$

Daneben laufen noch eine Reihe weiterer Reaktionen ab, auf die hier jedoch nicht näher eingegangen wird.

Thermisches Cracken ist heute das wichtigste Verfahren zur *Konversion schwerer Öle*. Schwere Öle lassen sich zwar nicht eindeutig gegen die konventionellen leichteren Rohöle abgrenzen; häufig wird aber in der Praxis die Grenze bei einer Dichte 0,90-0,97 t/m³ gesetzt. Schweröle mit einer Dichte oberhalb 1 t/m³ werden gelegentlich auch als *Bitumen* bezeichnet. Insgesamt kann man in der Kategorie *schwere Öle* Rohöle von hoher Dichte aus primärer, sekundärer und tertiärer Förderung, Rückstände aus der atmosphärischen und Vakuumdestillation konventioneller Rohöle sowie die in Ölsanden (Teersanden) enthaltenen Schweröle zusammenfassen. Unter Konversion versteht man die Umwandlung von schweren Ölen in leichtere Produkte. Wegen des schon mehr als zwanzig Jahre anhaltenden Trends nach immer mehr leichten Mineralölprodukten, aber auch wegen der weltweiten Verknappung leichter hochwertiger Rohöle gewinnt die Konversionstechnik laufend an Bedeutung.

Schwere Öle zeichnen sich durch eine Reihe charakteristischer Merkmale aus, die auf die Raffinerietechnik nachhaltigen Einfluß ausüben. Eine besonders charakteristische Kennzahl ist das Atom-Verhältnis H/C, das bei schweren Ölen bei etwa 1,5, bei konventionellen Ölen aber bei 1,5-1,9 liegt. Bei den angestrebten leichten Produkten liegt diese Kennzahl bei 1,8-2,5. Mithin muß also bei der Konversion Wasserstoff zugeführt und/oder Kohlenstoff abgeführt werden. Je niedriger das H/C-Verhältnis ist, um so aufwendiger gestaltet sich die Gewinnung leichterer Produkte. Hier liegt übrigens auch einer der Gründe, warum die Benzingewinnung durch Kohlehydrierung *(Kohleverflüssigung)* so aufwendig ist: Bei Kohle beträgt das Verhältnis H/C nur etwa 0,5-1.

Die erhöhten Gehalte an organisch gebundenem Schwefel und Stickstoff in schweren Ölen erschweren deren Verarbeitung ganz beträchtlich; sie können die Produktqualität negativ beeinflussen, ferner erhöhen sie den Wasserstoffverbrauch bei hydrierenden Verfahren. Die hohen Gehalte an Schwermetallen in schweren, nicht destillierbaren Erdölfraktionen, insbesondere an Vanadium und Nickel, stören die katalytischen Konversionsverfahren; ebenso sind auch basische Stickstoffverbindungen *Gifte* für saure Katalysatoren.

Folgende Konversionsverfahren sind heute Stand der Technik:

1. *Thermisches Cracken.* Ist das wichtigste Verfahren zur Konversion schwerer Öle; die dabei anfallenden Produkte sind Spaltgase, Benzin und Gasöl, daneben noch *Petrolkoks*.
2. *Katalytisches Cracken.* Ein typisches Einsatzprodukt ist Vakuumöl; als Endprodukte werden vor allem Spaltgase, Benzin sowie Schweröl erhalten.
3. *Hydrierendes Cracken (Hydrocracken).* Einsatzprodukte sind Gasöle und Rückstände, aber auch aromatenreiche Schweröle aus der katalytischen Crackung; als Endprodukte fallen Flüssiggase (Propan, Butan), Benzin und weitere Kraftstoffe sowie leichtes und schweres Heizöl an. Neben Hydrokracken erfolgt auch hydrierende Entschwefelung; Produkte aus dem Hydrocracker sind praktisch schwefelfrei. Außerdem ist der Betrieb dieser Anlagen umweltfreundlich. Prinzipiell sind alle nur denkbaren Einsatzprodukte für diesen Prozeß geeignet; nachteilig sind allerdings die hohen Betriebskosten, die allein deshalb schon anfallen, weil mit hohem Wasserstoffüberschuß und unter hohen Drücken von 100-250 bar im Temperaturbereich von etwa 400-450 °C gearbeitet werden muß. Für das Verfahren sind Katalysatoren erforderlich. Die hydrierende Spaltung von schweren Ölen wurde übrigens in Deutschland schon 1927 bei der Hochdruckhydrierung von Kohlen, Teeren und schweren Erdölfraktionen angewandt.

Die bei der atmosphärischen Destillation sowie beim Cracken anfallenden Benzinfraktionen genügen den Qualitätsansprüchen noch nicht und werden vor Abgabe an die Verbraucher *reformiert*. Ziel dieses Veredlungsschrittes ist in erster Linie die Erhöhung der Oktanzahl (OZ), d. h. eine Verbesserung der Klopffestigkeit des Benzins. Unter *Klopfen* versteht man Störungen beim Verbrennungsablauf in Zylindern von Otto-Motoren. Die Oktanzahl eines Benzins wird durch Vergleich mit der Oktanzahl genormter Testgemische in einem genormten Versuchsmotor experimentell ermittelt; zum Vergleich wählt man Testgemische aus n-Heptan (OZ = 0) und 2,2,4-Trimethylpentan (*Isooktan*, OZ = 100). Je höher die Oktanzahl ist, um so klopffester ist das betreffende Benzin.

Die Herstellung hochoktaniger Kraftstoffe erfolgt durch katalytisches Reformieren; weitverbreitet ist das Platforming-Verfahren mit Platinkatalysatoren. Im Verlauf dieses Prozesses spielen sich drei besonders typische chemische Reaktionen ab:
*Isomerisierungen*, z. B.

$$H_2C-CH-CH_3 \atop H_2C \quad CH_2 \atop \diagdown CH_2 \diagup \quad \longrightarrow \quad \text{Cyclohexan}$$

Methylcyclopentan     Cyclohexan

## Dehydrocyclisierungen, z. B.

n-Hexan → Cyclohexan + $H_2$

## Dehydrierungen, z. B. unter Bildung von Aromaten (Aromatisierung):

Cyclohexan → Benzol + $3H_2$

Beim Reformieren werden niedrige Aromaten gebildet, die wesentlich höhere Oktanzahlen als Paraffine und Cycloparaffine aufweisen. Dies Ergebnis ist nicht nur für die Herstellung klopffester Benzinsorten von Interesse; es hat ebenso auch sehr große Bedeutung für die Versorgung der organisch-chemischen Industrie mit den sog. *BTX-Aromaten:*

Benzol   Toluol   ortho-(o)-Xylol   meta-(m)-Xylol   para-(p)-Xylol

Die BTX-Aromaten, die früher aus Steinkohlenteer isoliert wurden, werden heute fast nur noch aus Erdöl gewonnen; sie dienen zur Herstellung von Synthesefasern, Kunststoffen, Kunstharzen und Lackrohstoffen, synthetischen Waschrohstoffen und vielen weiteren Produkten. Sie werden in großem Umfang aus Reformatbenzin sowie Pyrolysebenzin (s. später) isoliert, in denen sie jedoch vermischt mit anderen nicht-aromatischen Verbindungen vorliegen. Die Trennung von Aromaten von Nicht-Aromaten ist schwierig und auf destillativem Wege allein nicht zu erreichen; daher müssen andere Wege beschritten werden, z. B. Kombination von Extraktion und Destillation: So lassen sich z. B. die Aromaten mit geeigneten Lösungsmitteln aus dem Gemisch herauslösen, und sie können anschließend nach Abtreiben des Lösungsmittels destillativ in die reinen Komponenten zerlegt werden. Dieser Weg ist technisch aber recht aufwendig.

Für Toluol besteht keine so große Nachfrage wie nach o- und p-Xylol;

daher wird es teilweise durch Umsetzung mit Wasserstoff zu Benzol *dealkyliert*:

[Toluol] + $H_2$ ⟶ [Benzol] + $CH_4$

Diese Reaktion, bei der neben Benzol noch Methan entsteht, verläuft in Gegenwart geeigneter Katalysatoren bei 550-650 °C unter 35-70 bar Druck. Weiterhin ist auch Disproportionierung zu Benzol und einem Xylol-Isomeren-Gemisch in Gegenwart von Katalysatoren bei etwa 480 °C üblich:

2 [Toluol] ⟶ [Benzol] + [Xylol] (o+m+p)

Für m-Xylol besteht gleichfalls keine allzu große Nachfrage; es läßt sich aber in Gegenwart saurer Katalysatoren in der Dampfphase zu o- und p-Xylol isomerisieren:

[m-Xylol] ⟶ [o-Xylol] bzw. [p-Xylol]

## 2.5 Petrochemie

Unter Petrochemie versteht man die Herstellung von organisch-chemischen Grundstoffen aus Raffinerie-Produkten; sie bildet also die Zwischenstufe zwischen der Erdölaufarbeitung und der chemischen Industrie. Während es sich bei den marktfähigen Erzeugnissen der Erdölchemie um Stoffgemische handelt, stellt die Petrochemie in der Regel reine Verbindungen her, die in der organisch-chemischen Industrie die Basis für zahlreiche Synthesen bilden. So gesehen ist die Gewinnung reiner BTX-Aromaten bereits ein petrochemischer Verfahrensschritt.

Zu den mengenmäßig bedeutendsten petrochemischen Erzeugnissen gehören die Olefine, in erster Linie Ethylen $H_2C=CH_2$ sowie Propylen $H_3C-CH=CH_2$, daneben 1,3-Butadien $H_2C=CH-CH=CH_2$ sowie 1-Buten $H_3C-CH_2-CH=CH_2$ und 2-Buten $H_3C-CH=CH-CH_3$. Olefine werden bei uns hauptsächlich aus Naphtha gewonnen, während in den USA überwiegend gasförmige Rohstoffe (Ethan, Propan, Butan) eingesetzt werden; in den letzten Jahren haben diese gasförmigen Einsatzstoffe auch in Europa als petrochemische Rohstoffe große Bedeutung gewonnen. Sie finden sich in sog. *nassen* Erdgasen, die neben Methan noch größere Anteile an höheren Kohlenwasserstoffen enthalten. Naphtha (Rohbenzin) ist ein Gemisch aus isomeren Paraffinen und Naphthenen im Bereich von etwa 5 bis 12 Kohlenstoffatomen im Molekül. Die Gewinnung von Olefinen erfolgt heute durch *Steamcracking;* das einfache Schema eines Steamcrackers zeigt Abbildung 3.

Herzstück der Anlage ist der mit Heizgasen (Restgasen aus der Gastrennung, s. später) befeuerte Crackofen, in dessen Inneren Röhren so angeordnet sind, daß eine möglichst hohe Energienutzung sowie gleichmäßiger Temperaturanstieg beim durchlaufenden Produkt gewährleistet sind. In diesen von außen beheizten Röhren werden leichtsiedende Kohlenwasserstoffe (Ethan, Propan, Butan, Naphtha) in Gegenwart von Wasserdampf bei Temperaturen zwischen 700 und 900 °C und Verweilzeiten von 0,3–1 Sekunde gespalten; die Verweilzeit hat Einfluß auf die Produktverteilung und die Olefinausbeuten bei der Pyrolyse, läßt sich aber nur innerhalb recht enger Grenzen steuern.

Die heißen Spaltgase müssen unmittelbar nach ihrem Austritt aus dem Röhrenofen sehr rasch abgekühlt werden, um Olefinverluste durch Sekundärreaktionen zu vermeiden; dies ist besonders dann erforderlich, wenn

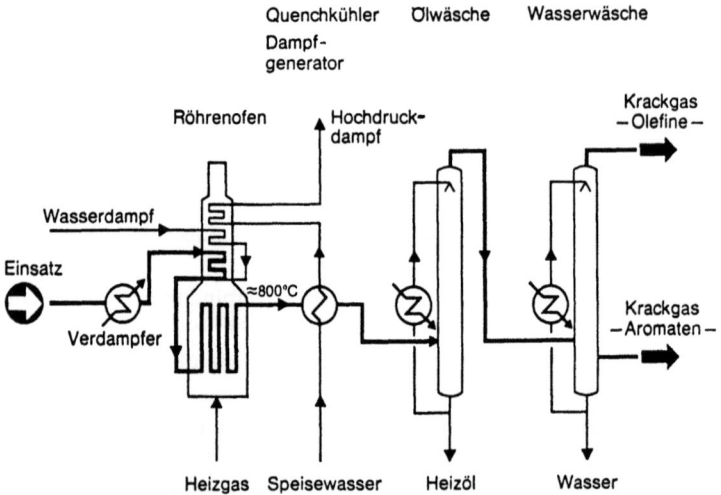

*Abb. 3.* Schema eines Steamcrackers. (Lurgi)

*Tabelle 12.* Kurzzeitspaltung von Naphtha im Röhrenofenreaktor (Steamcracker)

| | |
|---|---|
| Verweilzeit | 0,4 sec |
| Verhältnis Dampf/Naphtha (kg/kg) | 0,6 |
| Austrittstemperatur | 860 °C |
| Ethylen (Gew.-%) | 30 |
| Propylen (Gew.-%) | 15 |
| Krackbenzin (Gew.-%) | 19 |
| Aromatengehalt im Krackbenzin (Gew.-%) | 69 |

möglichst hohe Ethylenausbeuten angestrebt werden. Man erreicht das durch Abkühlen auf 300-400 °C in einem nachgeschalteten Abhitzekessel, wobei zugleich Hochdruckdampf von 100 bar erzeugt wird. Durch Einleiten der Reaktionsgase in Waschtürme, in die Kreislauföl oder -wasser eingespritzt werden (direkte Kühlung mit dem Kühlmedium!) wird weitere rasche Abkühlung auf etwa 100 °C bewirkt. Die Kreislaufkühlflüssigkeiten werden vor Wiedereintritt in die Waschtürme indirekt gekühlt; das Wasser dient wiederum zur Erzeugung von Prozeßdampf, so daß die Abwassermengen auf ein Minimum reduziert werden können.

Durch indirekte Kühlung der Pyrolysegase kondensieren die bei der Pyrolyse gebildeten schweren Kohlenwasserstoffe (Heizöl) und der im Röhrenofen zugesetzte Dampf; in einem Abscheider werden Wasser und öliges Kondensat getrennt. Das dabei gewonnene Pyrolysebenzin ist reich an Aromaten und kann als Rohstoff für die Gewinnung von BTX-Aromaten verwendet werden. Nicht kondensierbare Anteile im Spaltgas gehen zu einer Gastrennanlage und werden hier in die einzelnen Komponenten zerlegt. Die Ethylenausbeute wächst mit steigender Cracktemperatur und erreicht bei etwa 850 °C rund 30% bezogen auf die eingesetzte Naphthamenge. Die Zusammensetzung der Spaltprodukte ist Tabelle 12 (nach Angaben der Fa. Lurgi GmbH) zu entnehmen. Neben den in der Tabelle aufgeführten Produkten sind noch kleinere Mengen von Acetylen $HC\equiv CH$, Propan $H_3C-CH_2-CH_3$ und Butan $C_4H_{10}$ im Spaltgas enthalten. Nach Abtrennung schwersiedender Anteile und des Pyrolysebenzins wird das $C_1$- bis $C_4$-Gemisch, das außerdem auch noch Wasserstoff enthält, durch Tiefkühlung und Fraktionierung in die einzelnen Bestandteile zerlegt; durch Rückführung des abgetrennten Ethans und Propans in den Steamcracker läßt sich die Ethylen-Ausbeute noch etwas erhöhen.

Der Mineralölmarkt ist, wie bereits erwähnt, durch einen Trend nach leichteren Produkten sowie schwefelarmen Heizölen gekennzeichnet, während der Trend bei den geförderten Rohölen zu schweren, schwefelreichen Ölen geht. Die Produktionsausbeuten einiger Rohölsorten sind Tabelle 13 zu entnehmen.

*Tabelle 13.* Produktionsausbeuten einiger Rohölsorten. (Angaben vom Mineralölwirtschaftsverband e. V. Hamburg)

|  | Libyen (Zueitina) | Großbritannien (Forties) | Mittelost (Agha Jari) | Mittelost (Arabian Heavy) | Mittelost (Safaniya) |
|---|---|---|---|---|---|
| Gase | 1% | 3% | 2% | 2% | 2% |
| Benzin | 22% | 19% | 20% | 15% | 13% |
| Mitteldestillate (z. B. Heizöl L) | 39% | 37% | 30% | 26% | 25% |
| Rückstand (z. B. Heizöl S) | 38% | 41% | 48% | 57% | 60% |
| Dichte (g/ml) | 0,817 | 0,840 | 0,855 | 0,887 | 0,890 |
| Schwefel (Gew.-%) | 0,21 | 0,3 | 1,4 | 3,0 | 2,8 |

Auf längere Sicht gesehen wird sich dieser Trend verstärkt fortsetzen, wenn die heute bekannten Vorkommen an Schwerölen, Ölsanden und Ölschiefern zur Rohstoffversorgung im großen Umfang herangezogen werden müssen; so liegt heute der Anteil der schwefelarmen Rohöle mit einem Schwefelgehalt von max. 0,5% (Gew.-%) bei nur noch etwa 30% der Gesamtförderung. Die Raffinerien werden sich auf die schwierigere Verarbeitung solcher Rohöle umstellen müssen: Der Wandel auf dem Rohölmarkt ruft auch Wandel in der Raffinerie-Struktur hervor.

Der Zug nach immer mehr leichteren Produkten ist in Tabelle 14 zu erkennen, die den Inlandsabsatz der wichtigsten Mineralölprodukte ausweist.

In Westeuropa stand bis in die frühen 70er Jahre genügend Naphtha zur Herstellung von Olefinen und Aromaten sowie weiterer petrochemischer Grundstoffe wie Synthesegas ($CO/H_2$-Mischung) oder Acetylen zur Verfügung, so daß es bis dahin der mit Abstand wichtigste petrochemische Rohstoff war. Seitdem hat sich aber die Situation verändert: Bedingt durch mehrere Ursachen, vor allem durch den steigenden Bedarf an Motorenbenzin bei sinkendem Rohöldurchsatz in den Raffinerien, weiter auch durch die Kohlevorrangpolitik der Bundesregierung, traten Versorgungsengpässe bei den Leichtsiedern auf; die Raffinerien sahen sich gezwungen, steigende Mengen höhersiedender Fraktionen mit Hilfe der besprochenen Konversionsverfahren in niedriger siedende Fraktionen umzuwandeln. In der Petrochemie begegnete man dieser Entwicklung, die naturgemäß auch zum Preisanstieg bei Naphtha führte, durch Substitution dieses bislang wichtigsten Einsatzpro-

**Tabelle 14.** Inlandabsatz[a] der wichtigsten Mineralölprodukte 1950–1986 (in 100 t). (Mit freundlicher Genehmigung von MWV[b] Mineralöl-Zahlen 1986)

| Jahr | Insgesamt | Vergaserkraftstoff | Dieselkraftstoff | Heizöl, leicht | Heizöl, schwer | Bitumen |
|---|---|---|---|---|---|---|
| 1950 | 4052 | 1335 | 1300 | – | 281 | 376 |
| 1955 | 9746 | 2659 | 2991 | 495 | 1596 | 677 |
| 1960 | 27952 | 5451 | 4666 | 6589 | 7291 | 1355 |
| 1965 | 69029 | 10317 | 7315 | 23553 | 17882 | 3528 |
| 1970 | 114260 | 15492 | 9640 | 43637 | 26346 | 4730 |
| 1971 | 118801 | 17205 | 9712 | 46142 | 26326 | 4661 |
| 1972 | 125872 | 18130 | 10151 | 48250 | 28404 | 4896 |
| 1973 | 134453 | 18508 | 10798 | 51963 | 29706 | 4656 |
| 1974 | 120208 | 18048 | 9955 | 44821 | 24764 | 4648 |
| 1975 | 115933 | 19747 | 10333 | 44839 | 22436 | 4241 |
| 1976 | 125499 | 20583 | 10889 | 49036 | 24307 | 3848 |
| 1977 | 123685 | 21809 | 11677 | 47142 | 22063 | 3852 |
| 1978 | 129547 | 23015 | 12174 | 50148 | 22217 | 3891 |
| 1979 | 132997 | 23307 | 13425 | 49925 | 22343 | 3936 |
| 1980 | 117891 | 23721 | 13009 | 41158 | 20268 | 3383 |
| 1981 | 105985 | 22269 | 13264 | 36435 | 15845 | 2944 |
| 1982 | 101208 | 22730 | 13450 | 33383 | 14013 | 2991 |
| 1983 | 100438 | 23039 | 13862 | 33477 | 11434 | 2801 |
| 1984 | 100885 | 23641 | 14035 | 33919 | 10618 | 2926 |
| 1985 | 102976 | 23131 | 14556 | 36893 | 9826 | 2599 |
| 1986 | 109370 | 24163 | 15482 | 40435 | 10812 | 2671 |

[a] Bis 1954 einschl., ab 1965 ohne Schmierstofflieferungen an deutsche Schiffe; ohne Ablieferungen aus Altölaufbereitung.
[b] Mineralölwirtschaftsverband.

duktes durch höhersiedende Fraktionen, bevorzugt Gasöl; zur Herstellung von Ethylen ist aber Naphtha noch immer bevorzugtes Einsatzprodukt.

Weiterhin hat auch der Einsatz von Flüssiggas (LPG = Liquified Petroleum Gas = Gemisch aus Propan + Butan + Pentan), das bei der Aufarbeitung *nasser Gase* gewonnen wird, stark zugenommen; Propan und Butan fallen auch bei der atmosphärischen Destillation der Rohöle an. LPG wird heute in Tankschiffen und Kesselwagen zu Großverbrauchern gebracht und dient u. a. zur Herstellung von Stadtgas; die Substitution von Naphtha durch solche Gase bringt allerdings gewisse Verschiebungen in der Zusammensetzung der Crackgase.

Um die Versorgung der petrochemischen Industrie mit den erforderlichen Rohstoffen sicherzustellen und ein Entkoppeln von Marktvolumen und Marktstruktur der Mineralölindustrie zu erreichen, wurde Ende der 60er Jahre das Konzept der petrochemischen Raffinerie ausgearbeitet, die sich wesentlich von der Struktur herkömmlicher Raffinerien unterscheidet. Folgende Raffinerietypen sind bekannt:

1. Die einfach konzipierte *Heizölraffinerie*, auch Hydroskimming-Raffinerie genannt, die zwar nur relativ geringe Investitionen erfordert und mit niedrigen Betriebskosten arbeitet, andererseits aber nur die im Rohöl von Natur aus vorhandenen Kohlenwasserstoffe herausholen kann. Sie ist für eine maximale Produktion von leichtem und schwerem Heizöl ausgelegt.
2. Die *Kraftstoffraffinerie*, die über Konversionsanlagen verfügt und die Aufgabe hat, optimale Kraftstoffausbeuten zu erzielen (s. Abb. 4).
3. Die *petrochemische Raffinerie*, in der an Stelle der für den Kraftstoff- und Energiemarkt typischen Produktgemische nur noch Grundstoffe für die Weiterverarbeitung in der chemischen Industrie gewonnen werden. Dieser Raffinerietyp ist recht selten.

Zur Sicherstellung ihrer Rohstoffversorgung haben Unternehmen der chemischen Großindustrie in eigener Regie entsprechende Anlagen gebaut und Verfahren zur Rohölpyrolyse entwickelt. Weiterhin führte enge Zusammenarbeit zwischen Unternehmen der chemischen Industrie mit Unternehmen der Mineralölindustrie zur Gründung gemeinsamer Tochterunternehmen; so ist das erste rein petrochemisch ausgerichtete Werk in der Bundesrepublik, die Rheinischen Olefinwerke (ROW) in Wesseling, eine gemeinsame Gründung der BASF und der Deutschen Shell AG. Für Verbund zwischen den Grundstoffproduzenten und den großen Weiterverarbeitern sorgt ein Netz von Pipelines u.a. für Ethylen, Wasserstoff und Naphtha, das längst den nationalen Rahmen gesprengt hat.

## 2.6 Erdgas

Neben Kohle und Erdöl ist Erdgas der wichtige dritte fossile Energieträger zur Deckung des Primärenergiebedarfes der Welt; in der Bundesrepublik macht sein Anteil etwa 15% aus. Daneben wird es auch im großen Umfang als Rohstoff für petrochemische Prozesse eingesetzt, u.a. zur Synthese von Ammoniak, einem wichtigen Grundstoff für die Herstellung von Salpetersäure und von Düngemitteln; Synthesegas läßt sich nämlich aus Erdgas sehr viel billiger und einfacher als aus Kohle (s. später) gewinnen.

Die Mehrzahl der Erdgasvorkommen ist an Öllagerstätten gebunden; daher spricht man auch von *assoziierten* Erdgasen. Erdgas besteht aus niedrigen Homologen der Paraffinreihe, wobei Methan $CH_4$ mit durchschnittlich 80% überwiegt; als weitere Kohlenwasserstoffe sind Ethan, Propan und Butan zu erwähnen. Daneben sind unterschiedliche Mengen anderer Verbindungen wie Schwefelwasserstoff $H_2S$ und Kohlendioxid $CO_2$ im Erdgas ent-

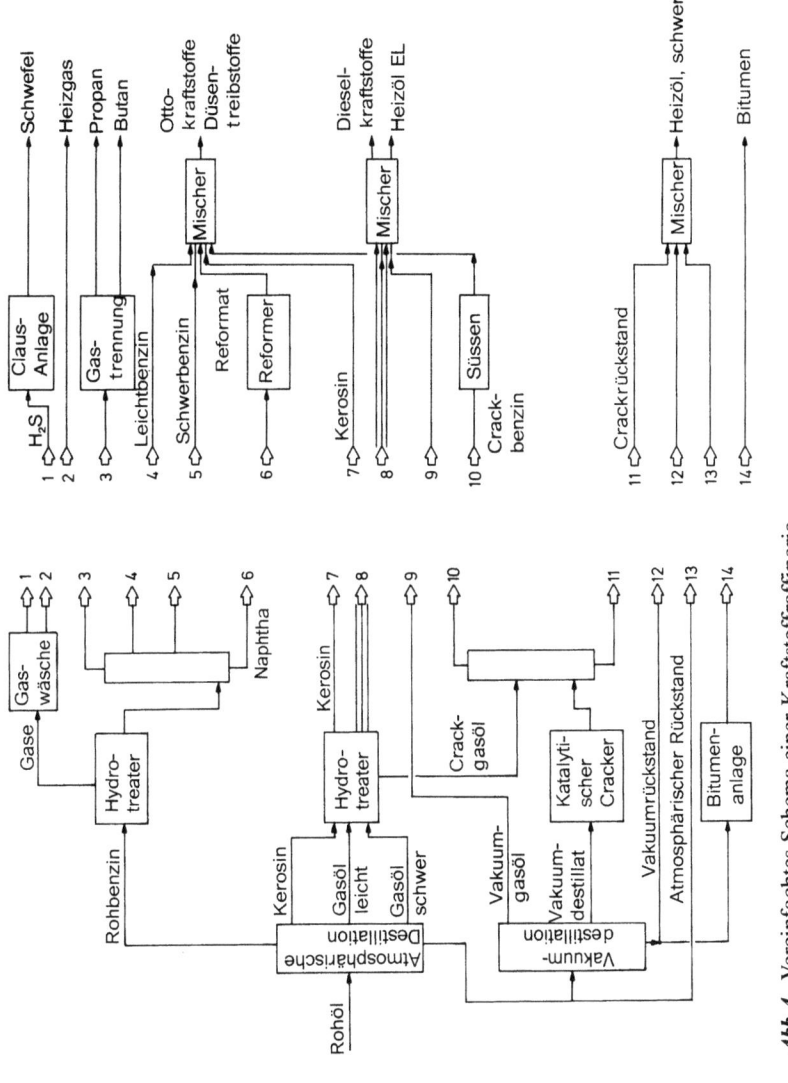

*Abb. 4.* Vereinfachtes Schema einer Kraftstoffraffinerie

halten, ferner inerte Gase wie Stickstoff und - selten und in geringen Mengen - Helium.

Erdgase werden in *nasse* und *trockene* Gase unterteilt: Nasse Gase enthalten neben Methan noch die erwähnten höheren Paraffine, die abgetrennt werden und wichtige Rohstoffe für die Petrochemie darstellen; trockene Gase bestehen im wesentlichen aus Methan. Weiterhin unterscheidet man noch *Süßgas* von *Sauergas:* Süßgas enthält weniger als 2% $CO_2$ und praktisch kein $H_2S$; Sauergas enthält störende Mengen von $CO_2$ und $H_2S$, die vor Abgabe an die Verbraucher aus dem Gas durch Auswaschen entfernt werden. Solche Waschprozesse werden als *Süssen* bezeichnet. Schwefelwasserstoff riecht nicht nur sehr unangenehm, er ist zudem giftig und führt auch bei den im Erdgasbereich üblichen hohen Drücken von 100 bar schon in geringen Mengen zu Korrosionserscheinungen und Spannungsrissen. Außerdem muß auch Wasser entfernt werden, das mit niederen Kohlenwasserstoffen feste Hydrate bilden kann, die in den Leitungssystemen zu Verstopfungen führen. Trockenes Süßgas kann direkt aus den Feldanlagen ins Leitungsnetz eingespeist werden. Die Gasdrücke in den Lagerstätten sind sehr hoch und betragen mehrere hundert bar.

In den USA wird Erdgas schon seit Jahrzehnten als Brenn- und Heizgas eingesetzt; dort dient ein enges Netz von Verteilungsleitungen für die Versorgung der Verbraucher. Inzwischen hat Erdgas auch in Westeuropa bedeutenden Anteil an der Energieversorgung; auch hier ist ein dichtes Netz von Versorgungsleitungen errichtet. Große Erdgaslagerstätten finden sich in Holland, Frankreich, Italien sowie in Feldern unter der Nordsee. An dieser Stelle soll erwähnt werden, daß die Öl- und Gasfelder in der Nordsee durch Pipelines, die auf dem Meeresboden verlegt sind, mit dem Festland verbunden wurden. Die wichtigsten Erdgaslagerstätten in der Bundesrepublik liegen im Gebiet zwischen Ems und Weser. Algerien ist ein wichtiger Erdgaslieferant.

Erdgas wird heute in Spezialtankschiffen drucklos im flüssigen Zustand bei $-160\,°C$ über See transportiert; durch Verflüssigung wird das Volumen auf ungefähr 1/600 seines Volumens bei Normalbedingungen vermindert.

Es soll noch angemerkt werden, daß in der Literatur auch die Bezeichnung *Naturgas* zu finden ist. Unter diesem Namen faßt man Erdölgase (sind an Öllagerstätten gebunden) und Erdgas (stammt aus reinen Gaslagerstätten) zusammen.

*Tabelle 15.* Zusammensetzung von Erdgasen, Angaben in Vol.-%. (Aus: Franck u. Knop 1979)

| Lagerstätte | Methan | Ethan | Propan | Butan | Pentan | $CO_2$ | $H_2S$ | $N_2$ |
|---|---|---|---|---|---|---|---|---|
| Lacq (Frankreich) | 69,3 | 3,0 | 0,9 | 0,6 | 0,8 | 9,3 | 15,8 | 0,2 |
| Ekofisk (Norwegische Nordsee) | 90,8 | 6,1 | 0,7 | 0,1 | – | 1,8 | <0,1 | 0,5 |
| Panhandle (Texas/USA) | 73,2 | 6,1 | 3,2 | 1,6 | 0,6 | 0,3 | 0,6 | 14,3 |
| Dammam (Saudi-Arabien) | 73,0 | 3,9 | 1,1 | 0,8 | 0,3 | 10,8 | 1,5 | 8,4 |

Für das Entstehen von Erdgas werden folgende drei Ursachen angeführt:

1. Erdgas bildete sich zusammen mit Erdöl im Ölmuttergestein.
2. Bei der fortschreitenden Inkohlung von Kohlen in geologischen Zeiträumen nimmt der Wasserstoffgehalt in der Kohle ab, der Kohlenstoffgehalt zu. Bei diesem Prozeß bildet sich Methan $CH_4$, das unter geeigneten geologischen Voraussetzungen abwandern kann.
3. Es hat sich aus Ölschiefer durch natürliche Zersetzungsprozesse bei höheren Temperaturen *(Schwelprozesse)* gebildet.

Die Zusammensetzung einer Reihe von Erdgasen gibt Tabelle 15 an.

## 2.7 Synthesegas

Unter der technischen Bezeichnung *Synthesegas* versteht man Gasgemische aus Kohlenmonoxid CO und Wasserstoff mit unterschiedlichem molaren $CO/H_2$-Verhältnis aber auch ein Gemisch aus Stickstoff und Wasserstoff von der Zusammensetzung ($N_2 + 3 H_2$) für die Ammoniaksynthese.

Das genaue molare Verhältnis im Synthesegas richtet sich nach seinem Verwendungszweck und ist durch die Stöchiometrie der jeweiligen Synthesereaktion vorgegeben, für deren Ablauf die Anwesenheit geeigneter Katalysatoren unbedingt erforderlich ist. Die Katalysatoren sind gegenüber *Katalysatorgiften*, insbesondere gegenüber Schwefelverbindungen, sehr empfindlich; daher müssen Synthesegase vor der eigentlichen chemischen Reaktion sehr sorgfältig gereinigt werden, um alle störenden Verbindungen auszuschließen.

Prinzipiell führen zwei Wege zu Synthesegas:

1. Umsetzung fester, flüssiger oder gasförmiger Brennstoffe mit Wasserdampf in Gegenwart oder Abwesenheit von Sauerstoff.
2. Partielle Verbrennung der Brennstoffe mit Sauerstoff.

Das Stickstoff/Wasserstoffgemisch dient als Synthesegas für die Ammoniakherstellung; Kohlenmonoxid/Wasserstoffgemische werden hauptsächlich für die Methanolsynthese sowie den Oxo-Prozeß benötigt. Erstmals wurden große Mengen des Synthesegases ($N_2 + 3 H_2$) kurz vor dem Ersten Weltkrieg in Deutschland für die Ammoniakhochdrucksynthese nach F. Haber und C. Bosch durch Vergasung von Kohle gewonnen. In den USA dienten schon frühzeitig Erdöl und Erdgas als Rohstoffe für Synthesegasherstellung; dieser Weg setzte sich nach dem Zweiten Weltkrieg auch in Westeuropa durch, wo ebenfalls hauptsächlich Erdgas für die Ammoniaksynthese eingesetzt wird.

Die Gewinnung eines $CO/H_2$-Gemisches durch katalytische Umsetzung von Erdgas (Methan) mit Wasserdampf erfolgt nach folgender Gleichung:

$$CH_4 + H_2O \rightleftharpoons CO + 3H_2$$

Dieser als Steam-Reforming (Dampfspaltung) bezeichnete Prozeß ist endotherm, bedarf also der Wärmezufuhr; meist wird der notwendige Wärmebedarf von außen gedeckt (allotherme Prozeßführung). Anstelle von Erdgas können auch höhere Kohlenwasserstoffe, z. B. Naphtha, eingesetzt werden:

$$..-CH_2-.. + H_2O \rightleftharpoons CO + 3H_2$$

Neben dieser Reaktion laufen noch weitere Reaktionen ab, u. a. solche, bei denen Kohlenstoff freigesetzt wird:

$$CO + H_2 \rightleftharpoons C + H_2O$$
$$2CO \rightleftharpoons C + CO_2$$
$$CH_4 \rightleftharpoons C + 2H_2$$

Dieser Kohlenstoff setzt sich in Form von Koks auf den Katalysatoren ab, die dadurch inaktiviert werden; deshalb müssen solche Reaktionen so weit als möglich unterdrückt werden. Durch Zusatz von überschüssigem Wasserdampf läßt sich z. B. die zuerst genannte Reaktion weitgehend unterbinden (das Gleichgewicht dieser Reaktion wird nach links verschoben).

Der 1961 vom britischen ICI-Konzern entwickelte Zwei-Stufen-Prozeß wird heute weltweit zur Herstellung von Synthesegas u. a. für die Ammoniaksynthese eingesetzt. Das Blockschema dieses Prozesses zeigt Abbildung 5.

Da die bei diesem Prozeß verwendeten Nickelkatalysatoren äußerst schwefelempfindlich sind, muß vor dem Dampfspalten der in den Rohstoffen enthaltene Schwefel durch hydrierende Entschwefelung bei 350–450 °C in

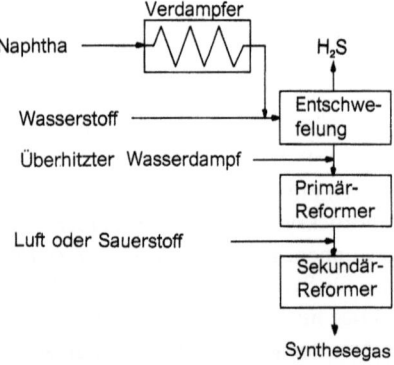

*Abb. 5.* Herstellung von Synthesegas aus Naphtha nach dem ICI-Prozeß

Gegenwart eines $CoO/MoO_3$-$Al_2O_3$-Katalysators entfernt werden; organisch gebundener Schwefel wird dabei abgespalten und zu Schwefelwasserstoff hydriert, z. B.:

$$-\overset{|}{\underset{|}{C}}-S-H + H_2 \longrightarrow -\overset{|}{\underset{|}{C}}-H + H_2S$$

Er kann anschließend nach verschiedenen Gasreinigungsmethoden aus dem Produktgas entfernt werden.

Nach erfolgter Gasreinigung werden die Einsatzstoffe (Erdgas, Naphtha) unter 15-40 bar Druck mit Wasserdampf im Temperaturbereich von 750-950 °C in einem Röhrenofen *(Primär-Reformer)* mit Wasserdampf umgesetzt; die von außen beheizten Röhren sind im Innern mit dem Katalysator (Nickelkontakt auf Magnesiumoxid) gefüllt. Zum Beheizen der Rohre dienen Erdgas, Raffineriegas, flüssige Brennstoffe usw. Die Umsetzung gelingt jedoch nicht vollständig; das aus dem Röhrenofen austretende Synthesegas enthält noch immer größere Mengen nicht umgesetzter Kohlenwasserstoffe, die im Synthesegas unerwünscht sind. Deshalb erfolgt in einer zweiten Stufe *(Sekundär-Reformer)* Nachverbrennung eines Teiles dieser Kohlenwasserstoffe an einem hochtemperaturfesten Nickelkontakt, wobei nach Sauerstoffzufuhr folgende Reaktionen ablaufen:

$$CH_4 + 1/2 O_2 \longrightarrow CO + 2H_2$$
$$\cdots-CH_2-\cdots + 1/2 O_2 \longrightarrow CO + H_2$$

Dabei steigen die Temperaturen auf über 1200 °C an, bei denen nichtumgesetztes Methan bzw. Kohlenwasserstoffe mit Wasserdampf bis auf geringe Restmengen in Kohlenmonoxid und Wasserstoff umgewandelt werden. Der Prozeß wird in einem feuerfest ausgemauerten Reaktor (Schachtofen) durchgeführt.

Soll das Synthesegas für die Ammoniaksynthese verwendet werden, so wird für die Nachverbrennung Luft benutzt und auf diese Weise der für die Reaktion erforderliche Stickstoff eingeschleust. Sodann wird das im Synthesegas noch enthaltene Kohlenmonoxid durch Konvertierung nach

$$CO + H_2O \rightleftharpoons CO_2 + H_2$$

in Kohlendioxid umgewandelt. Im allgemeinen wird dieser Prozeß in zwei Stufen durchgeführt: Bei der *Hochtemperaturkonvertierung* läuft die Reaktion oberhalb von 400 °C an einem Eisenoxidkatalysator ab; das aus der ersten Stufe abströmende Gas enthält aber noch beträchtliche Mengen Kohlenmonoxid, die in der nachfolgenden *Tieftemperaturkonvertierung* bei 200 °C an einem Kupfer-Zink-Katalysator bis auf Spuren in $CO_2$ und Wasserstoff umgewandelt werden. Das gebildete Kohlendioxid wird aus dem Synthesegas ausgewaschen; hierfür eignet sich z. B. eine wäßrige Lösung von Pottasche (Kaliumcarbonat $K_2CO_3$) die mit $CO_2$ unter Bildung von Kaliumhydrogencarbonat (Kaliumbicarbonat) reagiert:

$$CO_2 + H_2O + K_2CO_3 \rightleftharpoons 2KHCO_3$$

Bei höheren Temperaturen tritt Zerfall des Bicarbonates unter Rückbildung von Kaliumcarbonat ein. Zuerst wird also in der Waschstufe die Waschlauge mit $CO_2$ *beladen* und sodann zu einer zweiten Stufe geleitet, wo durch Erhitzen das $CO_2$ wieder abgespalten, die Waschlauge also *regeneriert* wird. Das Prinzip einer solchen Anlage zeigt Abbildung 6.

Das beim Erhitzen freiwerdende $CO_2$ läßt sich für andere Prozesse verwenden; die regenerierte Waschlösung geht im Kreislauf zurück zur Waschstufe. Schließlich müssen noch Spuren von CO aus dem Synthesegas entfernt werden; dies gelingt durch Methanisierung, bei der auch $CO_2$ zu Methan hydriert wird:

$$CO + 3H_2 \rightleftharpoons CH_4 + H_2O$$
$$CO_2 + 4H_2 \rightleftharpoons CH_4 + 2H_2O$$

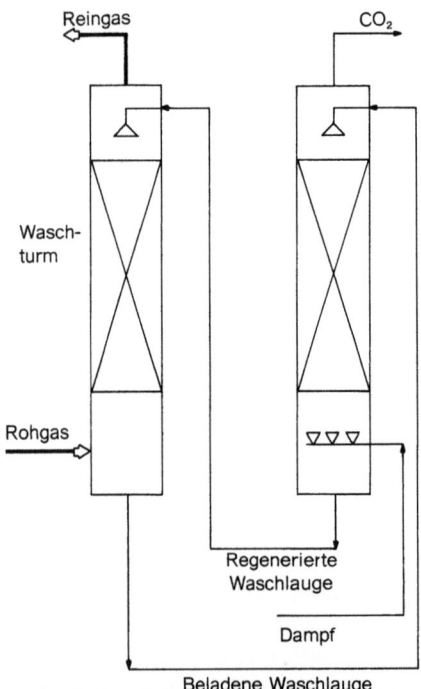

*Abb. 6.* Prinzipskizze einer Heißpottaschewäsche zur Entfernung von $CO_2$ aus Druckgasen aus der Konvertierung. (Lurgi)

Diese Umsetzungen erfolgen bei etwa 350 °C an einem Nickelkontakt. Bei der anschließenden Ammoniaksynthese verhält sich Methan wie ein Inertgas.

Das erhaltene Synthesegas wird nun im Druckbereich von 150 bis 350 bar bei 400 bis 550 °C nach

$$N_2 + 3H_2 \rightleftharpoons 2NH_3$$

an Eisenkatalysatoren umgesetzt. Auf Einzelheiten dieser Synthese soll hier nicht weiter eingegangen werden; erwähnt sei nur, daß für den Bau geeigneter Reaktoren schwierige Werkstoff- und Konstruktionsprobleme zu lösen waren.

Das stark vereinfachte Blockschema gibt einen Überblick über den Gesamtprozeß (Abb. 7).

Das aus dem Syntheseofen abströmende Reaktionsgas enthält Ammoniak, das durch Kühlen kondensiert und flüssig abgeschieden wird; nicht umgesetztes Synthesegas wird als *Kreislaufgas* zurück zum Reaktor geführt. Die Umsetzung liegt bei einem Durchlauf durch die Apparatur bei etwa 20-30%.

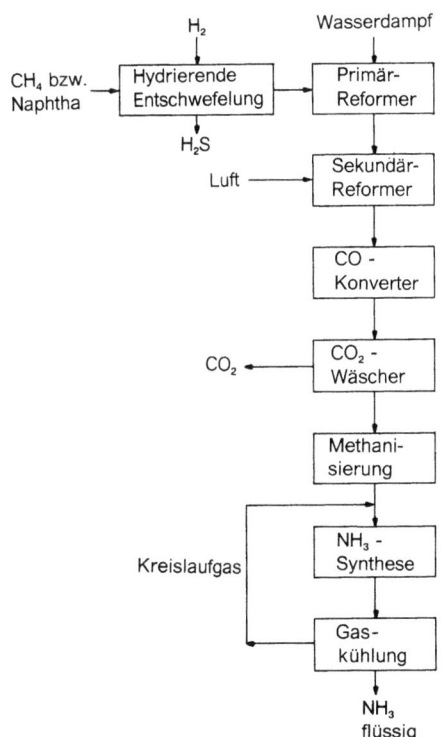

*Abb. 7.* ICI-Dampfspaltung mit nachgeschalteter Ammoniaksynthese

Ammoniak ist eines der wichtigsten anorganischen Großprodukte; u.a. dient es in großen Mengen für die Herstellung *künstlicher* Stickstoffdüngemittel sowie für die Salpetersäure-Herstellung (Salpetersäure wird u.a. gleichfalls zur Herstellung von Düngemitteln benötigt). Ein weiteres Großprodukt auf der Basis von Ammoniak ist Harnstoff, der als Düngemittel wichtig ist, aber auch zur Herstellung von Kunstharzen dient.

Für die Synthese von Methanol $CH_3OH$ sowie auch für den Oxoprozeß wird ein aus CO und Wasserstoff bestehendes Synthesegas benötigt, das auf folgendem Wege gewonnen wird (s. Abb. 8).

Der apparative Aufwand ist in diesem Fall viel geringer als bei der Herstellung eines Synthesegases für die $NH_3$-Synthese. Die anschließende Synthese des Methanols verläuft nach:

$$CO + 2H_2 \rightleftharpoons CH_3OH$$

Einzelheiten dieser Synthese werden noch in anderem Zusammenhang besprochen.

Die Methanolsynthese erfordert ein molares Verhältnis von Wasserstoff zu Kohlenmonoxid von 2:1; bei Steam-Reforming-Prozeß mit Methan als Einsatzstoff stellt sich ein Verhältnis von 3:1 ein. Dies Verhältnis läßt sich jedoch durch Zusatz von Kohlendioxid in den Reformer korrigieren: unter den im Reformer herrschenden Reaktionsbedingungen bildet sich aus Kohlendioxid das fehlende Monoxid:

$$CO_2 + H_2 \rightleftharpoons CO + H_2O$$

Befindet sich die Methanolsyntheseanlage in unmittelbarer Nähe einer

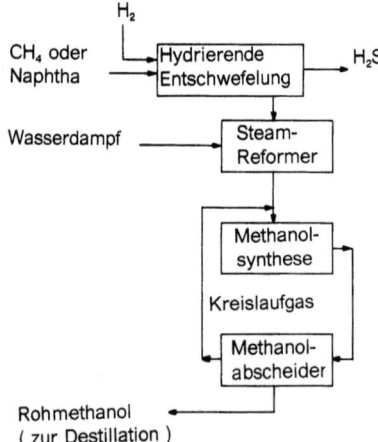

*Abb. 8.* Methanolsynthese

Synthesegas 45

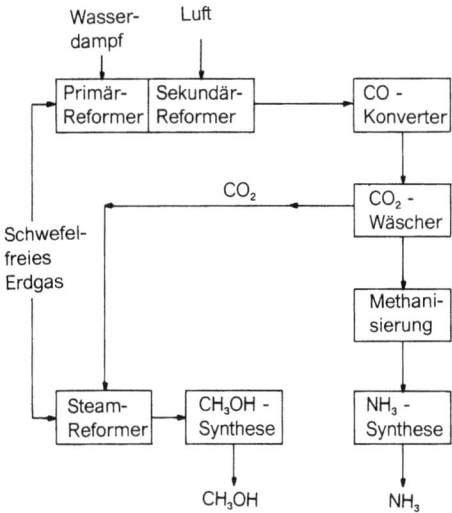

*Abb. 9.* ICI-Dampfspaltung und Koppelung von Methanolsynthese mit Ammoniaksynthese über $CO_2$-Verwertung aus CO-Konverter

Ammoniakanlage, so kann das hinter dem Konverter der Ammoniakanlage in der Gaswäsche anfallende $CO_2$ für den Methanolprozeß verwendet werden; beide Anlagen lassen sich so zu einer Einheit kombinieren (s. Abb. 9).

Methanol zählt zu den mengenmäßig bedeutendsten Produkten der Petrochemie; es ist u.a. Vorprodukt des Formaldehyd $H_2C=O$, der überwiegend zur Herstellung von Kunstharzen zusammen mit Phenolen, Harnstoff und Melamin benötigt wird, aber auch noch für weitere Synthesen unentbehrlich ist. Methanol wird auch zur Synthese von Dimethyltherephthalat

$$H_3COOC-\phenyl-COOCH_3$$

einem wichtigen Vorprodukt zur Herstellung von Polyesterfasern wie Trevira und Diolen in großen Mengen eingesetzt, dient ferner als Lösungsmittel und wird Kraftstoffen zugesetzt (hierüber wird noch ausführlicher berichtet).

Der Steam-Reforming-Prozeß wird auch zur Gewinnung von Wasserstoff eingesetzt; die Anlage besteht dann aus dem Reformer, einem nachgeschalteten Konverter mit angeschlossener Anlage zum Entfernen von $CO_2$, einer Methanisierungsstufe und schließlich noch einer Feinreinigungsanlage. Als Beispiel für Verwendung von Wasserstoff sei die sog. *Fetthärtung* erwähnt, mit deren Hilfe natürliche Öle in streichfähige Fette umgewandelt werden. Dieser um die Jahrhundertwende von W. Normann entwickelte Prozeß hat sehr große Bedeutung in der chemischen Technologie der Nahrungsfette erlangt.

## 46 Erdöl und Erdgas

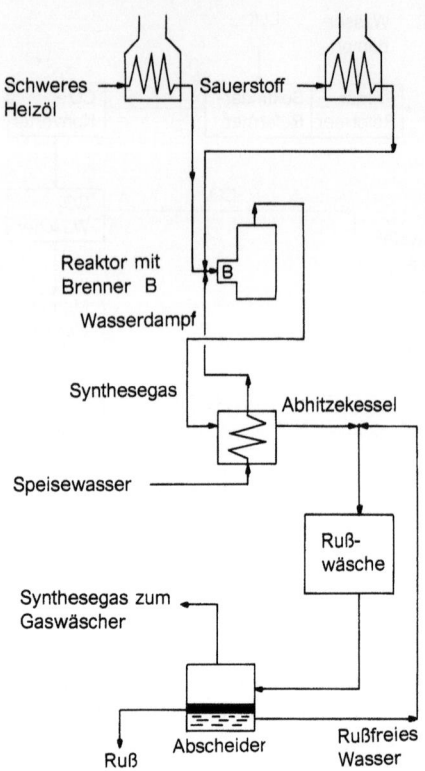

*Abb. 10.* Shell-Verfahren zur Herstellung von Synthesegas aus hochsiedenden Erdölfraktionen

Flüssige hochsiedende Erdölfraktionen wie schweres Heizöl neigen bei hohen Temperaturen zur Koksbildung und sind daher für Einsatz in katalytischen Prozessen ungeeignet, denn der Koks würde sich auf den Katalysatoren festsetzen und sie unwirksam machen. In diesem Fall eignen sich autotherme Prozesse wie z. B. der Shell-Prozeß für die Vergasung. Das stark vereinfachte Fließbild dieses Prozesses zeigt Abbildung 10.

Das für den Vergasungsprozeß bestimmte Einsatzprozeß wird auf etwa 430 °C erhitzt und in einem Brenner mit Sauerstoff von etwa 240 °C und Wasserstoff von etwa 250 °C unter einem Druck von bis zu 40 bar vermischt und unter Flammenbildung bei rund 1300–1500 °C umgesetzt. Die heißen Abgase aus dem Reaktor streichen durch einen Abhitzekessel, so sie zur Erzeugung von Wasserdampf benutzt werden. Aus dem gebildeten Synthesegas wird anschließend der Ruß bis auf geringe Restmengen entfernt und

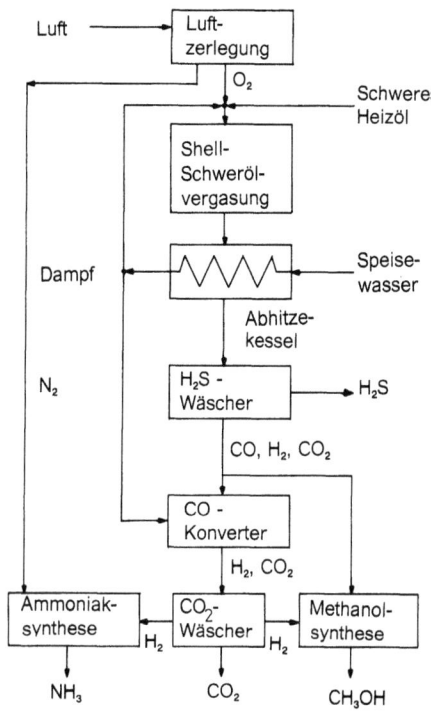

**Abb. 11.** Shell-Schwerölvergasungsprozeß und Koppelung der Ammoniaksynthese mit Methanolsynthese

nach Zugabe von Öl in Spezialmischern zu 3–5 mm großen Kügelchen pelletiert, die als Brennstoff verwendet werden können. Bei den sehr hohen Reaktionstemperaturen erfolgt eine fast vollständige Umsetzung.

Der für den Shell-Prozeß benötigte Sauerstoff wird durch Zerlegen von Luft nach dem Linde-Verfahren gewonnen. Dabei fällt zwangsläufig auch Stickstoff an, der für die Erzeugung von Ammoniak herangezogen wird. Auf diese Weise ist also eine Koppelung der Methanolsynthese mit der Ammoniaksynthese erreicht, wie aus dem Blockschema leicht zu erkennen ist (Abb. 11).

Schließlich sei noch der von O. Roelen entwickelte Oxoprozeß erwähnt, der hauptsächlich für die Gewinnung höherer Alkohole große Bedeutung hat. Als Ausgangsmaterial dienen Olefine, die mit Synthesegas über die Aldehydzwischenstufe zu Alkoholen hydriert werden; wichtigstes Ausgangsprodukt für die *Hydroformylierung* ist Propylen:

## Erdöl und Erdgas

$$CH_3-CH_2-CH_2-CHO \xrightarrow{H_2} CH_3-CH_2-CH_2-CH_2OH$$
n-Butyraldehyd  n-Butanol

$$CH_3-CH=CH_2 + CO + H_2$$

$$CH_3-CH(CHO)-CH_3 \xrightarrow{H_2} CH_3-CH(CH_2OH)-CH_3$$
i-Butyraldehyd  i-Butanol

Die Oxo-Synthese wurde 1938 von O. Roelen bei der Ruhrchemie entwickelt; sie wird im Druckbereich von 220–350 bar bei etwa 140–180 °C durchgeführt und gehört zu den wichtigsten organischen Groß-Synthesen. Als Katalysator dient dabei Kobalt (wirkt in Form von $HCo[CO]_4$, das sich während des Prozesses aus Kobalt oder Kobaltsalzen bildet). Durch Modifizieren des Katalysators läßt sich die Reaktion so lenken, daß ganz überwiegend die n-Alkohole gebildet werden. Für die Synthese ist ein molares Verhältnis von $H_2/CO$ von 1:1 erforderlich, das durch Konvertierung eingestellt wird.

Höhere Alkohole lassen sich aus höheren α-Olefinen gewinnen:

$$R-CH=CH_2 \xrightarrow{CO, H_2} R-CH_2-CH_2OH$$

(daneben fällt auch i-Alkohol an).

Solche Alkohole mit R im Bereich von $C_{10}H_{21}-$ bis $C_{16}H_{33}-$ sind Ausgangsprodukt für die Herstellung von Tensiden, die als Waschmittelrohstoffe verwendet werden.

Die als Zwischenprodukte anfallenden Aldehyde haben zwar als Endprodukte keine Bedeutung, sie lassen sich aber über weitere Synthese-Stufen in wichtige Chemikalien überführen. So wird aus n-Butyraldehyd 2-Ethylhexanol (Isooctanol) gebildet:

$$CH_3-CH_2-CH_2-CH_2-CH(CH_2CH_3)-CH_2OH$$

Mit Dicarbonsäuren verestert, liefert es sog. *Weichmacher*, unter denen Diisooctylphthalat eine besondere Stellung einnimmt:

$$\text{Phthalate structure:}$$

Diisooctylphtalat

Dieser Ester wird in großen Mengen als sog. *Weichmacher* bei der Verarbeitung von *Polyvinylchlorid* benötigt. Manche Kunststoffe, vor allem *PVC*, fallen als hartes, sprödes Granulat an und können erst durch Zusatz geeigneter Weichmacher in einen plastischen Zustand übergeführt werden, der Weiterverarbeitung ermöglicht.

Für weitere Synthesen wird reines Kohlenmonoxid benötigt, z. B. zur Herstellung von Polyurethanen, die in Form von Hart- und Weichschäumen weite Verbreitung gefunden haben und in Polstermöbeln, Verpackungsmaterialien zu finden sind, aber auch zur Herstellung von Elastomeren und Gewebebeschichtungen. Reines CO kann leicht aus Synthesegas isoliert werden.

## 2.8 Erdöl verdrängt Kohle als Chemierohstoff

Bis in die Mitte unseres Jahrhunderts war Kohle die *klassische* Rohstoffbasis für organisch-chemische Produkte und für Synthesegas. Bei Verkokung von Steinkohlen und Aufarbeitung des als Nebenprodukt anfallenden Teers erhält man Benzol und zahlreiche weitere aromatische Verbindungen, die seit den 60er Jahren des vorigen Jahrhunderts Grundstoffe zur Herstellung synthetischer Farbstoffe *(Teerfarbstoffe)* und wenig später auch synthetischer Heilmittel sind; solche Produkte begründeten den Weltruf der deutschen chemischen Industrie, die bis zum ersten Weltkrieg unangefochten ihre Spitzenstellung behaupten konnte. Seit 1855 werden bituminöse Braunkohlen im mitteldeutschen Braunkohlenrevier geschwelt; ursprüngliches Ziel war dabei – neben der Herstellung von raucharmen Schwelkoks – die Gewinnung von Leuchtölen und Hartparaffin u.a. zur Herstellung von Kerzen. Außerhalb von Deutschland wurde Braunkohlenschwelerei nur noch in der Tschechoslowakei im Raum Brüx in großem Maßstab durchgeführt. Mit Acetylen, das durch Hydrolyse von Calciumcarbid (hergestellt aus Kalk und Koks im elektrischen Ofen) gewonnen wurde, stand ein ähnlich vielseitig verwendbarer Grundstoff wie Ethylen zur Verfügung, der u.a. die Herstellung von synthetischem Kautschuk *Buna* ermöglichte. Schließlich war schon in den 20er Jahren die Herstellung flüssiger Treibstoffe durch *Kohleverflüssigung* gelungen.

Trotz ihres hohen technischen Standes konnte die Kohlechemie ihre Stellung nicht behaupten; heute ist Petrochemie an ihre Stelle gerückt, und Kohle spielt als Chemierohstoff nur noch eine untergeordnete Rolle. Wie kam es zu dieser Entwicklung? Die Anfänge der petrochemischen Industrie liegen in den USA: Die *Weltpremiere* fand 1920 bei der Standard Oil of New Jersey mit der Produktionsaufnahme von Isopropanol (Isopropylalkohol) statt; bei diesem historischen Prozeß erfolgt in flüssiger Phase Anlagerung von Schwefelsäure an Propen (Propylen) unter Bildung des Schwefelsäurehalbesters, der beim Verdünnen mit Wasser oder durch Wasserdampfeinwirkung zum Alkohol hydrolysiert wird:

$$CH_3-CH=CH_2 + H_2SO_4 \longrightarrow CH_3-\underset{OSO_3H}{CH}-CH_3 \xrightarrow[-H_2SO_4]{+H_2O} CH_3-\underset{OH}{CH}-CH_3$$

Im Prinzip erfolgt dabei Anlagerung von Wasser an Propen über die Zwischenstufe des Schwefelsäurehalbesters:

$$CH_3-CH=CH_2 + H_2O \longrightarrow CH_3-\underset{OH}{CH}-CH_3$$

Heute wird der Prozeß als *Direkthydratisierung* unter Druck in Gegenwart von Katalysatoren weltweit angewendet.

Durch katalytische Dehydrierung gelangt man zum Aceton:

$$CH_3-\underset{OH}{CH}-CH_3 \xrightarrow[-H_2]{Katalysator} CH_3-\underset{O}{\overset{\parallel}{C}}-CH_3$$

das damals besonders für die Gelatinierung von Schießbaumwolle große militärische Bedeutung hatte, aber auch als leicht siedendes Lösungsmittel u.a. für Lacke, speziell Autolacke, sehr bald schon ausgedehnte Verwendung in den USA fand. Noch heute gehört Aceton zu den wichtigsten Lösungsmitteln, es wird aber auch für eine Reihe wichtiger Synthesen benötigt.

Als mit steigender Zahl von Automobilen der Benzinbedarf in den USA rasant anstieg, ließ sich der Markt mit den damals in der Mineralölindustrie üblichen Verfahren nicht mehr befriedigen; die bereits besprochenen Crack- und Reformingprozesse wurden eingeführt, um die schweren Anteile im Erdöl in leichtere Fraktionen, besonders in Benzin, umzuwandeln. Zwangsläufig fielen dabei Raffineriegase als Nebenprodukte an, die reich an reaktionsfreudigen Olefinen (Ethylen, Propen, Butene, Butadien usw.) sind und daher für zahlreiche Synthesen verwendet werden können.

Trotz des großen, reichhaltigen Angebotes an diesen interessanten gasförmigen petrochemischen Grundstoffen dominierte auch in den USA weiterhin die Kohlechemie; selbst die Ammoniak-Synthese wurde noch mit Wasserstoff aus der Kohlevergasung durchgeführt. Lediglich einige wenige Produkte wie Ruß (wird für die Herstellung von Autoreifen benötigt), Ethylenglykol (Frostschutzmittel für wassergekühlte Ottomotoren) und ein paar weitere Chemieerzeugnisse, die sich hauptsächlich um das Auto herum gruppieren, wurden im großen Umfang auf petrochemischem Wege erzeugt.

Der Zweite Weltkrieg brachte zwangsläufig auch in den USA einen stark ansteigenden Bedarf an *Organika* (organisch-chemische Produkte). Die wirtschaftliche Entwicklung zwang ferner dazu, plötzlich nicht mehr ausreichende Naturprodukte durch *künstliche Ersatzstoffe* zu substituieren; ein besonders markantes Beispiel hierfür ist Naturkautschuk. In nur wenigen Jahren wurde in den USA eine gewaltige chemische Industrie aufgebaut; Basis für organische Grundstoffe sowie Wasserstoff bilden Erdöl und Erdgas.

Wie rasch der Aufbau der petrochemischen Industrie in den USA erfolgte, zeigt Tabelle 16; sie macht aber zugleich auch deutlich, wie schnell der Aufbau einer petrochemischen Industrie, wenn auch mit zeitlicher Verzögerung, in Japan und Westeuropa erfolgte.

Bei der Wertung dieser Zahlen muß berücksichtigt werden, daß sich die Produktionsmengen von organischen Primärchemikalien vervielfacht haben; allein in den USA betrug die Produktion im Jahre 1971 rund 30 Mio. t aus Erdöl und Erdgas. Der Verbrauch an Primärchemikalien liegt heute in der Bundesrepublik bei mehr als 8 Mio. t pro Jahr, die zu 97% aus Erdöl und Erdgas gewonnen werden; auf Kohle-Basis sind es nur noch wenig mehr als 200000 t im Jahr.

Möglich wurde die wirtschaftliche Entwicklung in den vergangenen 40 Jahren erst durch den Aufbau einer Mineralölindustrie beachtlicher Größe; so betrug die Raffinerie-Kapazität in der Bundesrepublik im Jahre

*Tabelle 16.* Anteil der Petrochemie an der Gesamterzeugung organischer Chemikalien (in %). (Aus: Das Buch vom Erdöl, 1978)

|      | USA  | Japan | Westeuropa | Bundesrepublik |
|------|------|-------|------------|----------------|
| 1921 | 0,01 | 0     | 0          | 0              |
| 1930 | 6    | 0     | 0          | 0              |
| 1941 | 21   | 0     | 0          | 0              |
| 1950 | 50   | 0     | 4          | 2              |
| 1960 | 88   | 4     | 58         | 50             |
| 1965 | 94   | 74    | 68         | 61             |
| 1971 | 96   | 93    | 91         | 91             |

1950 nur wenig mehr als 5 Mio. t im Jahr, sie stieg bis 1978 auf mehr als 159 Mio. t an und wurde dann bis 1986 auf rund 85 Mio. t jährliche Ölverarbeitungskapazität zurückgenommen. Neben dem *Zechensterben* im Revier fand auch ein *Raffineriesterben* in der Bundesrepublik statt: Waren im Jahre 1978 31 Raffinerien in Betrieb, so sank deren Anzahl auf 17 im Jahre 1986. Diese Zahlen spiegeln die derzeit angespannte Lage der deutschen Mineralölindustrie wider.

Petrochemische Grundstoffe lassen sich mit sehr guten Ausbeuten aus Erdölfraktionen herstellen, wobei das gewünschte Molekülgerüst schon bei der Spaltung entsteht. Bei der Vergasung von Kohle bzw. Koks fällt dagegen ein Gemisch aus Kohlenoxid und Wasserstoff (Synthesegas) an, aus dem die aliphatischen Ketten erst durch Synthesen aufgebaut werden müssen: Während bei Einsatz von Erdöl die gewünschten Organika meist in nur wenigen Verfahrens-Schritten mit sehr guten Ausbeuten zugänglich sind, ist die Synthese aus Kohle umständlicher mit mehreren Prozeßschritten und schlechteren Ausbeuten. Bei der Verarbeitung von Kohlen fallen ferner Asche und Schlacken an, die deponiert werden müssen; schließlich ist das *handling* von flüssigem Öl und Erdgas auch einfacher. Ohne den weiteren Ausführungen vorgreifen zu wollen, sei schon hier zusammenfassend festgestellt, daß die Verarbeitung von Erdöl und Erdgas im Vergleich zur Kohle einige ganz entscheidende Vorteile bietet, von denen folgende herausgestellt sein sollen:

1. einfachere Handhabung,
2. weniger Verfahrensschritte,
3. Preisvorteile,
4. keine Rückstände.

Sie und einige weitere Vorteile führten dazu, daß Kohle vom Chemierohstoffmarkt fast vollständig verdrängt ist.

# 3 Kohleveredlung I - Teer und Koks

## 3.1 Was ist Kohle?

Kohle ist kein reiner Kohlenstoff, sondern ein kompliziert zusammengesetztes Gemisch aus hochmolekularen Kohlenstoffverbindungen, die außer Kohlenstoff hauptsächlich noch Wasserstoff und Sauerstoff, daneben Stickstoff und Schwefel enthalten; außerdem sind in Kohle wechselnde Mengen mineralischer Bestandteile zu finden, die nach dem Verbrennen als Asche zurückbleiben.

Kohlen sind in geologischen Zeiträumen aus höheren Pflanzen entstanden, die auf langsam absinkenden feuchten Böden standen. Die sehr viel älteren Steinkohlen verdanken ihren Ursprung riesigen Waldmooren, die vor etwa 300-400 Mio. Jahren in einem feucht-warmen Klima üppig gediehen. Typische Pflanzenarten jener tropischen Sumpfwälder waren gewaltige Baumfarne, Schachtelhalme und Bärlappgewächse, deren verkohlte Reste häufig in Kohleschichten anzutreffen sind; auch samentragende Bäume mit farnartigen Blättern wuchsen damals. Eigenartig muten uns heute die wegen ihrer mit Blattnarben bedeckten Rinde als Schuppen- und Siegelbäume bezeichneten Urweltriesen an. Eine Vorstellung vom Aussehen jener Steinkohlenwälder versucht die folgende Zeichnung (Abb. 12) zu geben.

Beim Absinken des Moorbodens gerieten die abgestorbenen Pflanzenteile schon bald unter den Wasserspiegel und wurden dadurch dem Einfluß von Luftsauerstoff entzogen. Zunächst bildete sich unter normalen Druck- und Temperaturbedingungen durch mikrobiologische und chemische Vorgänge *Torf* - ein Vorgang, der auch heute noch in unseren Mooren abläuft. Dieser Prozeß konnte nur so lange fortdauern, wie die Pflanzen über den Wasserspiegel wuchsen, denn bei starker Bodensenkung tauchte die gesamte Vegetation unter Wasser und starb dabei ab. Nahm die Sinkgeschwindigkeit des Bodens wieder ab, so konnten sich erneut Moorpflanzen ansiedeln und eine neue Torfschicht bilden.

In der anschließenden geochemischen Phase sanken die Moorschichten allmählich in immer größere Tiefen ab; unter dem Einfluß der dabei ansteigenden Temperaturen - dem Einfluß des Druckes wird heute eine geringere Bedeutung zugemessen - trat eine immer stärkere *Inkohlung* ein, die über die Stadien von Weichbraunkohle, Hartbraunkohle und Glanzbraunkohle all-

*Abb. 12.* Steinkohlenwald. (Zeichnung vom Verf.)

mählich zu Steinkohle führte. Wesentlicher Anteil beim Inkohlungsprozeß kommt dem Zeitfaktor zu, da flüchtige Bestandteile und Wasser abwandern müssen.

An der Bildung von Braunkohlenlagerstätten, die vor etwa 40 bis 60 Mio. Jahren stattfand, waren andere, schon höher entwickelte Pflanzen beteiligt: Riesige Sumpfzypressen und Mammutbäume, Gummibäume, Palmen, Zimtbäume und Lorbeerbäume, aber auch Kiefern und Erlen sind nachgewiesen. Der Autor erinnert sich noch gut daran, wie er als Schüler staunend vor großen *versteinerten* Baumstämmen und Wurzelstöcken in Braunkohlentagebauten seiner mitteldeutschen Heimat stand. Es handelt sich also um Pflanzen, die entweder bei tropischem oder subtropischem oder gemäßigtem Klima gediehen und teils feuchte, teils trockene Standorte benötigten; die Flora der Braunkohlenzeit war viel weniger einheitlich als die der Steinkohlenzeit.

Mit steigendem geologischen Alter nimmt der Inkohlungsgrad, d. h. der

Was ist Kohle? 55

***Tabelle 17.*** Gehalt an Wasser und flüchtigen Bestandteilen sowie Elementarzusammensetzung von Braun- und Steinkohlen. Die Angaben (in %) beziehen sich auf die wasser- und aschefreie Kohlesubstanz. (Aus: Franck u. Knop 1949)

| Kohlenart | Wasser | Flüchtige Bestandteile | Kohlenstoff | Wasserstoff | Sauerstoff |
|---|---|---|---|---|---|
| Weichbraunkohle | 63–55 | 60–50 | 65–70 | 8–5 | 30–18 |
| Hartbraunkohle | 40–30 | 50–47 | 70–73 | 8–5 | 25–16 |
| Glanzbraunkohle | 10–8 | 47–43 | 72–75 | 7–5,5 | 18–12 |
| Flammkohle | 8–4 | 45–40 | 75–81 | 6,6–5,8 | >9,8 |
| Gasflammkohle | 4–2,5 | 40–35 | 81–85 | 5,8–5,6 | 9,8–7,3 |
| Gaskohle | 2,5–1,2 | 35–28 | 85–87,5 | 5,6–5,0 | 7,3–4,5 |
| Fettkohle | 1,2–0,8 | 28–19 | 87,5–89,5 | 5,0–4,5 | 4,5–3,2 |
| Eßkohle | <1 | 19–14 | 89,5–90,5 | 4,5–4,0 | 3,2–2,8 |
| Magerkohle | <1 | 14–12 | 90,5–91,5 | 4,0–3,75 | 2,8–2,5 |
| Anthrazit | <1 | <12 | >91,5 | <3,75 | <2,5 |

Kohlenstoffgehalt der Kohlen zu, während Sauerstoff-, Wasserstoff- und Wassergehalt, aber auch der Gehalt an flüchtigen Substanzen abnehmen, wie Tabelle 17 ausweist.

Der chemische Aufbau von Steinkohlen ist kompliziert und bei weitem noch nicht in allen Einzelheiten aufgeklärt; kein Zweifel kann allerdings daran bestehen, daß sie im wesentlichen aus hochkondensierten aromatischen Verbindungen aufgebaut sind. Braunkohlen bestehen hauptsächlich aus wechselnden Mengen von Bitumen (wachs- und harzartige, mit Lösungsmitteln extrahierbare Bestandteile) und Huminsäuren (mit Alkalilaugen extrahierbare Anteile) sowie einem unlöslichen Rest.

Für die chemische Verwendung von Kohlen ist der Einsatz der jeweils *richtigen* Kohlensorte äußerst wichtig; so ist z. B. bei Verkokung von Steinkohlen der Teeranfall von großer Bedeutung, und deshalb erfolgt eine grobe Einteilung der Steinkohlen nach ihrem Gehalt an flüchtigen Bestandteilen (Tabelle 18).

Der Gehalt an flüchtigen Bestandteilen gibt allerdings keine Auskunft über den zu erwartenden Verlauf der Entgasungsprozesse; hier spielen andere Faktoren, etwa petrographische Merkmale, eine wesentliche Rolle, nicht zuletzt auch die im Betrieb vorliegenden Gegebenheiten. Für die Braunkohlen*schwelung,* d. h. die Entgasung bei relativ niedrigen Temperaturen von etwa 600 °C, werden bitumenreiche Braunkohlen eingesetzt; das Hauptprodukt ist hier der Schwelteer.

Bei der trockenen Destillation durchlaufen eine Reihe von Steinkohlen einen plastischen Zustand. Solche backenden Kohlen eignen sich besonders gut für die Verkokung zu Hüttenkoks (für den Einsatz in Hochöfen), denn sie liefern einen besonders festen Koks. Mit der Plastizität ist ein mehr oder

## 56 Kohleveredlung I - Teer und Koks

*Tabelle 18.* Steinkohlensorten

| Kohlensorte | Gehalt an flüchtigen Bestandteilen (%) |
|---|---|
| Gasflammkohlen | 40-35 |
| Gaskohlen | 28-35 |
| Fett- oder Kokskohlen | 19-28 |
| Eßkohlen | 12-19 |
| Magerkohlen | 10-12 |
| Anthrazit | <10 |

weniger starkes Aufblähen der Kohle verbunden; erfolgt die Verkokung im Inneren von Koksofenkammern, so kann sich die Kohle beim Aufblähen nicht ausdehnen und übt auf die Kammerwände Druck aus, der günstigen Einfluß auf die Koksqualität hat. Beim Durchtritt der Gasblasen durch die plastische Kohle bilden sich viele kleine Löcher, die für die schaumartige Struktur von Koks verantwortlich sind.

## 3.2 Die Gasanstalt – Keimzelle der Teerchemie

Straßenbeleuchtung ist eine Errungenschaft der Neuzeit: Die erste öffentliche Beleuchtung mit rußenden Öllämpchen erhielt Paris im Jahre 1667. Bis hinein ins 19. Jahrhundert versanken Städte und Dörfer nach Sonnenuntergang in oft „ägyptische Finsternis", und die Menschen gingen „mit den Hühnern schlafen". Als sich endlich zu Beginn des vorigen Jahrhunderts die Möglichkeit abzeichnete, mit der Gasbeleuchtung „Licht in die Finsternis" zu bringen, da war dies kein unstrittiges Vorhaben; so hielt noch 1819 ein Journalist der damals hochangesehenen Kölnischen Zeitung die Erfindung des Gaslichtes für einen „Eingriff in die Ordnung Gottes" und wehrte sich gegen dessen Einführung mit der Begründung, daß der „Mensch den Weltplan nicht hofmeistern dürfe".

Bevor jedoch am 1. April 1814 zum ersten Mal in der Welt ein ganzes Stadtviertel, die Pfarrei St. Margareth in London, im Licht von Gaslaternen erstrahlte, war die Gasbeleuchtung schon in einigen Fabriken erfolgreich erprobt. 1799 wurde Gasbeleuchtung in den Werkstätten der damals weltweit führenden Maschinenfabrik, bei Boulton & Watt in Soho (England), nach Plänen von Watt's engstem Mitarbeiter W. Murdock eingerichtet; die hierfür notwendigen Apparaturen bewährten sich, wurden umgehend in das Fabrikationsprogramm dieser Firma aufgenommen und für Beleuchtung von Fabriken, Theatern, Hörsälen usw. empfohlen. In der Baumwollspinnerei von Philipps & Lee in Salford waren bereits 1804 mehrere hundert Leuchtbrenner zum Beleuchten der Fabrikhallen in Betrieb. Wie kam es zu dieser Entwicklung?

Im Jahre 1684 teilte Reverend J.Clayton, Prediger und Dekan zu Kildare in Irland, dem berühmten englischen Naturwissenschaftler und Chemiker R.Boyle in einem Brief eine interessante Beobachtung mit: Beim Erhitzen von Steinkohlen unter Luftabschluß in einer Retorte bildet sich ein brennbares Gas. Diese Beobachtung geriet jedoch wieder in Vergessenheit. Mehr als 40 Jahre später, im Jahre 1727, berichtet Dr. S.Hales, in seinen letzten Lebensjahren Prediger und Almosenempfänger der verwitweten Prinzessin von Wales, von ähnlichen Versuchen mit verbesserten Apparaturen; erstmals bestimmte er auch die Gasausbeuten. Durch zahlreiche weitere Experimente von Naturwissenschaftlern, Technikern und begabten Bastlern wurde in den folgenden Jahrzehnten die prinzipielle Eignung von Steinkohlengas für Beleuchtungszwecke erwiesen, ehe man schließlich das Großexperiment von 1814 wagte; Gaslieferant war die 1812 von F.A.Winzer (Winsor), einem wahrscheinlich aus Braunschweig stammenden Unternehmer und Spekulanten, im Jahre 1812 gegründete Chartered Gaslight and Coke Company.

Der Grund für die lange Entwicklungszeit ist leicht zu verstehen: Bei der trockenen Destillation von Steinkohlen bilden sich nicht nur Koks und Gas, sondern daneben auch Teer, der schon nach kurzer Zeit die Gasleitungen hoffnungslos verstopfen würde, falls er nicht vor der Gasabgabe abgeschieden wird. Im Rohgas ist weiterhin der sehr giftige Schwefelwasserstoff enthalten, der unerträglich riecht und bei der Verbrennung das stechend riechende, ebenfalls giftige Schwefeldioxid bildet; aber auch Ammoniak findet sich im Rohgas, das beim Verbrennen in giftige Stickoxide übergeht. Schwefelwasserstoff und Ammoniak müssen daher ebenfalls vor der Gasabgabe an die Verbraucher aus dem Rohgas durch *Gasreinigung* entfernt werden, für die aber erst technische Wege erschlossen werden mußten, auch waren Apparaturen für sichere Handhabung großer Gasmengen noch unbekannt. Schon die frühen Pioniere der Gaswerkstechnik gelangten zu bemerkenswerten Lösungen, die z.T. heute noch – natürlich in modernisierter Form – verwendet werden.

Winzer war als technischer Laie selbst nicht in der Lage, diese Schwierigkeiten zu meistern; die Betriebsleitung seiner Gesellschaft lag in den Händen von S.Clegg, einem ehemaligen Mitarbeiter von Boulton & Watt, der wesentliche Beiträge zur Entwicklung der Gaswerkstechnik geliefert hat. Eine Vorstellung von einem Gaswerk aus der Pionierzeit zeigt Abbildung 13.

Dieses Gaswerk wurde 1812 von Clegg in London für den damals in England lebenden Buchhändler und Verleger R.Ackermann gebaut. Herzstück dieser Anlage ist ein Retortenofen *(A)* mit 2 liegenden Retorten (Horizontalretorten) aus Gußeisen, die von heißen Feuergasen umspült werden; die Kohlefüllung in den Retorten wird dadurch hoch erhitzt und entgast. Das

58　Kohleveredlung I - Teer und Koks

*Abb. 13.* Gaswerk von S. Clegg, London 1812. *A* Retortenofen mit 2 Horizontalretorten (die linke Retorte ist geschlossen, die rechte geöffnet). Unterhalb der linken Retorte ist die Tür zum Feuerraum zu erkennen. *B* Steigrohre, *C* Fallrohre, *D* Tauchvorlage, *E* Rohr für Rohgas, *F* Kühlschlange, die zum Kühlen des Rohgases in der Wasserfüllung der Zisterne angeordnet ist. *H* Rohgasleitung nach *J* Kalkmaschine zum Waschen des Rohgases mit Kalkmilch, die im danebenstehenden Holzfaß angesetzt wird. Die auf der Kalkmaschine befindliche Handkurbel dient zum gelegentlichen Umrühren der Waschlauge. *K* Reingasleitung nach *L* Gasspeicher. (Aus Osteroth 1985)

gebildete Gas steigt in den Rohren *(B)* aufwärts und fällt durch die Rohre *(C)* abwärts in die sog. *Tauchvorlage* (die Fallrohre tauchen in die auskondensierte Flüssigkeit ein). Auf dem Weg über Steigrohr und Fallrohr kühlt sich das Gas etwas ab, und dabei scheiden sich Teer und ammoniakhaltiges Gaswasser teilweise ab. Gas und Flüssigkeit fließen durch das Rohr *(E)* und weiter durch die Kühlschlange *(F)* in den Behälter *(G),* wo sich die flüssigen Anteile sammeln, während das Gas durch das Rohr *(H)* in die *Kalkmaschine (J)* gelangt und beim Durchgang durch die hierin befindliche Kalkmilch gereinigt wird (Schwefelwasserstoff wird als Calciumsulfid $CaS$ gebunden). Das gereinigte Gas gelangt nun in den Gasspeicher *(L)* und wird von hier den Verbrauchern zugeleitet. Dieser Gasspeicher (Gasometer) besteht aus einer Glocke aus zusammengenieteten Eisenblechen, die über einer mit

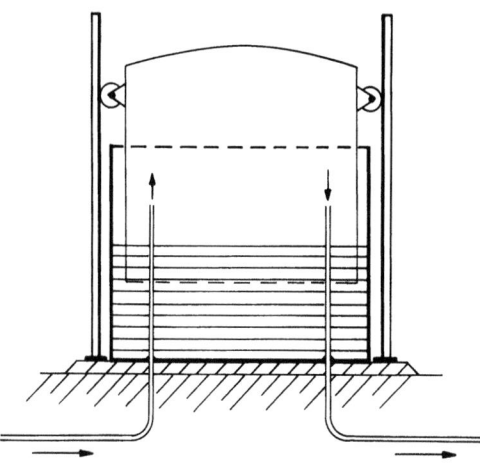

*Abb. 14.* Ältester Typ eines *Gasometers* ist der Glockengasbehälter, der schon von S. Clegg (s. Abb. 13) verwendet wurde. Das Prinzip ist hier leicht zu erkennen: Bei diesem *nassen* Gasbehälter wird das Gas nach unten mittels einer Flüssigkeit, in der Regel Wasser, abgedichtet. Weit verbreitet sind *trockene* Scheibengasbehälter, bei denen sich im zylindrischen Behälter eine waagerechte Scheibe bewegt, die gegen die Behälterwand mit Teer abgedichtet ist und sozusagen auf dem Gas schwimmt. Beide Gasometertypen sind für die Niederdruckspeicherung geeignet. Bei Hochdruckgasbehältern überwiegen Kugelbehälter (bis 25 bar). Für die Gasspeicherung sehr großer Gasmengen eignen sich unterirdische Hohlräume, die vor allem bei der Erdgasversorgung Verwendung finden

Wasser gefüllten Zisterne aus Eisenblech beweglich aufgehängt ist, so daß sie je nach Gasfüllung auf- oder niedersteigen kann. Das Prinzip eines Glockengasbehälters zeigt Abbildung 14.

Nach dem Abgaren werden die Arbeitstüren der Retorten geöffnet und der gebildete Koks mit langen Schiebern herausgezogen; sodann werden die Retorten erneut mit Kohle befüllt, die nach Schließen der Türen wieder hoch erhitzt und dabei entgast wird. Der Koks wird z. T. zum Beheizen der Retorten verwendet.

Solche Horizontalretortenöfen waren viele Jahrzehnte lang der Standardofentyp der Gasanstalten. Die ursprünglich runden, später ovalen Retorten bestanden anfangs aus Gußeisen; später wurden sie aus Schamotte (doppelt gebrannter sehr feuerfester Ton) hergestellt. Im allgemeinen waren 9 solcher Retorten von etwa 3 m Länge und $30 \times 50$ cm Weite in einem gemeinsamen Ofenraum untergebracht; jede dieser Retorten faßte etwa 180 kg Steinkohlen. Die Beheizung erfolgte später mit sog. Generatorgas, das durch Vergasen von Koks mit Luft gewonnen wird.

Die Leistungen solcher Anlagen waren nur gering, der manuelle Aufwand

(Befüllen und Entleeren) aufwendig und die Arbeit an den Retorten sehr schwer. Später setzten sich *Horizontalkammeröfen,* die in Kokereien weite Verbreitung gefunden hatten, auch in den (heute vergessenen) Gasanstalten durch.

Steinkohlenteer, anfangs ein lästiges Abfallprodukt, erwies sich seit Mitte des vorigen Jahrhunderts als eine *Fundgrube* für die Chemiker und eine Rohstoffquelle ersten Ranges für die organisch-chemische Industrie.

## 3.3 Koks für Eisenhütten

Beim Erhitzen von Kohle unter Luftabschluß entweichen ihre flüchtigen Bestandteile, und ein fester Rückstand *Koks* bleibt zurück; für diesen Prozeß hat F.W. Lürmann 1882 die Bezeichnung *Entgasung* eingeführt. Die Urform der Entgasungstechnik ist aber nicht das Retorten-, sondern das Meilerverfahren. Beim Entgasen in Retorten war Leuchtgas das Zielprodukt, während beim Meilerprozeß die flüchtigen Anteile entwichen und dabei zum größten Teil verbrannten; allein der feste Rückstand wurde gewonnen. Dieser Prozeß hatte viele Jahrhunderte lang ausschlaggebende Bedeutung für die Metallurgie, vor allem – allein schon im Hinblick auf die großen Mengen – für die Eisengewinnung.

Die Eisengewinnung (und ähnliches gilt für die Gewinnung anderer Metalle) ist im Prinzip einfach: Oxidische Eisenerze werden mit Kohlenstoff zum Roheisen reduziert. Seit knapp dreihundert Jahren dient Koks als Reduktionsmittel im Hochofenprozeß; zuvor stand hierfür jahrtausendelang nur Holzkohle zur Verfügung. Sie war auch ganz vorzüglich geeignet: Sie verbrennt leicht und ist weitgehend frei von unerwünschten Verunreinigungen, insbesondere Schwefelverbindungen und Aschebestandteilen, die schädlichen Einfluß auf die Eisenqualität ausüben können.

Holz wurde in runden Meilern verkohlt. Hierzu wurden Holzscheite regelmäßig um einen *Quandelschacht* aufgesetzt und anschließend mit Kohlepulver, Reisig, Laub, Erde und Rasenstücken bedeckt (Abb. 15).

Das Anzünden des Meilers erfolgte entweder durch den Quandelschacht von oben her oder durch besondere Zündkanäle am Meilerboden. Die notwendige Verbrennungsluft trat von unten her ein. Unter Verbrennung eines Teils des Holzes wurde dessen Hauptmenge verkohlt; dabei schreitet die Verkohlung unter Schwinden der Masse von innen nach außen fort. Die Kunst des Köhlers bestand darin, durch geschickte Regulierung der Luftzufuhr den Prozeß so zu lenken, daß möglichst wenig Holz verbrannte; dies gelang durch gezieltes Abheben der Meilerdecke an verschiedenen Stellen und rechtzeitiges Schließen dieser Luftlöcher. Ein Brand dauerte je nach Größe des Meilers 8–14 Tage. War der Meiler abgegart, so ließ man ihn zum

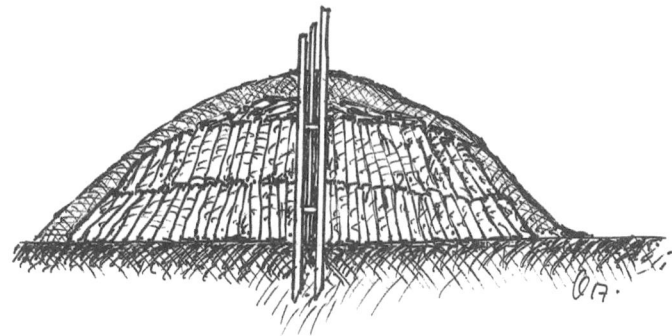

*Abb. 15.* Meilerverkohlung von Holz. Zum Bau eines Holzmeilers werden um einen engen zentralen Schacht aus langen Holzstangen (Quandel) Holzscheite regelmäßig zusammengesetzt und mit Kohlepulver, Erde, Reisig, Laub usw. abgedeckt. (Zeichnung vom Verf.)

Abkühlen gut verschlossen noch 24 Stunden stehen; dann wurde die Decke aufgebrochen und die noch heiße Holzkohle durch Bespritzen mit Wasser abgekühlt. Im Durchschnitt erhielt man aus 100 Gewichtsteilen Holz mit 25 Gewichtsteilen Wassergehalt etwa 20-28 Gewichtsteile Holzkohle.

Bis weit hinein in die Neuzeit waren Bergbau, Hüttenwesen und Forstwirtschaft eng miteinander verzahnt: Der Wald lieferte Grubenhölzer für die Bergwerke und Holzkohle für die Hütten. Die Eisenhütten erwiesen sich als schlimme *Holzfresser:* So wurden zur Herstellung von 1 t Schmiedeeisen 6 t trockene Holzkohle benötigt, die aus 30 t Holz gewonnen werden mußten. Zur Holzversorgung einer einzigen Köhlerei konnte ein ganzer Wald im Umkreis von 1 km in schätzungsweise 40 Tagen kahlgeschlagen sein. Schon 1348 mußten in Süddeutschland Eisenhütten wegen ihres viel zu hohen Holzverbrauches, der weit über die natürliche Regenerationskraft der Wälder hinausging, stillgelegt werden; mit gesetzlichen Regelungen versuchte man dem Raubbau Einhalt zu gebieten. Kleinere Territorien wie Württemberg (1514), Ansbach (1531) oder Hessen (1532) begannen damit, dem rücksichtslosen Holzeinschlag durch strenge Forst- und Waldordnungen zu begegnen. Einige Stadtverwaltungen waren schon mit solchen Maßnahmen vorangegangen; so schützten die Nürnberger seit ihrer ältesten Waldordnung von 1294 konsequent die Reichswälder vor den Toren ihrer Stadt; und 1359 wird erstmals von einer geregelten Schlagordnung für den Erfurter Stadtwald berichtet. Die Hüttenbetriebe im Siegerland nahmen im 15. Jahrhundert solchen Aufschwung, daß auch hier Schutzmaßnahmen für den Wald getroffen werden mußten. Wahre *Holznot* trat in zahlreichen weiteren mittelalterlichen *Industrierevieren* auf, so z. B. im Kupferschieferbergbaurevier im mansfeldischen

Raum. Natürlich waren es nicht nur Bergbau und Hüttenwesen, die die natürliche Produktivität der Wälder überforderten; hinzu kamen der sehr hohe Holzbedarf für den Bau von Kirchen, Klöstern, Schlössern und Burgen, von Brücken, Häusern, Festungsanlagen, aber auch Schiffen, und schließlich wurden enorme Mengen Brennholz für die Haushalte in den Wäldern geschlagen.

Wie groß der Holzmangel an manchen Orten war, zeigt ein makabres Beispiel aus dem 13. Jahrhundert: In Douai im Norden von Frankreich war Holz zeitweise so knapp und teuer, daß sich die Armen keinen Sarg leisten konnten und ihre Toten in einem gemieteten Sarg zu Grabe trugen; sobald die Angehörigen den Friedhof verlassen hatten, wurde die Leiche ohne Sarg bestattet, und der Sarg stand für erneute Benutzung zur Verfügung.

Der Holzmangel führte schon im Spätmittelalter zu planmäßigen Aufforstungen von Kahlschlägen; hier war wiederum die Reichsstadt Nürnberg Vorreiter: Seit 1369 erprobte P. Stromer die künstliche Tannensaat im Nürnberger Reichswald; seit 1400 gab es hier sogar schon eine Waldsamenhandlung, die weit über die Grenzen der Stadt hinweg Kunden in ganz Europa belieferte. Planmäßige Forstwirtschaft im großen Stil setzte allerdings erst im 19. Jahrhundert ein.

Als mit beginnender Industrialisierung der Eisenbedarf rapide anstieg, mußten sich die Hüttenleute angesichts der Holzverknappung nach Ersatz für Holzkohle umsehen; sie griffen zunächst nach Steinkohle, die sich jedoch als ungeeignet für den Einsatz im Hochofen erwies. Der Griff nach Steinkohle ist verständlich: Sie wurde ja schon seit Jahrhunderten in einigen Gebieten, zuerst in England, als Brennmaterial eingesetzt. Englische Kohle wurde exportiert: Schon 1200 kaufte die Stadt Brügge englische Kohle; die Einnahmen der Stadt Newcastle nahmen am Ende des 13. Jahrhunderts, bedingt durch den Export von Steinkohle, stark zu.

Da sich die Hochöfen nicht direkt mit Steinkohlen betreiben ließen, lag der Gedanke nahe, sie durch eine der Meilerverkohlung ähnliche Vorbehandlung *abzuschwefeln* und für den Einsatz im Hochofen tauglich zu machen. Einer der frühen Pioniere war der anhaltinische Münzmeister D. Stumpfelt aus der alten Salzstadt Halle an der Saale; er versuchte, Steinkohlen „ihren Gestank, die Wildigkeit und Unart zu benehmen" und erhielt 1583 auf diese *Invention* von seinem Landesherrn Joachim Friedrich von Brandenburg ein Privileg. Seine Versuche (1585/86), den aus Wettiner Kohle hergestellten Koks zum Erschmelzen von Kupfer aus mansfeldischem Kupferschiefer zu verwenden, endeten allerdings mit einem Fehlschlag. Ähnliche Versuche, die an anderen Orten in Deutschland sowie in Frankreich, Belgien und England durchgeführt wurden, brachten ebenfalls keinen Erfolg; die *abgeschwefelten* Kohlen erwiesen sich zunächst als untauglich. Das Problem, Eisen mit Steinkohlenkoks im Hochofen zu erblasen, konnte erst zu Beginn des 18. Jahrhunderts in England von Abraham I und Abraham II Darby (Vater und Sohn) gelöst werden; seit 1709 wurde in ihrem Hüttenwerk Coalbrookdale systematisch der Einsatz von Steinkohlen im Hochofen versucht, und 1735 wurde Koks endlich erfolgreich erprobt.

Anfangs wurde die Verkokung von Steinkohlen analog der Holzverkohlung in Meilern durchgeführt, wobei man schon seit 1730 auf der Hütte Coalbrookdale anstelle eines Quandelschachtes aus Holzstangen einen gemauerten Schornstein mit seitlichen Abzuglöchern benutzte; neben runden Haufen wurden später auch lange Haufen mit mehreren Schornsteinen errichtet. Auf der Meilerstätte selbst wurden mit Ziegelsteinen von der Peripherie hin zur Esse mehrere Luftzufuhrkanäle aufgeführt. Diese Technik fand sehr rasch auch außerhalb von England weite Verbreitung. Runde Haufen hatten einen Durchmesser von 6 m und faßten 20–24 t Kohle; der Brand eines solchen Haufens dauerte z. B. auf der Königshütte in Oberschlesien um 1830 bei warmer Witterung 42–48 Stunden, während im Winter die Kohle schon nach 36 Stunden abgegart war.

Sehr bald machte man die Erfahrung, daß sich nicht alle Kohlesorten für die Verkokung im Meiler eigneten; es gab Sorten, die sich nur in geschlossenen Öfen verkoken ließen. Weite Verbreitung fanden sog. *Back-* oder *Bienenkorböfen,* die zuerst in Schottland in der Nähe von Newcastle in Betrieb waren. Die früheste bekannte Form eines Bienenkorbofens zeigt Abbildung 16.

Später wurden zahlreiche solcher Öfen zu sog. *Ofenbatterien* von z. T. sehr großen Ausmaßen zusammengefaßt. So verfügte die Jones & Laughlin Steel Corporation in Pittsburg/USA um 1900 über eine Bienenkorbofenkokerei mit nicht weniger als 1939 Rundöfen, in denen täglich rund 7000 t Kohle durchgesetzt werden konnten; mit einer jährlichen Kapazität von 1,33 Mio. t Koks hatte sie auch aus heutiger Sicht eine gewaltige Leistung: So besitzt z. B. die modernste Koksofenbatterie in der Bundesrepublik eine jährliche Kapazität von 1,1 Mio. t Koks; diese Anlage arbeitet aber nach einem ganz anderen Prinzip.

## 3.4 Der Weg zum modernen Koksofen

Wenn feste Stoffe gleichmäßig und schnell erhitzt werden sollen (und darauf kommt es beim Verkoken von Kohle an), so erfolgt dies am besten in relativ dünner Schicht zwischen zwei beheizten Flächen; damit Anlagen, die nach diesem Prinzip konstruiert sind, auch bei großen Durchsatzleistungen noch wirtschaftlich vertretbare bauliche Ausmaße aufweisen, so wenig wie möglich Grundfläche beanspruchen und weiterhin gute Wärmeausnutzung und gut überschaubaren rationellen Betriebsablauf ermöglichen, ergibt sich aus die-

64  Kohleveredlung I - Teer und Koks

*Abb. 16.* Früheste bekannte Form eines Bienenkorbofens (Newcastle 1765). Es handelt sich um (im Inneren) runde Öfen mit hohem Gewölbe, von denen je 3 in einem gemeinsamen Mauerwerk untergebracht waren. Größere Öfen dieses Typs faßten etwa 2 t Kohle, die bis zum oberen Rand der Ofentür (nicht eingezeichnet) reichten. Nach der *Füllarbeit* wurden die Öfen mit glühender Kohle in Brand gesetzt; sobald die Füllung brannte, wurden die Ofentüren verschlossen und die Fugen mit Lehm abgedichtet. In den Türen befanden sich kleine Öffnungen für die Luftzufuhr. Die Esse (obere Öffnung) diente zum Rauchabzug. Je nach Fortgang des Verkokungsprozesses wurde ein auf der Esse liegender Backstein mehr und mehr verschoben, sodaß zuletzt die Öffnung ganz verschlossen war. Das Verkoken dauerte 30-40 Stunden. (Zeichnung vom Verf.)

sen Forderungen schon die günstigste Koksofenbauweise: Lange hohe, an den Kopfseiten schmale Ofenkammern mit beheizten Seitenwänden, die zu einer Batterie aus zahlreichen Einzelkammern zusammengefaßt werden; die Beschickung erfolgt durch verschließbare Füllöcher von der Ofendecke aus mit Füllwagen. Sie werden durch Heizzüge beheizt, die sich an den Seitenwänden befinden und mit Heizgasen befeuert werden. Mithin befindet sich also jedes Beheizungssystem aus vielen einzelnen Heizzügen (mit Ausnahmen der beiden äußeren Systeme an den beiden Enden der Batterie) zwischen zwei Ofenkammern und beheizt je eine Kammerwand zweier benachbarter Öfen nach dem Bauprinzip: ... Heizzüge / Ofenkammer / Heizzüge / Ofenkammer / Heizzüge ... usw. Mit Öfen dieser Bauart werden aus geeigneten Kohlensorten hohe Ausbeuten an grobstückigen festen Koks, Kohlenwertstoffen und heizkräftigem Gas erzielt.

Heute sind Horizontalkammeröfen mit vielen vertikal an den Seitenwänden angeordneten Heizzügen der absolut vorherrschende Ofentyp. Die schmalen Stirnwände solcher Öfen sind als Türen ausgebildet, durch die der abgegarte, noch glühende Koks von der *Maschinenseite* her mit dem Stempel einer Ausstoßmaschine (die zugleich auch die Tür anhebt) horizontal zur gegenüberliegenden *Koksseite* gedrückt wird. Die Ausstoßmaschinen fahren

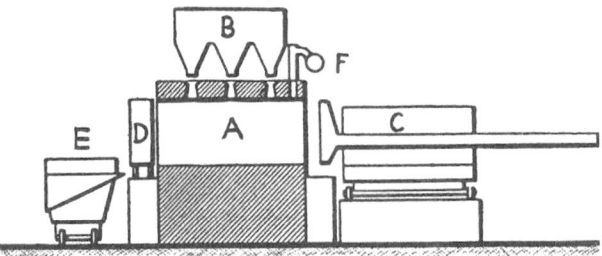

*Abb. 17.* Schema einer Horizontalkammeranlage. *A* Ofenkammer, *B* Füllwagen, *C* Ausstoßmaschine, *D* Kokskuchenführungswagen, *E* Löschwagen, *F* Steigrohr und Vorlage; linke Seite vom Koksofen: Koksseite, rechte Seite: Maschinenseite

auf parallel zur Ofenbatterie verlegten Schienen und können sämtliche Öfen der Batterie bedienen. Auf der gegenüberliegenden Seite sorgt ein gleichfalls auf Schienen fahrbarer Kokskuchenführungswagen mit Türhebevorrichtung für sicheres Abgleiten des Kokses in den Löschwagen, wo er durch Bespritzen mit Löschwasser rasch abgekühlt wird. Das Prinzip einer Horizontalkammeranlage zeigt Abbildung 17.

Die ersten Horizontalkammeröfen wurden bereits um 1850 errichtet; es gab Anlagen mit horizontal wie auch vertikal angeordneten Heizzügen. Zur Beheizung dient das beim Verkoken entstehende Koksofengas. Schon in dieser Frühzeit standen einfache, von einer Dampfmaschine betriebene Ausstoßmaschinen zur Verfügung.

Im Gegensatz zur offenen Meilerverkohlung ermöglichen geschlossene Ofenkammern die Gewinnung aller Nebenprodukte wie Ammoniak, Teer, Benzol usw.; erste mit einer *Kondensation* ausgerüstete *Teeröfen* waren schon vor 1860 in England, Frankreich und Belgien in Betrieb. Gelegentlich wurden auch Bienenkorböfen mit Vorrichtungen zur Teergewinnung ausgerüstet.

Der Durchbruch zur modernen Kokerei gelang durch Einführung des Regenerativprinzips, das wesentliche Energieeinsparung ermöglichte (geringerer Verbrauch von Heizgas): Mit seiner Hilfe läßt sich die bei einem Verbrennungsprozeß freiwerdende, im Abgas enthaltene *Abwärme* an Frischgase übertragen, die für den Wärmeprozeß benötigt werden (Verbrennungsluft). Bei diesem 1856 von F. Siemens (Bruder des bekannten Erfinders auf dem Gebiet der Elektrotechnik und Unternehmers W. v. Siemens) ersonnenen Prozesses dienen sog. *Regeneratoren* (feuerfeste Kammern, in denen sich ein aus feuerfesten Steinen gemauertes Gitterwerk mit großer Oberfläche und genügend freiem Raum für Gasdurchtritt befindet) als *Wärmespeicher;* sobald das Gitterwerk von den heißen Abgasen genügend hoch aufgeheizt ist, wird der Abgaszutritt geschlossen und dann in umgekehrter Richtung Verbrennungs-

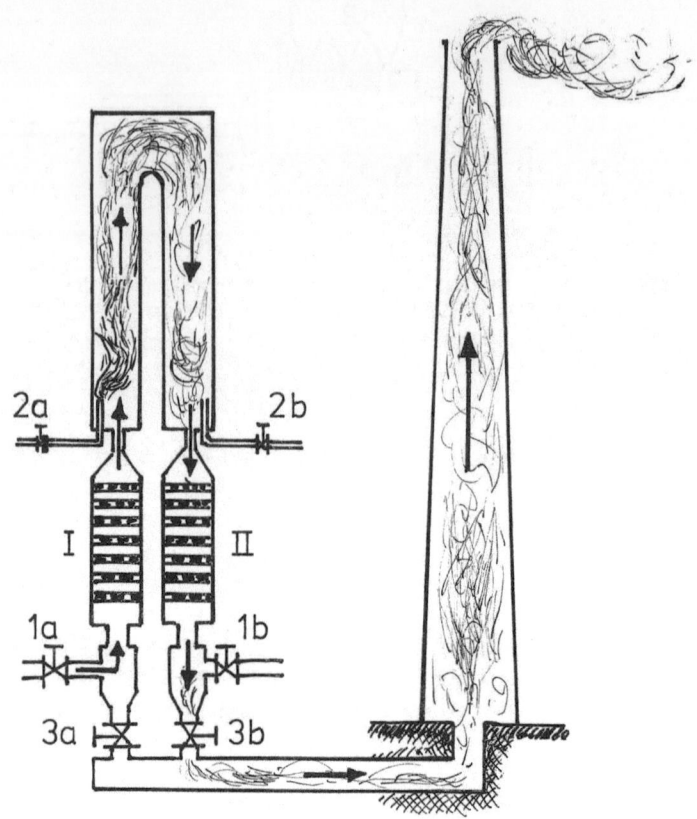

*Abb. 18.* Prinzip der Regenerativbeheizung. Im linken Heizzug des *Zwillingszuges* brennt eine Flamme. Regenerator I gibt die gespeicherte Wärme an Verbrennungsluft ab, Regenerator II wird mit den heißen Abgasen beheizt, die dann weiter durch den Fuchs zum Kamin ziehen.

Ventilstellung  Luftventile  1a: auf,  1b: zu
                Gasventile   2a: auf,  2b: zu
                Abgasventile 3a: zu,   3b: auf

Bei Zugwechsel umgekehrte Ventilstellung. Zahlreiche solcher Heizzüge sind jeweils zwischen 2 Ofenkammern an den Kammerwänden angeordnet. (Zeichnung vom Verf.)

luft durch den Regenerator geleitet, wobei sie auf hohe Temperaturen vorgewärmt wird.

Die Anwendung des Regenerativheizungssystems bei Koksöfen hatte sich G. Hoffmann 1881 patentieren lassen; die ersten 10 Regenerativöfen nach dem System Hoffmann waren in Schlesien in Betrieb. Zum Durchbruch die-

*Abb. 19.* Blick auf eine ältere Otto-Hoffmann-Koksofenbatterie (Zeche Holland Schacht III, 1895). Auf der Gasvorlage steht ein Arbeiter *(Teerstößer)*, um mit einer Eisenstange Verstopfungen durch Dickteeransammlungen zu beseitigen. (Aus Osteroth 1985)

ser neuen Technologie trug C. Otto entscheidend bei; anfangs stand er dem Regenerativprinzip skeptisch gegenüber, überzeugte sich jedoch im Jahre 1885 bei einem Besuch *vor Ort* von dessen Überlegenheit und trat seitdem konsequent dafür ein: Der Otto-Hoffmann-Regenerativofen steht am Beginn des Weges, der direkt zu den heutigen Koksöfen führt. Das Prinzip der Regenerativbeheizung zeigt Abbildung 18.

Eine Koksofenbatterie aus der Frühzeit des modernen Koksofenbaus zeigt Abbildung 19.

Eine Vorstellung von modernen Anlagen gibt das Beispiel der Kokerei der Mannesmannröhren-Werke AG (MRW), Hüttenwerke Huckingen, wo zum Jahreswechsel 1984/85 eine neue Koksofenbatterie in Betrieb genommen wurde, die von der Krupp-Koppers GmbH gebaut war und eine Altanlage ersetzte, die inzwischen abgebrochen ist (Abb. 20, Tabelle 19).

Diese Zahlen belegen deutlich den Trend zu immer größeren Kammervolumina; während früher ausschließlich Kammerlänge und Kammerhöhe vergrößert wurden, ist in neuester Zeit auch die Kammerbreite in diese Bestrebungen mit einbezogen. Jahrzehntelang galt eine Kammerbreite von 450 mm als optimal.

68 Kohleveredlung I – Teer und Koks

***Abb. 20.*** Moderne Koksofenbatterie: Die von Krupp-Koppers GmbH 1983/84 für die Mannesmannröhren-Werke AG in Duisburg-Huckingen erbaute Koksofenbatterie ist die größte der Welt. Sie erzeugt in 70 Ofenkammern von 7,85 m Höhe und 70 m$^2$ Nutzvolumen 1,1 Mio. t/a Koks. Deutlich ist die vor der Batterie stehende Koksüberleitmaschine zu erkennen, die den Koks beim Ausdrücken in den Löschwagen unter der Maschine leitet. (Mit freundlicher Genehmigung der Krupp-Koppers GmbH, Essen)

***Tabelle 19.*** Die neue Koksofenbatterie der Mannesmannröhren-Werke AG, Hüttenwerk Huckingen, im Vergleich zur Altanlage. (Nach Angaben von Krupp-Koppers GmbH)

|  | Neuanlage | Altanlage |
|---|---|---|
| Leistung pro Jahr (t Koks) | 1,1 Mio. t | 1,1 Mio. t |
| Anzahl der Batterien | 1 | 4 |
| Anzahl der Öfen pro Batterie | 70 | 35 |
| Gesamtzahl der Öfen | 70 | 140 |
| Kammerhöhe | 7,85 m | 4,50 m |
| Kammerlänge | 18 m | 13,57 m |
| Mittlere Kammerbreite | 550 mm | 450 mm |
| Nutzvolumen | 70 m$^3$/Ofen | 24 m$^3$/Ofen |
| Füllgewicht | 60 t/Ofen | 20 t/Ofen |
| Koksproduktion/Tag | 46 t/Ofen | 20 t/Ofen |
| Temperatur im Heizzugsystem | 1350 °C | 1350 °C |
| Garungszeit | 22,4 h | 17 h |

Die Heizwände der neuen MRW-Batterie sind in 34 senkrechte Heizzüge aufgeteilt, wobei jeweils zwei Heizzüge zu einem *Zwillingszug* verbunden sind: Im beflammten Zug verbrennt das Heizgas in einer Aufwärtsströmung, während das heiße Abgas durch den unbeflammten Zug abwärts in die Regeneratoren strömt. Die Zwillingszüge vertauschen ihre Funktion im Arbeitsrhythmus der Regeneratoren; im beflammten Zug brennt jeweils nur eine Flamme. Um die Flamme zu strecken und dadurch gleichmäßige Temperaturverteilung zu erreichen, strömt ein Teil des Rauchgases in den beflammten Heizzug zurück; durch die Rauchgasrückführung (Kreisstrom) wird auch die Bildung von Stickoxiden verringert.

Anfangs wurde das auf den *Nebenproduktenkokereien* anfallende Kokereigas hauptsächlich zur Beheizung der Koksöfen verbraucht; lediglich das *Überschußgas* diente zur Dampferzeugung, und nur in Ausnahmefällen wurde es auch zur Beleuchtung von Betriebsgebäuden verwandt. Erst um die Jahrhundertwende finden sich erste vereinzelte Ansätze zur Abgabe von Kokereigas an Gemeinden; der Plan (H. Stinnes 1904), die ganze Stadt Essen mit Kokereigas zu versorgen, wurde fast als Utopie abgetan. Dennoch begann allmählich der Aufbau eines *Ferngasnetzes,* das bereits 1926 460 km Länge aufwies, von den Stinnes-Zechen und den Zechen der Thyssen-Gruppe mit Koksofengas gespeist wurde und 69 Gemeinden versorgte; die Beheizung der Koksöfen erfolgte z. T. mit Generatorgas, das durch Vergasen von Koks mit Luft erhalten wurde. 1956 hatte das Gemeinschaftsleitungsnetz der Ruhrgas A. G. und der Thyssen-Gruppe eine Länge von rund 2500 km.

Bei der Stadtgasversorgung ist inzwischen Koksofengas durch Erdgas verdrängt worden. Koksofengas besteht zu etwa 50% aus Wasserstoff und zu etwa 25% aus Methan und enthält weiter etwa 5% des sehr giftigen Kohlenmonoxides; Erdgas enthält fast nur Methan. Durch Verdrängung des Koksofengases (und gleiches gilt natürlich für Gas aus Gasanstalten) wurde die Gefährdung der Verbraucher durch Kohlenoxid ausgeschaltet; die Explosionsgefahr blieb. Ein weiterer Vorteil ergibt sich aus dem mehr als doppelt so hohen Betriebsheizwert (nutzbarer Heizwert beim Verbraucher) des Erdgases. Großabnehmer für Koksofengas sind einmal die Kokereien selbst, die es zur Beheizung der Koksöfen verwenden, weiter benachbarte Hüttenwerke usw.

Koksofengas könnte von seiner chemischen Zusammensetzung her auch ein interessanter Rohstoff für die chemische Industrie sein. Bereits 1914 regte die Gesellschaft Linde an, aus gereinigtem (entschwefeltem) Koksofengas die etwa 2% des hierin enthaltenen Ethylens durch Tieftemperaturtrennung abzuschneiden; die erste technische Anlage war 1930 von der Chemischen Fabrik Holten in Auftrag gegeben worden. Diese Anlage war für eine jährliche Produktion von 2000 t Ethylen ausgelegt – eine für heutige Verhältnisse geradezu lächerliche Menge. Das Verfahren war zuvor schon 1921 in einer kleinen Pilotanlage eines rheinischen Hüttenwerkes erprobt. Als sich Ende der dreißiger Jahre in Deutschland größerer Ethylenbedarf einstellte, tauchte 1937 der Plan auf, aus den großen Ferngasmengen das darin enthaltene Ethylen abzutrennen. Zwar zeigten die erfolgreichen Versuche in Holten, daß Ethylen aus Koksofengas billiger war als aus allen anderen damals in Betracht kommenden Verfahren (Erdöl schied wegen der damaligen Autarkiebestrebungen aus); dennoch entschied man sich für die erheblich teurere Ethylensynthese aus Acetylen durch partielle katalytische Hydrierung:

$$HC \equiv CH + H_2 \longrightarrow CH_2 = CH_2$$

Der Bau einer hierfür geeigneten Anlage war mit geringerem Materialaufwand verbunden und ließ sich in kürzerer Zeit realisieren; für eine zentrale Koksofengastieftemperaturtrennanlage nach dem Linde-Verfahren hätte man zudem das Gas aus vielen Kokereien über lange Leitungen zusammenführen und nach Abtrennung des geringen Ethylenanteiles wieder verteilen müssen.

Nach dem Zweiten Weltkrieg setzte ein enormer Ethylenbedarf ein, der durch Zerlegung des Koksofengases allein schon von der Menge her gar nicht hätte gedeckt werden können: Als im Jahre 1957 die westdeutsche Koksproduktion ihren Höchstwert nach dem Kriege mit 55 Mio. t Koks und 22,1 Mrd. m$^3$ Gas erreichte, hätten theoretisch 500000 t Ethylen aus dieser Quelle zur Verfügung gestanden (bei einem angenommenen Ethylendurchschnittswert von 2% im Kokereigas); die Ethylenproduktion in der Bundesrepublik lag 1986 bei rund 2,7 Mio. t. Weder mengenmäßig noch wirtschaftlich ist dieser Weg noch interessant, und das Verfahren ist seit Jahrzehnten – ebenso wie die Acetylenhydrierung – eingestellt.

Von seiner Zusammensetzung her wäre Koksofengas allerdings zur Erzeugung von Wasserstoff und Synthesegas, ebenso auch von SNG (s. später) geeignet; die notwendigen Verfahren hierfür stehen zur Verfügung.

## 3.5 Steinkohlenteer

Bei der trockenen Destillation von Steinkohle fallen neben Rohteer noch weitere Nebenprodukte wie Benzol, Ammoniak und Schwefelwasserstoff an. Die Berliner Gasanstalten erhielten um die Jahrhundertwende aus 1000 kg ober- und niederschlesischer Kohle etwa 160–170 kg (= ca. 285 m$^3$) Gas und 50 kg Rohteer neben 680 kg Koks. Die bundesdeutschen Kokereien erzielen heute im Durchschnitt etwa folgende Ausbeuten, s. hierzu Tabelle 20.

Anfangs wurde in den Gasanstalten nach der von Murdock angegebenen Arbeitsweise das aus den Retorten abströmende Rohgas unmittelbar nach dem Kühlen mit Kalkmilch (zur Entfernung von Schwefelwasser und Cyan-

*Tabelle 20.* Durchschnittliche Ausbeuten in den bundesdeutschen Kokereien (in %). (Aus: Franck u. Collin 1968)

| | |
|---|---|
| Steinkohlenkoks | 79 |
| Steinkohlenteer | 3 |
| Rohbenzol | 1 |
| Stickstoff (als $NH_3$) | 0,2 |
| Schwefel (elementar oder als $H_2SO_4$) | 0,1 |
| Bildungswasser | 4 |
| Kokereigas und Verluste | 13 |
| Einsatz Steinkohle (trocken) | 100 |

wasserstoff) gewaschen. Schon zu Beginn der 40er Jahre des vorigen Jahrhunderts ging man zu einer veränderten Arbeitsweise über und setzte in der ersten Reinigungsstufe zur Gaswäsche Wasser ein; dadurch wurde neben Ammoniak ein Teil des Schwefelwasserstoffs entfernt und zugleich auch der Teergehalt weiter gesenkt (ein Teil des Teers und Gaswassers kondensierte schon zuvor auf dem Weg über Steig- und Fallrohre der alten Retortenöfen und sammelten sich in der Tauchvorlage an, s. Abb. 13). Dazu ließ man das Rohgas durch einen mit Wasser gefüllten Behälter streichen; schon um 1850 kamen zuerst in England die besser wirksamen *Koksskrubber* für Gaswäsche auf.

Bei Koksskrubbern handelte es sich um Behälter, die mit Koks (oder Sägespänen) gefüllt waren und von oben mit Wasser berieselt wurden. Das Rohgas wurde vom Boden her durch die Koksfüllung geleitet und kam dabei mit dem herunterrieselnden Wasser (Gegenstromprinzip!) in enge Berührung. Um die Waschwirkung zu verbessern, wurden meist zwei solcher Skrubber hintereinander geschaltet. Solche – wie wir heute sagen – *Füllkörperkolonnen* sind in der chemischen Industrie noch immer weit verbreitet; als *Füllkörper* verwendet man allerdings keinen Koks mehr, sondern z.B. Raschig-Ringe, die aus keramischen oder metallischen Werkstoffen hergestellt werden. Vorherrschend – insbesondere für große Durchsatzleistungen – sind aber Bodenkolonnen, die im Prinzip den Fraktionierkolonnen gleichen, wie sie schon bei der Erdölaufarbeitung vorgestellt wurden.

In den folgenden Jahrzehnten wurde die Gasreinigungstechnik weiter verbessert; ohne auf die Entwicklung im einzelnen einzugehen, sei hier die Reinigung von Stadtgas besprochen, wie sie um die Jahrhundertwende dem Stand der Technik entsprach, im Prinzip aber auch heute noch so durchgeführt wird.

Das aus der Ofenkammer austretende Rohgas gelangt zuerst in die Tauchvorlage, wo sich bereits erste Mengen von Teer und Flüssigkeit abscheiden (s. Abb. 22). Die Tauchvorlagen besitzen seitlich angebrachte Öffnungen,

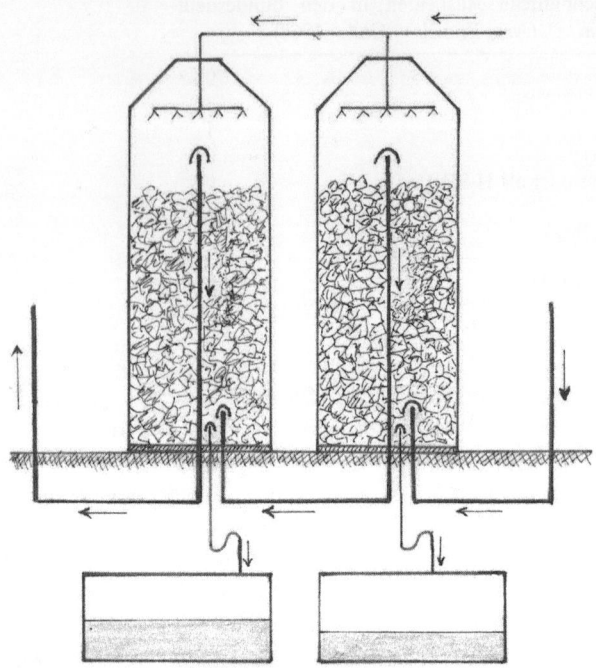

***Abb. 21.*** Schematische Darstellung von Koksskrubbern. Das Rohgas *(dick ausgezogene Linie)* tritt am Boden des rechten Skrubbers ein, passiert die Koksschicht, sammelt sich am Kopf an und wird von hier zum Boden des 2. Skrubbers zu den nachfolgenden Reinigungsstufen geleitet. Das Wasser wird am Kopf der Skrubber auf die Koksfüllungen verteilt (mit Düsen oder Segnerkreuz), fließt im Gegenstrom dem Rohgas entgegen und sammelt sich schließlich am Boden der Skrubber; von hier wird es zu den beiden Lagerbehältern abgeleitet. (Zeichnung vom Verf.)

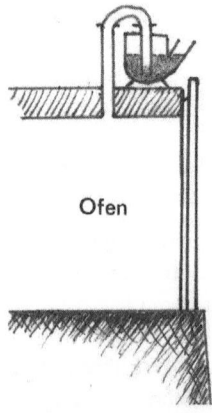

Ofen

***Abb. 22.*** Schema einer Tauchvorlage

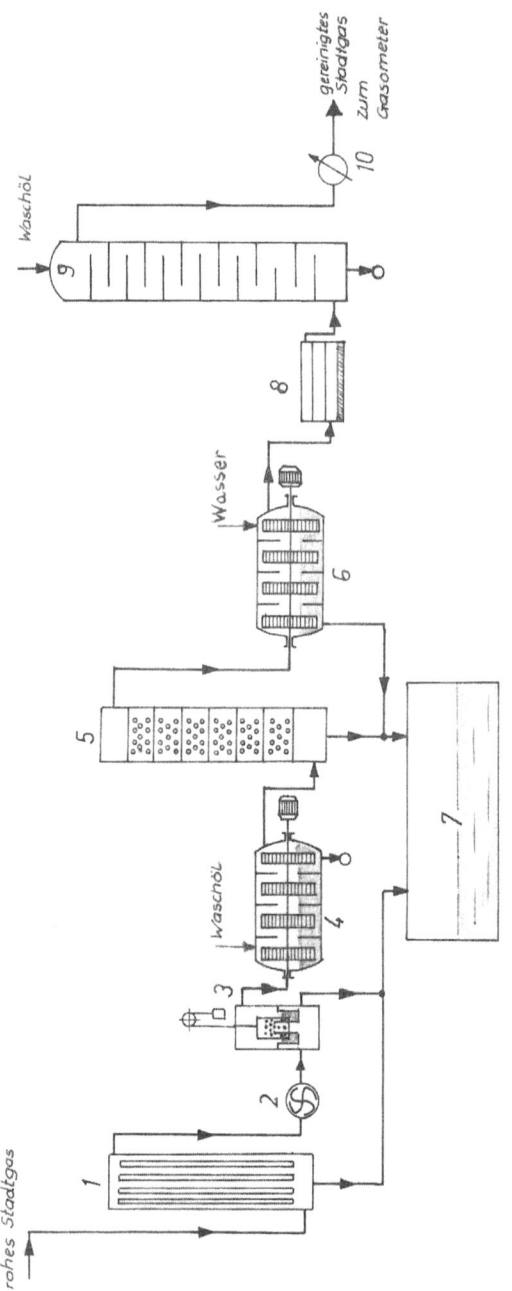

**Abb. 23.** Fließbild einer älteren Anlage zur Reinigung von Stadtgas. *1* Luftgekühlter Vorkühler, *2* Gassauger, *3* Teerabscheider, *4* Naphthalinwäscher, *5* wassergekühlter Nachkühler, *6* Ammoniakwäscher, *7* Teergrube, *8* Trockenreiniger, *9* Benzolwäscher, *10* Gasmesser

durch die eventuelle Verstopfungen manuell beseitigt werden können (s. auch Abb. 19). Der abgeschiedene Teer wird zur Teergrube abgeleitet.

Den weiteren Weg des Rohgases zeigt Abbildung 23.

Das aus der Teervorlage abströmende Rohgas wird mit einem Gassauger *(2)* durch einen luftgekühlten Vorkühler *(1)* angesaugt und anschließend durch den Teerabscheider *(3)* gedrückt; der in *(1)* und *(3)* abgeschiedene Teer wird zur Teergrube *(7)* abgeleitet. Jahrzehntelang hat sich das von den französischen Gasfachleuten P. Audouin und E. Pelouze 1873 erstmals zur Abscheidung von Teertröpfchen durch Prallwirkung benutzte Prinzip bewährt; der von ihnen konstruierte zylindrische Teerabscheider besteht aus einer in Wasser hängenden doppelten (oder auch 3fachen) Siebglocke mit versetzten Löchern oder Schlitzen, so daß die Tröpfchen nach Passieren der ersten Glocke auf die dahinter liegende Wand aufprallen und dabei abgeschieden werden. Das Rohgas strömt nun zum Naphthalinwäscher *(4)*, wo Naphthalin mit Waschöl (eine zwischen etwa 220 und 300 °C siedende Teerölfraktion [s. später]) aus dem Gas herausgelöst wird, und gelangt dann zum wassergekühlten Nachkühler *(5)*. Im nachfolgenden Ammoniakwäscher *(6)* wird $NH_3$ mit Wasser aus dem Gas herausgelöst; das anfallende Gaswasser wird ebenfalls zur Teergrube *(7)* geleitet, in der sich Teer und Wasser in 2 getrennte Phasen absetzen und später getrennt aufgearbeitet werden.

Bei den beiden Wäschern *(4)* und *(5)* handelt es sich um die in früheren Jahrzehnten weit verbreiteten *Standardwäscher;* sie bestehen im Prinzip aus einem horizontal gelagertem Zylinder, der durch senkrecht angeordnete Bleche in eine Reihe von Kammern unterteilt ist, so daß sich das Gas zick-zackförmig seinen Weg durch die Apparatur bahnen muß. Die Kammern sind zur Hälfte mit Waschflüssigkeit gefüllt. In der Mitte des Wäscher ist eine Welle waagerecht angeordnet; und ihr sind Bleche oder Bürsten angebracht, so daß beim Drehen der Welle Flüssigkeit verspritzt und dabei ein feiner Sprühregen erzeugt wird, den das Gas passieren muß.

Anschließend erfolgt *Trockenwäsche,* bei der giftige Bestandteile ($H_2S$, HCN) des Rohgases an reaktionsfähiges Eisenoxid gebunden werden; hierfür eignet sich gemahlener Raseneisenstein besonders gut, der zusammen mit Sägespänen zu einer lockeren Masse vermischt in eisernen Kästen *(8)* in übereinander gelagerten Horden ruht.

In der letzten Reinigungsstufe wird in der Waschkolonne *(9)* noch flüchtiges Benzol mit Waschöl aus dem Gas herausgewaschen.

Die mit Benzol bzw. Naphthalin beladenen Waschöle werden getrennt aufgearbeitet und die in ihnen enthaltenen wertvollen Chemie-Rohstoffe zurückgewonnen.

Zur Teerabscheidung werden seit Jahrzehnten *Elektrofilter* eingesetzt, deren Prinzip der amerikanische Wissenschaftler F. G. Cottrell (1908) entdeckt hatte; um die technische Einführung der *elektrostatischen Gasreinigung*

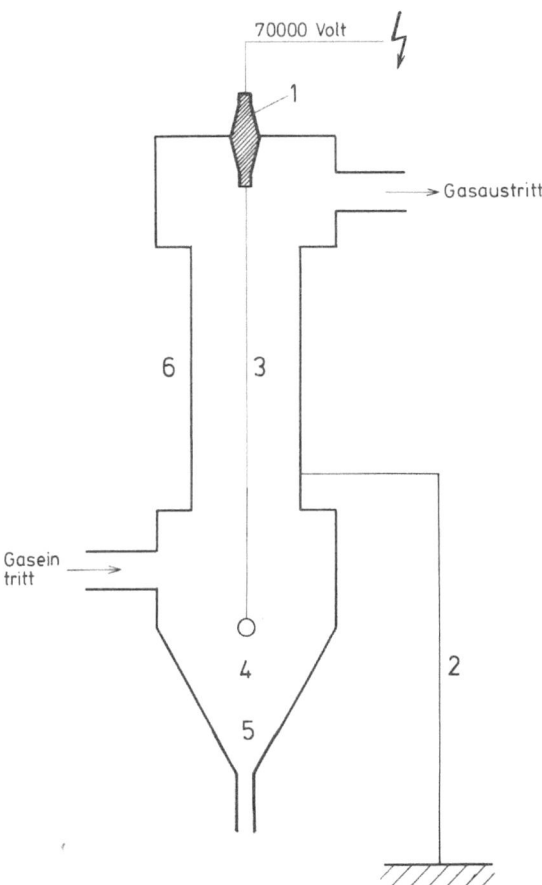

***Abb. 24.*** Prinzip des Elektrofilters. *1* Stromeinführung (isoliert), *2* Erdung, *3* Sprühelektrode, *4* Gewicht zum Spannen der Sprühelektrode, *5* Ableitung des Teers

hat sich der deutsche Physiker K. E. Möller verdient gemacht (Cottrell-Möller-Verfahren). Mit Hilfe dieser Technik können Stäube und Nebeltröpfchen aus Gasen abgeschieden werden; Teerabscheidung wurde erstmals 1921 beim Reinigen von Braunkohlengeneratorgas erprobt. Das Prinzip des Elektrofilters zeigt Abbildung 24.

Koksofengas durchströmt das als Rohr ausgebildete Filter und passiert dabei ein starkes elektrisches Feld. Die Entladungselektrode *(3)* wird mit dem negativen Pol einer hochgespannten Gleichstromquelle verbunden. Infolge der hohen Feldstärke an der Oberfläche des Ausströmungsdrahtes kommt es in dessen Umgebung unter Koronarentladung zu einer starken Ionisierung des Gases. Dabei werden auch die im Gas befindlichen Staub- und Teerpartikel aufgeladen und wandern im elektrischen Feld zur großflächigen, geerdeten Niederschlagselektrode; hier werden sie entladen und an der Filterwand niedergeschlagen, sinken nach unten und werden schließlich zur Teergrube abgeleitet.

Kokereigas, das zur Beheizung der Koksöfen oder zur Verbrennung in Kraftwerkskesseln oder Stahlwerksöfen dient, braucht nur vereinfachten, den Anforderungen des Umweltschutzes Rechnung tragenden Reinheitsbedingungen zu entsprechen; für Verwendung als Ferngas, Stadtgas, Synthesegas oder Reduktionsgas ist aber zusätzliche Feinreinigung unbedingt erforderlich.

Zur Schwefelentfernung sind die erwähnten alten Hordenapparate für Trockenreinigung längst verlassen; heute wird das Gas in großen Waschkolonnen mit wässriger Ammoniaklösung behandelt, die ja im Kokereibetrieb in ausreichender Menge verfügbar ist; zugleich wird dabei auch Cyanwasserstoff entfernt. Ammoniak muß ebenfalls entfernt werden, weil es sonst zu Spannungsrißkorrosionen in den Gasleitungsnetzen führen kann; das gelingt leicht durch Waschen mit Schwefelsäure. Auf weitere Einzelheiten der modernen Gasreinigungstechnik soll jedoch nicht näher eingegangen werden.

Vor Einführung der Ammoniaksynthese nach Haber/Bosch war Ammoniak aus den Gasanstalten die einzige größere $NH_3$-Quelle; dieser wichtige Grundstoff für die chemische Industrie dient zur Gewinnung von Salpetersäure, Stickstoffdüngemitteln und Soda nach dem Solvay-Verfahren. E. Solvay, der um 1870 die Kinderkrankheiten seines Verfahrens überwunden hatte, brauchte nun steigende Mengen Ammoniak für seine Sodafabriken; so ist es verständlich, daß dieser geniale belgische Erfinder und Unternehmer auch beachtliche Beiträge zur Entwicklung der Nebenproduktenkokerei geleistet hat.

In den seit Beginn des 19. Jahrhunderts immer zahlreicher werdenden Gasanstalten fielen zwangsweise steigende Teermengen an, die anfangs nur schwer und in begrenzten Mengen auf dem Markt untergebracht werden konnten; so verwandte man z. B. auf den Werften Teer zum Kalfatern (Dichten der Fugen von Holzschiffen), als Wagenschmiere sowie zur Herstellung von Ruß für Druckerschwärze und schwarze *Schuhwichse*. Bereits um 1770 wurde auf der Hütte Coalbrookdale Teer in Dundonald-Öfen (Bienenkorböfen mit Vorrichtung zur Teergewinnung) gewonnen und aus einfachen Blasen destilliert; das dabei anfallende „Steinkohlenöl" (leichtes Teeröl, auch als *Naphtha* bezeichnet) diente als Lampenöl. Konservieren von Holz, Eisen und Mauerwerk mit heißem Teer war ebenfalls schon im 18. Jahrhundert allgemein bekannt, und auch Dachpappe soll schon am Ende des 18. Jahrhunderts erfunden sein, wobei zum Imprägnieren Ölfirnis gedient habe; nachweislich hat aber erst A. W. Lampadius Teer zur Herstellung einer brauchbaren Dachpappe benutzt, die zum Decken der Freiberger Amalgierwerke verwandt wurde (in einem Brief aus dem Jahre 1828 erwähnt er, daß diese Bedachung schon seit 14 Monaten gehalten habe). Die Dachpappe wurde später zu einem Großprodukt: Allein von den 90 000 t Steinkohlenteer, die im Jahre 1868 in den Berliner Gasanstalten anfielen, wurden 75 000 t für die Herstellung von Dachpappe verwendet, und lediglich 15 000 t wurden destillativ weiterverarbeitet.

Sehr groß war aber der Teerverbrauch zu Beginn des 19. Jahrhunderts sicherlich nicht, denn 1826 konstruierte C. Macintosh einen *Teerbrennofen* speziell zum Beheizen von Gaswerksretorten mit Teer und kam damit einem dringenden Hilferuf aus dem Gaswerk Manchester nach, um den Lagerbestand an Steinkohlenteer abbauen zu können. Tatsächlich wußten die Leiter der damaligen Gasanstalten oft nicht, wohin mit all den übelriechenden klebrigen Massen: Man vergrub sie im Boden oder versenkte sie im Meer und verursachte Grundwasserverseuchung und Fischsterben. Dieses Beispiel aus frühen Tagen der industriellen Revolution zeigt schon, wie nach Einführung neuer Technologien Wissenschaftler und Techniker gefordert werden, nach Wegen Ausschau zu halten, um die Umwelt zu schützen und den Lebensraum der Menschen zu erhalten.

Mit dem Bau von Eisenbahnen ergab sich die Notwendigkeit, viele Millionen Holzschwellen vor Verrotten zu schützen; die Gleise wurden damals im allgemeinen auf rohen Holzschwellen verlegt. Für den Bau der Köln-Mindener Eisenbahn bot J. Rütgers ein von J. Bethell erfundenes, patentiertes Verfahren zum Imprägnieren von Schwellenhölzern mit Teeröl an. Der Vorschlag wurde angenommen, und Rütgers baute das erste Imprägnierwerk nach dem neuen Verfahren in Essen; das erforderliche Teeröl bezog er vom Patentinhaber. Nachdem die Arbeiten im rheinisch-westfälischen Raum weitgehend abgeschlossen waren, verlegte Rütgers Mitte der 50er Jahre des vorigen Jahrhunderts seine Aktivitäten hauptsächlich in die östlichen Provinzen des Deutschen Reiches und errichtete bis zur Jahrhundertwende ein dichtes Netz von 77 Imprägnierwerken, das weit über die deutschen Grenzen hinaus reichte: Das östlichste Werk lag in Kiew. Zur Sicherung der Versorgung seiner Werke mit Teerölen errichtete er 1860 im Berliner Vorort Erkner die erste große deutsche Teerdestillation, der in rascher Folge weitere folgten; stets lagen sie in unmittelbarer Nähe größerer Städte, deren Gasanstalten genügend großen Teeranfall hatten, so bei Dresden, München, Wien, Kattowitz (Oberschlesien) und Castrop-Rauxel.

Der Rückstand aus der Teerdestillation wird als Pech bezeichnet; je nachdem ob man die Schweröle ganz oder nur teilweise abtrieb, erhielt man *hartes Pech* oder *weiches Pech*. Pech wurde zur Herstellung von Lacken und Firnissen (speziell schwarzem Eisenlack) benutzt und diente weiter zur Herstellung von Asphaltrohren sowie zum Bau von Asphaltstraßen. Großen Absatz fand Steinkohlenpech bei den Herstellern von Steinkohlenbriketts, die ihn als Bindemittel bei der Brikettierung von Feinkohlen einsetzten; Steinkohlenbriketts wurden in riesigen Mengen benötigt, als sich ab Mitte der 50er Jahre des vorigen Jahrhunderts – zuerst in Frankreich und Belgien – immer mehr Bahnverwaltungen dazu entschlossen, von Koks auf Steinkohlenbriketts für die Feuerungen ihrer Dampflokomotiven überzugehen.

Seine wahre Bedeutung erlangte Steinkohlenteer, als sich Chemiker wissenschaftlich mit ihm beschäftigten und ihn als Fundgrube für eine Vielzahl höchst interessanter Verbindungen erkannten. Zwar hatte schon 1833 F. F. Runge entdeckt, daß im Teer Verbindungen enthalten sind, die Neigung zur Farbstoffbildung zeigen; die große Stunde der Teerchemie schlug aber erst, als der damals gerade 18jährige englische Chemiker W. H. Perkin 1856 den ersten synthetischen Farbstoff *Mauvein* entdeckte – sicherlich eine der folgenreichsten Entdeckungen in der organisch-technischen Chemie. Der sensationelle Erfolg dieses rotvioletten Teerfarbstoffes – er fand begeisterte Aufnahme bei den Seidenfärbern in Lyon – löste hektische Suche nach immer neuen Teerfarben aus; damals schossen *Teerfarbenfabriken* wie Pilze aus dem Boden, aber nur wenigen war eine längere Lebenszeit beschieden. Die Meister der Haute Couture in Paris ließen sich von den neuen Farbtönen in der Palette der Teerfarben zu immer neuen Kreationen inspirieren; der französische Hof, allen voran die Kaiserin Eugenie, machten Teerfarben *hoffähig*.

Den wahllosen Experimenten meist sachunkundiger Spekulanten folgte schon bald systematische wissenschaftliche Forschung, die die Grundlagen der Teerchemie schuf; A. W. von Hofmann begründete in Deutschland eine ganze Schule, aus der zahlreiche namhafte Farbstoffchemiker hervorgingen. Übrigens haben die meisten Teerfarbstoffe von der Chemie her gesehen kein Vorbild in der Natur. Auf diesem soliden wissenschaftlichen Fundament entstand in den 60er Jahren des vorigen Jahrhunderts in Deutschland und in der Schweiz die damals in der Welt führende Teerfarbenindustrie. Noch heute muß mit Bewunderung anerkannt werden, in wie kurzer Zeit damals die wissenschaftlichen Grundlagen für planmäßige Synthese von Organika geschaffen und industriell verwertet wurden. Maßgeblich hierfür war eine sehr enge Zusammenarbeit zwischen Chemikern in den Forschungslaboratorien von Universitäten und Hochschulen und Chemikern der Industrie, die in den Jahrzehnten der Pionierzeit den raschen Auf- und Ausbau der organischen Chemie geradezu *katalysierte*.

Die Teerchemie hat ferner maßgeblichen Anteil daran, daß die Wettbewerbsfähigkeit der deutschen Stahlindustrie entscheidend verbessert wurde: Erst der Verbund zwischen Kohlezechen, Kokereien mit Nebenproduktengewinnung und Eisenhütten schuf die einst überragende Stellung der deutschen Schwerindustrie.

Steinkohlenteere sind kompliziert zusammengesetzte Vielstoffgemische, die zahlreiche unentbehrliche Grundstoffe für Synthesen von Farbstoffen, Pharmazeutika, Pflanzenschutzmitteln, aber auch Kunststoffen und Synthesefasern enthalten; die Rohteere aus den Kokereien müssen aber erst auf umständlichen Wegen aufgearbeitet werden, um die begehrten Verbindungen zu erhalten.

Der erste Schritt bei der Aufarbeitung von Rohteeren ist deren Destillation. In den Anfängen der Teerverarbeitung wurden hierfür einfache gußeiserne Destillationsblasen verwendet; häufigster Typ waren stehende Blasen, die von einer Rostfeuerung aus direkt beheizt wurden. Vor der Teerdestillation muß man aber das im Teer suspendierte Wasser so weit als möglich durch längeres Lagern absitzen lassen, denn es verursacht starkes Schäumen während des Erhitzens und beeinträchtigt den Destillationsverlauf.

Schon auf der Hütte Coalbrookdale wurde Rohteer destilliert und sogar ein Teil des Destillates redestilliert, wobei ein klares, leichtflüssiges Öl erhalten wurde; in einem Bericht aus dem Jahre 1789, dem ältesten Bericht über fabrikatorische Steinkohlenteerdestillation überhaupt, findet sich eine genaue Beschreibung dieses Prozesses.

Die verschiedenen Fraktionen wurden für unterschiedliche Verwendungszwecke eingesetzt: So galt eine Art aromatischen Öls als besonders hochwertig und wurde bei der Herstellung von Farben und Druckerschwärzen sowie für Holzschutz- und Imprägniermittel bevorzugt verwandt. Übrigens hat der deutsche Chemiker J. R. Glauber (eine in ihrer chemiehistorischen Bedeutung umstrittene Persönlichkeit) bei seinen Versuchen, Ersatz für Holzteer zu schaffen, schon um die Mitte des 17. Jahrhunderts ein aromatisch riechendes Öl aus Steinkohlenteer destilliert.

Am Ende des 19. Jahrhunderts war die industrielle Teerdestillation auf einen beachtlichen technischen Stand gebracht; mit Hilfe von Fraktionierkolonnen wurde Teer in einzelne Schnitte mit definierten Siedebereichen zerlegt, die im wesentlichen auch heute noch gelten.

In den älteren Anlagen erfolgt chargenweise destillative Aufarbeitung in drei Stufen:

I. Stufe: *Teerentwässerung.* Aus dem in Lagertanks vorentwässertem Teer wird das noch verbliebene Gaswasser abgetrieben; zugleich destilliert dabei auch Leichtöl (enthält hauptsächlich Benzol) ab. Im nachgeschalteten Scheidegefäß trennen sich organische und wäßrige Phase.

II. Stufe: *Teerdestillation.* Der entwässerte Teer wird durch eine Abtriebsdestillation unter Vakuum in Mittelöl, Schweröl und Anthracenöl zerlegt; als Rückstand verbleibt Pech in der Retorte.

III. Stufe: *Öldestillation*. Die beiden leichter siedenden Fraktionen, also Mittelöl und Schweröl, werden aus Retorten über eine Fraktionierkolonne redestilliert.

Das Blockschema dieser Trennoperation zeigt Abbildung 25. Das stark vereinfachte Fließbild einer diskontinuierlichen Teerdestillation zeigt Abbildung 26.

Einen Eindruck vom Äußeren einer älteren Öldestillation vermittelt Abbildung 27; deutlich erkennbar sind 4 gasbeheizte Retorten sowie die seitlich darüber angeordneten Füllkörperkolonnen.

Um die destillative Aufarbeitung von Steinkohlen zu vereinfachen, in ihrer Wirksamkeit zu verbessern und wirtschaftlicher zu gestalten, bemühten sich eine Reihe von Fachleuten um die Entwicklung kontinuierlicher Verfahren,

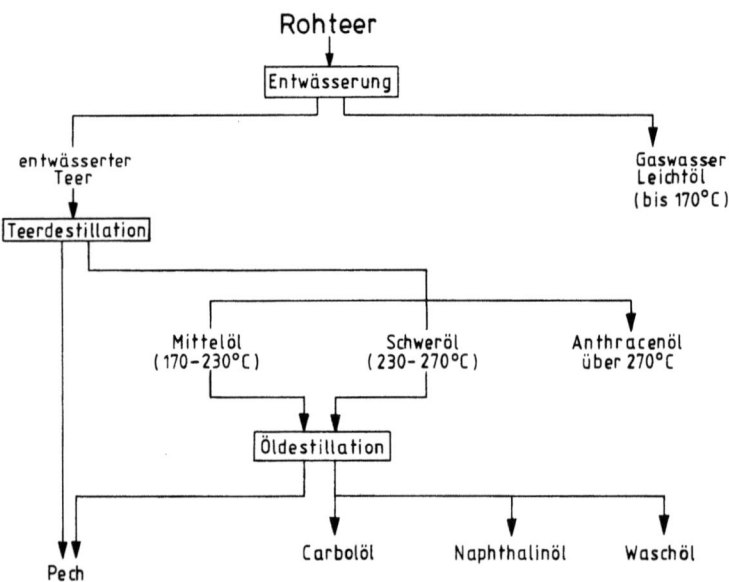

*Abb. 25.* Übersichtsschema der diskontinuierlichen Teerdestillation. Heute werden fast nur noch kontinuierliche Teerdestillationen betrieben

*Abb. 26.* Vereinfachtes Fließbild einer diskontinuierlichen Teerdestillation älterer Bauart. *1* Teerentwässerung, *2* Kühler, *3* Trenngefäß, *4* Teerdestillation, *5* Pechvorlage, *6* Kühler, *7* Vorlagen für Ölfraktionen, *8* Öldestillation, *9* Füllkörperkolonne, *10* Kühler, *11 Wechsel*vorlagen, *12* Ölvorlagen, *13* Pechvorlage, *14* Kopfkühler (Dephlegmator). (Aus Osteroth 1985)

Steinkohlenteer 81

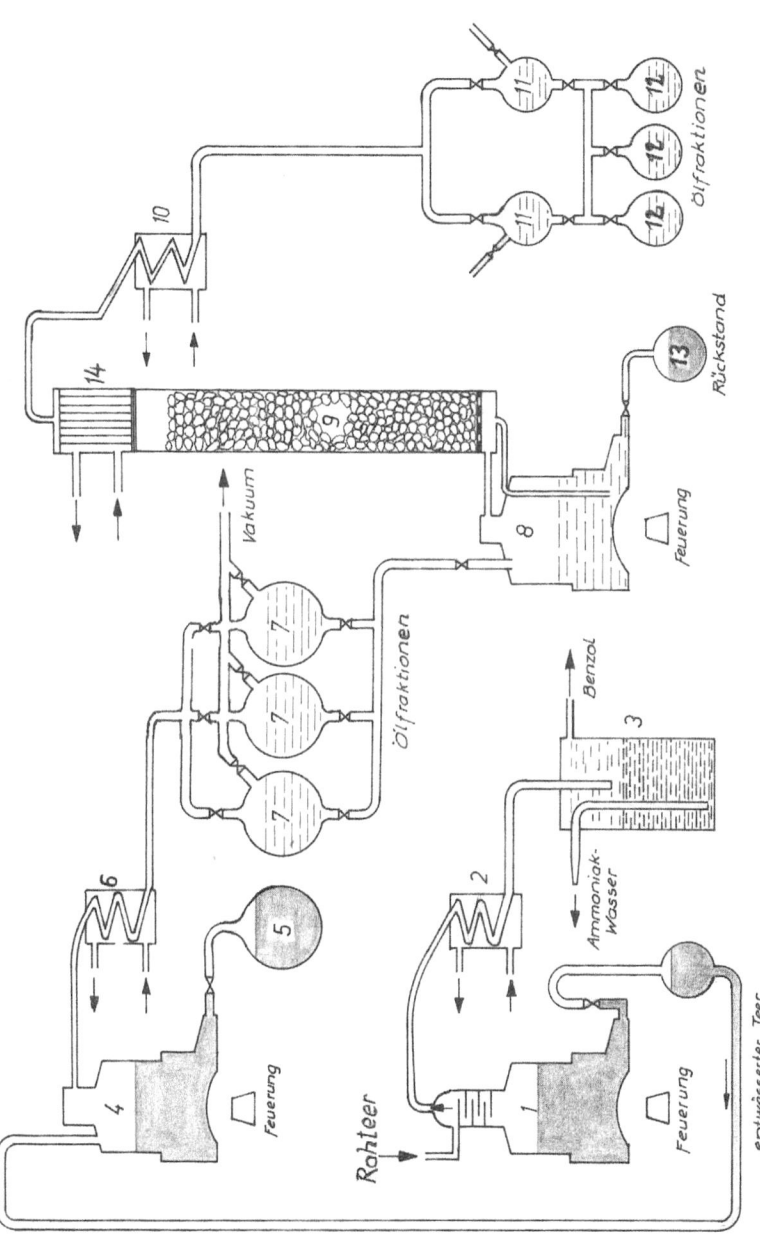

*Abb. 27.* Diskontinuierliche Öldestillation älterer Bauart. Im Vordergrund sind 4 gasbefeuerte Retorten zu erkennen, dahinter 4 Fraktionierkolonnen. (Aus Osteroth 1985)

doch den Erfolg brachte erst der Einsatz von Röhrenöfen; der Engländer F. Lennard griff auf schon früher vorgebrachte Vorschläge zurück und baute 1886 die erste wirklich funktionierende kontinuierliche Teerdestillation in Greenwich, die mehrere Jahrzehnte hindurch ihren Dienst versah. Lennard beheizte den Röhrenofen mit Generatorgas oder auch mit Öl. Führend auf dem Gebiet war später die deutsche Firma Koppers, die 1934 für die Rütgers-Werke in Mährisch-Ostrau die erste kontinuierliche Großanlage für ein im Hause entwickeltes Verfahren baute; charakteristisch für das Koppers-Verfahren ist das sog. *Flash*-Prinzip: Der aus dem Sumpf der Entwässerungskolonne abfließende *getoppte* Teer wird unter Druck in der zweiten sehr heißen Stufe des Röhrenofens bis auf etwa 380 °C erhitzt und dann in die (unter Normaldruck stehende) *Pechkolonne* entspannt; hier verdampfen schlagartig sämtliche flüchtigen Anteile des Teers, und nicht destillierbares Pech bleibt im Sumpf der Pechkolonne zurück. Mit einem Anteil von bis zu 60% an der Rohteermenge ist übrigens Pech der mengenmäßig gesehen bedeutendste Teerbestandteil. Der Vorteil solcher Anlagen besteht u. a. darin, daß Entwässerung, Rohteerdestillation und Öldestillation in einer einzigen Anlage zusammengefaßt sind. Das stark vereinfachte Fließband einer solchen Anlage älterer Bauart zeigt Abbildung 28.

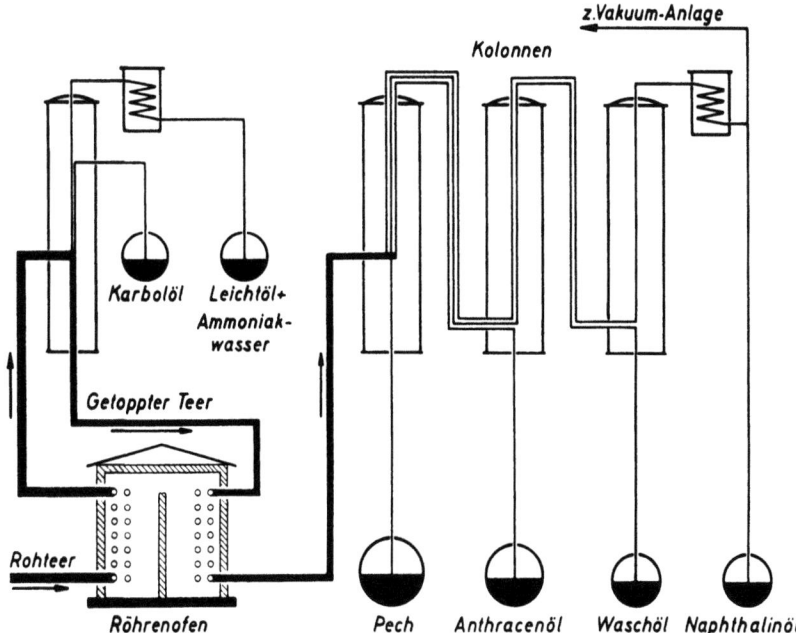

*Abb. 28.* Schema einer kontinuierlichen Teerdestillation. Der Rohteer wird im Röhrenofen erhitzt und strömt flüssig zur 1. Kolonne, wo die leicht verdampfbaren Anteile des Teers abgetrennt und den Vorlagen zugeleitet werden. Der getoppte Teer wird im Röhrenofen unter Druck hoch erhitzt und strömt zur 2. Kolonne, die unter Normaldruck steht. Beim Eintritt in die Kolonne wird entspannt; sämtliche verdampfbaren Anteile entweichen über Kopf der Kolonne und werden in den nachfolgenden Kolonnen fraktioniert; diese Kolonnen stehen unter Vakuum. Der nicht verdampfbare Rückstand *(Pech)* fließt aus dem Sumpf der 2. Kolonne in die Pechvorlage. Die durchschnittlichen Ausbeuten betragen (in Klammern ist ungefährer Siedebereich angegeben): Leichtöl (<180 °C) 0,5-3%; Carbolöl (180-210 °C) 2-3%; Naphthalinöl (210-220 °C) 10-12%; Waschöl (230-290 °C) 7-8%; Anthracenöl (>300 °C) 22-28%; Pech 50-55%

84　Kohleveredlung I - Teer und Koks

*Abb. 29.* Moderne kontinuierliche Teerdestillation. Gebaut von der Krupp-Koppers GmbH für die Taiwan Aluminium Corp. Kapazität 134 t Rohteer pro Tag. (Mit freundlicher Genehmigung der Krupp-Koppers GmbH, Essen)

Eine moderne kontinuierliche Teerdestillationsanlage für 134 t täglichen Rohteereinsatz, die von Krupp Koppers gebaut wurde, zeigt Abbildung 29.

Nach der primären Auftrennung des Rohteers durch Destillation erfolgt weitere Auftrennung der einzelnen Fraktionen zur Gewinnung reiner Aromaten und Heteroaromaten, die für die industrielle Synthes zahlreicher Produkte große Bedeutung haben. Bedingt durch die sehr hohen Temperaturen zwischen 900 bis zu 1300 °C, die bei der Verkokung auftreten, sind im Steinkohlenteer fast nur noch die thermostabilen Aromaten vertreten. Ehe die Petrochemie aufkam, waren die Kokereien, noch früher nur die Gasanstalten, die einzige Aromaten-Quelle von technischer Bedeutung.

Der heutige Weltbedarf an Chemiearomaten liegt bei jährlich etwa 30 Mio. t, von denen die Hälfte auf Benzol und weiter etwa je ein Sechstel auf Toluol, Xylole und Heterocyclen entfällt. Stammen auch nur rund 25% dieses Weltbedarfes aus der Kohle, und ist sie beim wichtigsten Aromaten Benzol zu sogar nur noch mit rund 15% beteiligt, so beträgt ihr Anteil bei kondensierten Aromaten und Heterocyclen mehr als 95% – und hier liegt die sehr große Bedeutung des Teers als Rohstoffquelle für die chemische Industrie.

Die wichtigsten Aromaten und Heterocyclen im Steinkohlenteer weist Tabelle 21 aus, wo zugleich auch die prozentualen Anteile dieser Verbindungen im Teer aufgeführt sind.

Die weitere Auftrennung der Teerfraktionen soll nicht im einzelnen verfolgt werden; es handelt sich um komplizierte Trennprozesse, die durch Kombination von Kristallisation, Extraktion und Destillation zu den

*Tabelle 21.* Die in einer Menge von 1% und darüber im Steinkohlenteer enthaltenen Verbindungen

Naphthalin 7%

Chrysen 1,5%

Phenanthren 5%

Fluoren 1,5%

Fluoranthen 2,2%

Acenaphthen 1,2%

Anthracen 1,8%

Carbazol 1,0%

gewünschten Verbindungen führen. So werden Phenole mit verdünnter Natronlauge, stickstoffhaltige Heterocyclen wie Pyridinbasen mit verdünnter Schwefelsäure extrahiert; beide Verbindungsgruppen finden sich im Mittelöl, denn die Pyridinbasen, die für sich allein niedriger sieden würden, liegen hier locker gebunden an Phenole vor. Naphthalin ist hauptsächlich im Naphthalinöl enthalten und wird durch Auskristallisieren gewonnen; weitere wichtige kondensierte aromatische Kohlenwasserstoffe wie Anthracen, Phenanthren, Fluoranthen, Pyren, Benzofluoren und Carbazol finden sich im Anthracenöl; Methylnaphthaline, Acenaphthen und Fluoren, aber auch Chinolinbasen im Waschöl und werden nach speziell entwickelten Prozessen in reiner Form gewonnen.

Nach Abtrennung der wertvollen Chemierohstoffe bleiben Öle für die verschiedensten Verwendungszwecke zurück, etwa Imprägnieröl, Heizöl, Treiböl (für langsam laufende stationäre Dieselmotoren), Fluxöl (Bindemittel für den Straßenbau) usw.; der wichtigste Verwendungszweck für Teeröle ist aber ihr Einsatz für die Rußgewinnung.

Pech, das aus einer Vielzahl von kondensierten Aromaten und Heteroaromaten besteht, wird zu verschiedenen Pechtypen weiterverarbeitet, etwa Elektrodenpech (hauptsächlich für die Aluminiumhütten), Brikettpech (Bindemittel für Steinkohlenbrikettierung), Pechkoks (für die Herstellung graphitischer Elektroden für Elektrostahlöfen und Kernreaktorgraphit und zahlreiche weitere Verwendungszwecke).

## 3.6 Schwelung

Holzteer ist ein uraltes *Chemieprodukt:* Schon Plinius d. Ä., der beim Ausbruch des Vesuvs im Jahre 79 ums Leben kam, erwähnt in seiner *Naturalis historia,* daß durch Erhitzen harzreicher Nadelhölzer in Öfen Teer gewonnen wurde, der u. a. zur Herstellung von Tinten und Farben diente.

Die einfachste Methode zur Gewinnung von Holzteer war die Schwelung von Nadelholz in primitiven, abgedeckten Meilern, deren Sohle mit einer Lehmschicht abgedichtet war und einen Ablauf für Teer besaß. Später benutzte man trichterförmige, ausgemauerte Gruben, die mit kleingespaltenem Kienholz gefüllt wurden; der sich beim Schwelen bildende Teer tropfte nach unten zur Mitte hin und konnte von dort durch eine Röhre abfließen.

Schon Glauber erwähnt 1657 Bienenkorböfen, die zur Holzteergewinnung mit einem langen Rohr ausgerüstet waren, durch das die im unteren Teil des Ofens gebildeten Dämpfe entweichen konnten und dabei kondensierten; der anfallende Teer wurde in einem Holzbottich aufgefangen. Erhebliche wirtschaftliche Bedeutung hatte die Holzverschwelung für Schweden und Rußland, die große Mengen Holzteer an Werften in England, Frankreich und

Holland lieferten; auch in den nadelwaldreichen Gebieten Deutschlands, so im Harz, in Thüringen und im Schwarzwald, wurde Holzteer hergestellt. Die Blütezeit der *Teeröfen* in den großen Kiefernwäldern der Mark Brandenburg war im 18. Jahrhundert.

Eine entscheidende technische Verbesserung gelang mit der Einführung doppelwandiger Teeröfen; diese kreisrunden Öfen bestanden aus einem gemauerten inneren Kern mit trichterförmiger Ofensohle, der eigentlichen Retorte, und einem um sie herum gemauerten äußeren Mantel. Der zwischen Retortenwand und äußerem Mantel gebildete Hohlraum diente als Feuerungsmantel bzw. als Durchgang für die heißen Feuerungsgase. Mit dieser Apparatur wurde also eine echte trockene Destillation des in der Retorte aufgeschichteten Holzes durch Beheizung von außen erreicht; diesen Vorgang bezeichnete man im Volksmund als *Braten*. Teeröfen unterschieden sich sowohl in Größe wie auch zahlreichen technischen Details voneinander; sie faßten zwischen 5 bis zu 20 Klafter (1 Klafter = 3,34 m$^3$) Kienholz (Öfen, die mehr als 15 Klafter aufnehmen konnten, waren allerdings selten). Die Zahl der jährlichen *Brände* lag bei großen Öfen bei 8-10, bei kleinen zwischen 12-15.

Der Schmeerofen von Eschbach (Hessen) ist ein Beispiel für einen kleinen, nach diesem Prinzip gebauten Ofen; der 1980 gemachte Bodenfund wurde von K. Baeumerth vermessen, und der Ofen wurde unter seiner Leitung im Hessenpark rekonstruiert (s. Abb. 30).

Dieser Teer- oder Schmeerofen besteht aus zwei massiven, kegelförmig übereinander gewölbten Teilen: Der inneren Retorte für das Schmeerholz und - in einem exzentrischen Abstand zwischen 20-45 cm - dem äußeren Mantel. Die Höhe des Ofens beträgt rund 2,50 m, der Durchmesser der Retorte an der Ofensohle 2,10 m. Zwischen dem inneren Ofenkern und dem Außenmantel wurde Abfallholz für die Beheizung durch zwei Schürlöcher entzündet, und durch Öffnen bzw. Schließen kleiner Luftlöcher wurde eine gleichmäßige allmähliche Aufheizung des Ofens erreicht. Ein Brand dauerte mehrere Tage und mußte Tag und Nacht kontrolliert werden. Verschwelt wurden hauptsächlich die Baumstümpfe abgeholzter Nadelwalddistrikte, die in mühevoller Arbeit ausgegraben und zerkleinert wurden; harzreiches Stammholz war meist zu teuer, wurde aber ebenfalls eingesetzt. Hauptprodukt aus den Teeröfen war Holzteer, der als Wagenschmiere für die hölzernen Achsen unentbehrlich war; bei längeren Fahrten führten Wagen stets eine *Teerbutte* mit („Wer gut schmeert, der gut fährt"). Große Bedeutung hatte auch *Schiffsteer* für das Abdichten der Fugen von hölzernen Schiffen und Kähnen.

Während der ersten Phase des Brandes destillierten *Brand*wasser und leicht flüchtige Holzbestandteile ab; auf dem kondensierten Wasser schwamm das wertvolle *Kienöl*, das für Beleuchtungszwecke sowie in Apo-

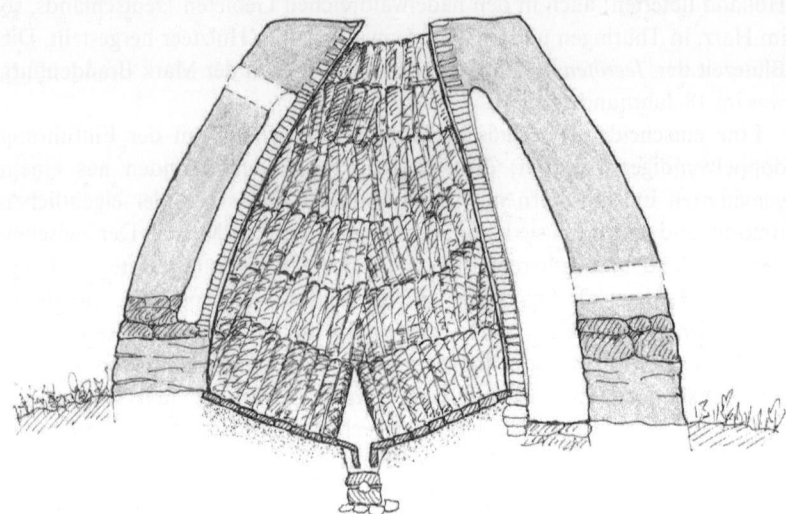

*Abb. 30.* Schmeer- oder Teerofen von Eschbach. Der 1980 in Eschbach bei Usingen gemachte Bodenfund wurde nach Angaben von K. Baeumerth im Freilichtmuseum Hessenpark wieder aufgebaut. Links oben und rechts unten sind Zuglöcher im Mauerwerk des äußeren Mantels zu erkennen. Das Befüllen des Ofens mit ca. 50 cm langen Kienholzstücken erfolgte von oben her. Nach dem Zünden der Feuerung wurde das Fülloch nicht sogleich mit einer Platte aus Eisen oder Stein verschlossen, um ein zu rasches Aufheizen des inneren Ofenkerns zu vermeiden. Durch geschickte Regulierung der Feuerung konnte die Temperatur allmählich gesteigert werden. (Zeichnung vom Verf.)

theken und bäuerlichen Haushalten für medizinische Zwecke verwendet wurde; außerdem diente es auch anstelle von Terpentinöl zur Zubereitung von Farben. Gern wurde Holzteer für medizinische und tiermedizinische Zwecke benutzt, z.B. zum Einfetten von Hufen der Schafe und Pferde. Das Teerwasser diente zum Gerben von Häuten anstelle der Lohe; die alten Ägypter, die Holzschwelerei kannten, benutzten Brandwasser beim Einbalsamieren ihrer Toten.

Eine Vorstellung von der schweren Arbeit der Teerbrenner vermittelt der Stich von J.W. Meil aus dem Jahre 1765 (s. Abb. 31).

Der während des Schwelens abfließende Teer wurde oft in eisernen oder kupfernen Kesseln durch starkes Erhitzen auf Pech weiterverarbeitet; während für Wagenschmiere ein weiches Teerprodukt benötigt wurde, bevorzugten die Schiffsbauer ein sehr viel zäheres Holzpech. Im Ofen blieb eine besonders hochwertige Holzkohle zurück, die bei Schmieden und Spenglern guten Absatz fand.

Schwelung 89

*Abb. 31.* „Der Theerbrenner", Stich von J.W. Meil, 1765. (Mit freundlicher Genehmigung: M 183 Kupferstichkabinett SMPK, Berlin)

Überwiegend betrieben die Forstverwaltungen die Teeröfen nicht in eigener Regie, sondern verpachteten sie zusammen mit einem größeren Gelände an Teerschweler; allerdings behielten sie die Aufsicht über den Schwelbetrieb: So war z.B. die Zahl der jährlichen Brände genau festgelegt, und das benötigte Holz wurde zugeteilt. Die *Schmeeröfen* blieben oft über viele Jahre in einer Hand, und zuweilen vererbte sich das Gewerbe sogar durch mehrere Generationen. Nun kam es vor, daß nach Ablaufen der Pachtverträge die neuen Verträge mit anderen Teerschwelern abgeschlossen wurden – sehr zum Mißfallen der alten Pächter, die sich zuweilen mit „rabiaten Mitteln" gegen vermeintliches Unrecht, das ihnen angetan war, zur Wehr setzten. So mußte am 25. April 1724 in Berlin ein „Edikt wider das boshafte Sprengen der Theer-Öfen" erlassen werden: Die aufgebrachten Schweler sorgten mit Schießpulver-gefüllten Kienstücken dafür, daß den Nachfolgern die Freude am Schwelen verging.

Die vollständige Nutzbarmachung aller bei der trockenen Destillation von Holz anfallenden flüchtigen Produkte ermöglichte aber erst der Übergang zu geschlossenen eisernen Retorten; die alten Gewerbe der Köhler und Teerbrenner wurden durch industrielle Retortenverkohlung verdrängt.

Bei der trockenen Holzdestillation fällt neben Teer auch ein wäßriges Destillat an, in dem vor allem Essigsäure und Methanol enthalten sind; für die Gewinnung von Methanol war dies bis zur Durchführung der technischen Methanolsynthese aus Synthesegas im Jahre 1923 die einzige Methanolquelle von Belang *(Holzgeist),* aber auch die Gewinnung von Essigsäure *(Holzessig)* hatte technische Bedeutung. Das anfallende Gas wurde – ähnlich wie auf der Kokerei – zur Beheizung der Retorten verwendet. Bis zum Ersten Weltkrieg hatte die Holzverkohlungsindustrie eine Monopolstellung, denn ihre wichtigen Erzeugnisse Methanol und Essigsäure sowie deren Weiterverarbeitungsprodukte Aceton und Formaldehyd sowie ferner Kreosot und Guajacol aus bestimmten Holzteeren wurden nahezu ausschließlich von diesem Industriezweig geliefert.

Mit dem Aufkommen von Synthesemethanol sowie synthetischer Essigsäure (hergestellt aus Acetylen, das aus Calciumcarbid gewonnen wurde), änderte sich die wirtschaftliche Situation der Holzverkohlungsindustrie, aber noch im Zweiten Weltkrieg wurden in den deutschen Holzverkohlungsanlagen jährlich rund 500 000 fm Holz verarbeitet. Buchenholz und andere Laubhölzer führen zu mehr Säure, Nadelhölzer zu mehr terpentinhaltigen Teeren.

Einen Überblick über die Primärprodukte der Verkohlung von Buchenholz gibt Abbildung 32.

Der Holzverkohlungsprozeß muß zuerst durch äußere Wärmezufuhr eingeleitet werden; oberhalb von 270 °C setzt die sog. *Exotherme* ein, d.h. der Prozeß geht nun unter eigener Wärmeentwicklung weiter und ist bei 400 °C abgeschlossen. Meist wurden liegende runde Retorten eingesetzt, deren Fassungsvermögen zwischen 1–10 fm lag; der Verkohlungsprozeß dauerte 18 bis

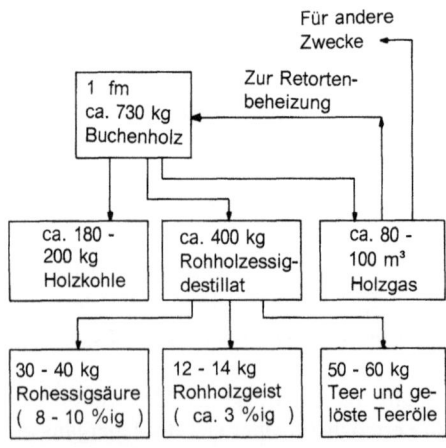

*Abb. 32.* Primärprodukte der Holzverkohlung, Angaben der Degussa

24 Stunden. Am Ende des Zweiten Weltkrieges wurden stehende Retorten mit einem Fassungsvermögen von 40 fm versuchsweise eingeführt; solche Großretorten arbeiteten mit Spülgasbeheizung (s. später).

Trotz ihrer Monopolstellung bei Methanol und Essigsäure hatte die deutsche Holzverkohlungsindustrie nie überragende Bedeutung als Rohstofflieferant für die chemische Industrie; der Bedarf an beiden Chemikalien war auch relativ gering und wurde darüber hinaus in beträchtlichem Ausmaß aus Vorprodukten gedeckt, die aus den USA und Österreich kamen. Um 1900 wurden in Deutschland jährlich etwa 10 000 t reine Essigsäure hauptsächlich bei der Teerfarbenherstellung sowie für Beizen bei der Zeugfärberei benötigt, und der Bedarf an Methanol war noch erheblich geringer.

Ein anderer Industriezweig, der sich gleichfalls mit der trockenen Destillation eines Rohstoffes bei relativ niedrigen Temperaturen beschäftigte, erlangte dagegen zeitweise sogar sehr große Bedeutung: Die Schwelung von Braunkohlen. An dieser Stelle erscheint eine grundsätzliche Anmerkung notwendig:

1. Je nach Höhe der Temperatur bei der trockenen Destillation von Kohlen unterscheidet man:
   a) Schwelung bei 450-700 °C,
   b) Mitteltemperaturverkokung bei 700-900 °C,
   c) Hochtemperaturverkokung bei > 900 °C.
2. Zwar unterscheiden sich Schwelung und Verkokung nicht grundsätzlich voneinander; infolge der unterschiedlichen Prozeßtemperaturen führen sie aber zu sehr unterschiedlichen Produkten: So enthält Teer aus der Verkokung hauptsächlich Aromaten, während Schwelteer sehr reich an Aliphaten ist.
3. Braunkohlen und Steinkohlen zeigen beim Erhitzen unterschiedliches Verhalten:
   a) Bei Braunkohlen (und ebenso auch bei hochinkohlten Steinkohlen) wird im Verlauf der trockenen Destillation keine plastische Phase durchlaufen; nach dem Prozeß bleibt ein geschrumpfter mürber Koks zurück.
   b) Bei Verkokung von Steinkohlen des mittleren Inkohlungsbereiches wird zwischen etwa 350 und 480 °C eine thermoplastische Phase durchlaufen; nach dem Prozeß bleibt fester Hüttenkoks zurück.
4. Für Schwelung und Verkokung wurden unterschiedliche Technologien entwickelt; so können z. B. Braunkohlen wegen ihrer fehlenden Backfähigkeit nicht in Kammeröfen zu festem Koks verkokt werden.

Im Jahre 1830 hatte C. L. von Reichenbach im Holzteer *Paraffin* (die Bezeichnung stammt von ihm selbst) entdeckt, das sich u. a. zur Herstellung von Kerzen als sehr gut geeignet erwies; Kerzen waren damals wichtig, weil

Gasbeleuchtung zunächst auf nur wenige Großstädte beschränkt war. Holzteer war jedoch knapp und teuer und kam daher für eine größere Produktion von Paraffin nicht in Betracht.

In Schottland wurde schon um 1850 im industriellen Maßstab Paraffin durch Schwelen von Ölschiefer gewonnen; 50 Jahre später lag die schottische Produktion jährlich bei rund 230 000 t Teer, aus dem in etwa 70 Fabriken neben Leuchtöl, Naphtha und Schmierölen rund 22 000 t Paraffin hergestellt wurden – eine für damalige Verhältnisse ganz beachtliche Produktion. Auch bitumenreiche Braunkohle hatte man zuweilen erprobt.

Zu diesem Zeitpunkt waren in Mitteldeutschland reiche Braunkohlenlager entdeckt, die z.T. bitumenreiche Kohlen enthielten. Nach schottischem Vorbild begannen deutsche Unternehmer seit 1855 mit dem Aufbau einer zunächst noch bescheidenen Schwelindustrie, die bis 1914 auf das kleine Gebiet zwischen Halle/Saale – Weissenfels – Zeitz begrenzt blieb; im Jahre 1913 wurden hier immerhin schon aus 1,45 Mio. t Schwelkohle rund 79 000 t Schwelteer und 435 000 t Braunkohlenkoks *(Grudekoks)* erhalten. Die wirtschaftliche Zielsetzung der Schwelindustrie beschränkte sich im wesentlichen auf die Gewinnung von Hartparaffin und Leuchtölen; der zwangsläufig anfallende Koks wurde anfangs sogar als Abfall behandelt.

Die amerikanische Erdölindustrie, die ähnliche Produkte herstellte, drängte auch auf den deutschen Markt und wurde ein gefährlicher Konkurrent; die Jahre 1866, 1874/75 und 1884/85 waren für die mitteldeutsche Braunkohlenindustrie sogar Jahre schwerer Krisen und konnten nur deshalb überstanden werden, weil der raucharme Grudekoks inzwischen guten Absatz in Haushalten fand.

Als zu Beginn des ersten Weltkrieges die Versorgung Deutschlands mit Erdölprodukten aus Rußland und Amerika ausblieb und großer Bedarf an Schwelteer (zur Herstellung von Heiz- und Dieselölen für die Kriegsmarine sowie Schmierölen) entstand, war die begrenzte Lieferfähigkeit der mitteldeutschen Schwelereien Anlaß, die inzwischen veraltete Technologie dieses Industriezweiges zu überdenken und verbesserte Schwelmethoden zu entwickeln.

Zwischen 1905 und 1926 stagnierte die jährliche Schwelteererzeugung bei etwa 70 000–80 000 t, stieg seitdem aber bis zum Ende des Zweiten Weltkrieges laufend an: 1930 wurden rund 208 000 t, 1936 etwa 426 000 t, 1940 bereits 745 000 t und 1942 schließlich rund 1,125 Mio. t Schwelteer produziert. Mit den Hydrierwerken, in denen aus Kohle Treibstoffe hergestellt wurden, war ein neuer Großabnehmer entstanden; Schwelteere eignen sich wegen ihres hohen Gehaltes an aliphatischen Kohlenwasserstoffen hervorragend für den Einsatz in der Hydrierung. Voraussetzung für eine solche Großproduktion von Teer war allerdings eine neue Generation leistungsstarker Schwelöfen. Nach dem Zweiten Weltkrieg war eine völlig veränderte Situation entstanden; die mitteldeutschen Braunkohlenschwelereien gehörten nun zur DDR, und besaßen dort weiterhin wirtschaftliche Bedeutung. Auf dem Boden der Bundesrepublik stand keine Schwelindustrie, da keine bitumenreichen Braunkohlen zur Verfügung standen; die Versorgung mit Treibstoffen und Chemierohstoffen übernahm auch schon nach kurzer Zeit die Erdölindustrie. Außerhalb von Deutschland hat die Braunkohlenschwelerei keine Bedeutung erlangt; eine Ausnahme bildet das riesige Schwelwerk in Brüx (heute Most, CSSR), wo eine Kapazität für rund 500000 t Schwelteer aus böhmischer Braunkohle errichtet wurde – übrigens die größte Anlage dieser Art in der Welt.

Die ersten Braunkohlenschwelereien waren nach dem Vorbild der damaligen Gasanstalten mit liegenden Retorten ausgerüstet. Der Betrieb solcher Öfen war nicht ungefährlich: War nach dem Abschwelen der Kohle der Deckel der Retorten vorsichtig geöffnet, so mußte der Bedienungsmann in sicherer Entfernung erst das unausbleibliche *Knallen* abwarten, ehe er mit dem Ausräumen und Neubefüllen beginnen konnte.

Am Beginn einer eigenständigen Schweltechnik steht der kontinuierlich arbeitende *Schwelcylinder* von Dr. Rolle; rund siebzig Jahre war der *Rolleöfen* tragende Säule der Braunkohlenschwelerei: Im Jahre 1920 waren nicht weniger als 1206 (!!) solcher Öfen in Betrieb. Seitdem erfolgten keine Neubauten mehr; die letzten zählebigen Rolleveteranen im Zeitz-Weissenfelser Revier wurden aber erst 1945 für immer stillgelegt. Rolle hatte erkannt, worauf es ankommt: Die trockene Destillation der Braunkohlen muß rasch bei möglichst niedriger Temperatur durchgeführt werden; außerdem müssen die entstehenden Teerdämpfe unverzüglich aus der heißen Schwelzone abgeleitet werden, damit Zersetzung der Paraffine vermieden wird. Wie Rolle das Problem lösen konnte, zeigt Abbildung 33.

Im Inneren des 8 m hohen Schwelzylinders befinden sich jalousieartig übereinander gestapelte Glockenringe, die ihrerseits einen hohen, innen leeren Zylinder bilden; die Glockenringe sind zentral an einer Eisenstange D befestigt. Zwischen der Schwelzylinder-Innenwand (= Heizfläche für die Schwelkohle) und den Glockenringen ist eine schmale Zone, durch welche die Kohlen in dünner Schicht von der Kohlenaufgabe durch den Zylinder nach unten rutschen können. Auf dem Rost B werden Kohlen verbrannt, deren heiße Verbrennungsgase durch Heizzüge nach oben strömen und dabei die Außenwand des Schwelzylinders auf Schweltemperatur aufheizen; anschließend werden sie durch einen (nicht eingezeichneten) Kamin ins Freie abgeleitet. Die Schwelkohlen werden auf ihrem Weg durch den Ofen allmählich auf Schweltemperatur gebracht; im oberen Teil wird die stark wasserhaltige Schwelkohle zunächst getrocknet, während anschließend in den unteren Zonen die eigentliche Schwelung erfolgt. Die entstehenden Wasser- und (später) Teerdämpfe entweichen sofort durch die Schlitze zwischen den Glok-

94 Kohleveredlung I - Teer und Koks

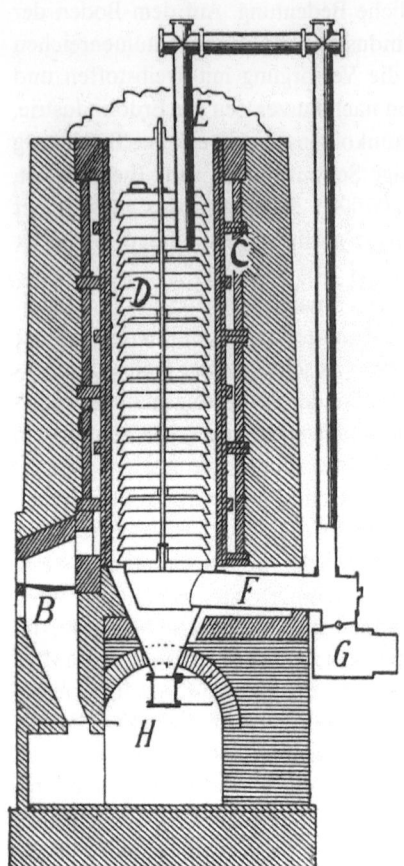

**Abb. 33.** Rolle-Schwelofen für Braunkohle.
(Aus Ost 1900)

kenringen und werden durch die Rohre E und F zur Hauptgasleitung und weiter zur Kondensation geleitet; für rasches Absaugen und Weiterbefördern zu den Kühlern und Wäschern sorgt ein Dampfstrahlgebläse (Injektor). *Grudekoks* sammelt sich im unteren konischen Teil des Schwelzylinders an und wird von Zeit zu Zeit durch Öffnen und Schließen der gut erkennbaren Schieber *H* gezogen, so daß frische Schwelkohlen nachrutschen können.

Die Beheizung der Rolleöfen erfolgte später durch Schwelgas und beigemischtes Generatorgas; als man vorgetrocknete Schwelkohlen einsetzte, reichte schon das in der Schwelerei anfallende Schwelgas aus. Einer der alten Schwelfachleute aus jenen Tagen berichtete, daß er den ersten gasbeheizten Rolleofen anzünden mußte, weil er der einzige Junggeselle unter seinen Arbeitskollegen war; die verheirateten Männer schauten aus sicherer Entfernung zu. Zuvor ließ man das furchtbar stinkende Schwelgas direkt ins Freie entweichen!

Der braune übelriechende Schwelteer wurde anfangs in Fässern, später in primitiven Tankwagen mit Pferdegespann zur *Teerfabrik* geschafft und dort aus kleinen eisernen Blasen mit etwa 1 t Nutzinhalt destilliert. Um 1900 erhielt man aus 100 kg Schwelkohlen im Durchschnitt etwa 10 kg Teer neben 32 kg Grudekoks, 6 kg Gasen und 52 kg Teerwasser; die Ausbeuten hingen stark von der eingesetzten Schwelkohle ab.

Im Laufe der Zeit wurden die Rolleöfen durch verbesserte Schwelöfen ersetzt; auch bei diesen Konstruktionen fand Schwelung in stehenden Zylindern in dünner Schicht statt. Mit solchen Schwelern ließen sich aber nur unbefriedigende Kohledurchsätze erzielen; der Kohledurchsatz pro Tag lag bei den Rolleöfen bei nur 3-6 t, bei *Geissen-Schwelöfen* aber schon bei etwa 110-120 t, und die bewährten *Borsig-Geissen-Schwelöfen* schafften etwa 33 t vorgetrocknete Schwelkohlen.

Den Durchbruch zu Großleistungs-Schwelanlagen brachte erst der Lurgi-Spülgas-Schwelofen, dessen Entwicklung 1925 aufgenommen wurde; seit 1935 wurden (mit einer Ausnahme) in Deutschland nur noch Schwelöfen dieses Typs errichtet. Zur Schwelung muß die Kohle vorgetrocknet werden; im Rolleofen erfolgt das in den oberen Zonen des Schwelzylinders. Für die Schwelung ist Erhitzen der Kohle auf etwa 550-850 °C erforderlich. Knorpelige Schwelkohle mit einem Wassergehalt bis zu 40% kann unmittelbar im Lurgi-Schwelofen eingesetzt werden; bei noch höherem Wassergehalt (bis zu 65%) muß die Kohle aber zuvor getrocknet und brikettiert werden.

Den schematischen Aufbau des Lurgi-Spülgas-Schwelofens zeigt Abbildung 34.

Die Schwelkohle durchwandert einen oben offenen und nach unten abgeschlossenen viereckigen Schachtofen, der in drei Zonen unterteilt ist:

- B = I. Zone: Trocken- und Vorwärmzone,
- F = II. Zone: Schwelzone,
- G = III. Zone: Kokskühlzone.

Die Schwelkohle gelangt vom Kohlenbunker *A* in die Trocken- und Vorwärmzone *B* und wird hier auf rund 150 °C vorgewärmt; die dabei freiwerdenden Wasserdämpfe *(Schwaden)* entweichen aus dem Schwadenabzug *E* ins Freie. Die Kohle rutscht weiter in die Schwelzone *F* und wird hier durch entgegenströmende *Spülgase* geschwelt; hierfür werden die Spülgase auf 600-700 °C, in Ausnahmefällen bis auf 850 °C erhitzt. Unter Spülgas versteht man dabei gereinigtes Schwelgas, welches im Kreislauf zurück zum Schweler geführt wird und die neugebildeten Schwelgase aus der heißen Schwelzone rasch in die Kondensation spült. Die in der Schwelzone gebildeten Gase und Dämpfe werden mit dem Gebläse *M* angesaugt und durch den Kühler *N* und

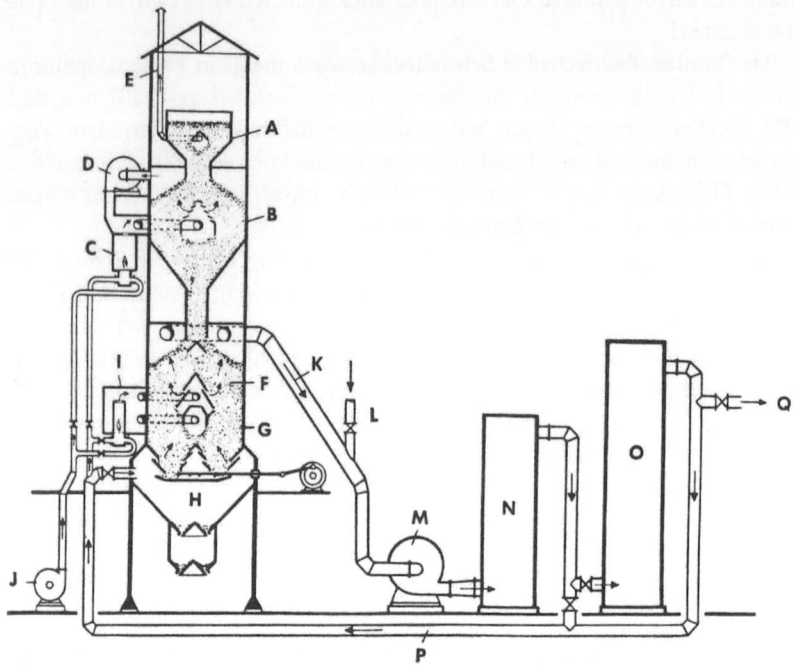

*Abb. 34.* Schematischer Aufbau des Lurgi-Spülgasschwelverfahrens. *A* Kohlenbunker, *B* Trockenzone, *C* Brenner, *D* Gebläse, *E* Schwadenabzug, *F* Schwelzone, *G* Kokskühlzone, *H* Koksaustragung, *I* Brenner, *J* Luftgebläse, *K* Schwelgasleitung, *L* Anfahrgas, *M* Gebläse (für Spülgaskreislauf), *N* Kühler, *O* Leichtölwäscher, *P* Reingasleitung, *Q* Überschußgas. (Mit freundlicher Genehmigung der Lurgi GmbH, Frankfurt/Main)

den nachgeschalteten Leichtölwäscher *O* (nunmehr als Reingas) zurück zum Schweler gedrückt. Das kalte Spülgas tritt dabei in die Kokskühlzone *G* ein, wohin der heiße Koks nach dem Schwelprozeß rutscht, strömt durch den Koks und kühlt ihn dabei auf etwa 150 °C ab, während es selbst vorgewärmt in die Schwelzone eintritt. Durch Zumischen von heißen Verbrennungsgasen aus dem Brenner *I* wird es auf die notwendige Schweltemperatur aufgeheizt; auch der Brenner wird mit Spülgas betrieben, die notwendige Verbrennungsluft schafft das Gebläse *J* herbei. In analoger Weise erfolgt übrigens die Trocknung und Vorwärmung der Schwelkohle mit dem Spülgasbrenner *C* und dem Gebläse *D*. Den Koksaustrag besorgt eine regelbare Austragvorrichtung, so daß die Geschwindigkeit, mit der die Schwelkohle durch den Ofen wandert, variiert werden kann. Überschußgas aus dem Prozeß wird durch die Leitung *Q* zu den Verbrauchern geleitet; die Anlage wird so gefahren, daß möglichst wenig Überschußgas produziert wird. Bei Inbetriebnahme der Anlage wird zuerst *Anfahrgas* durch die Leitung *L* in den Gaskreislauf eingespeist, um den Schwelprozeß einzuleiten.

In den Schwelereien wurden zahlreiche solcher Öfen in Gruppen bis zu 20 zusammengefaßt; die einzelnen Öfen hatten jeder einen Kohledurchsatz von täglich 250–500 t. Zwischen 1935 und 1945 wurde in Deutschland eine ganze Reihe von Großschwelereien errichtet, die Tagesleistungen von mehreren tausend t Schwelkohle besaßen; in den insgesamt 98 Lurgi-Schwelöfen konnten jährlich rund 1,1 Mio t Braunkohlenschwelteer erzeugt werden. In einer dieser Schwelereien konnten z. B. täglich 14000 t Kohle mit einem Wassergehalt von 54% verschwelt werden. Zusätzlich wurde 1939 noch die bereits erwähnte Großschwelerei in Brüx errichtet, deren insgesamt 80 Schwelöfen zur Erzeugung von 500000 t Schwelteer ausgelegt waren. Nach dem Ende des Zweiten Weltkrieges gehörte die mitteldeutsche Braunkohlenindustrie zur russisch-besetzten Zone, später zur DDR, und hatte hier große wirtschaftliche Bedeutung. In der DDR, die über keine eigenen Steinkohlenvorkommen verfügt, wurde ein Verfahren zur Herstellung von Hochtemperaturkoks aus Braunkohle *(Lauchhammer-Verfahren)* entwickelt, das im großtechnischen Maßstab genutzt wird.

*Abb. 35.* Lurgi-Spülgasschwelanlage. Die Abbildung zeigt eine der ersten Spülgasschwelanlagen aus dem Jahre 1928 für einen täglichen Durchsatz von 120 t Rohbraunkohle. (Mit freundlicher Genehmigung der Lurgi GmbH, Frankfurt/Main)

Nach dem Kriege wurden neue Verfahren zur Schwelung in Wirbelschicht oder durch Flugstromschwelung entwickelt; solche Verfahren werden noch an anderer Stelle ausführlich besprochen. Insgesamt hat heute die Schwelung von Braunkohle nur noch begrenzte Bedeutung; die wenigen Lurgi-Anlagen, die nach dem Kriege errichtet wurden (Griechenland, Südafrika, Indien), dienen für Spezialzwecke.

Eine kleinere Lurgi-Spülgasschwelanlage aus der „Pionierzeit" (1928) für einen Tagesdurchsatz von 120 t Braunkohle zeigt Abbildung 35.

Für die Aufarbeitung der großen Teermengen wurden Destillationsverfahren entwickelt, die hier nicht weiter besprochen werden sollen; die modernen kontinuierlichen Anlagen für Schwelteer arbeiten aber ähnlich wie die bereits besprochenen Destillationsanlagen für Steinkohlenteer: Erhitzen im Röhrenofen und nachfolgende Fraktionierung in Kolonnen. Je nach Art der Braunkohlen und der Teerauftrennung werden unterschiedliche Ausbeuten an Schwelprodukten erzielt; A. Rieche gibt folgende Anhaltswerte für die Ausbeuten bei der Verschwelung mitteldeutscher Braunkohlen an: In Lurgi-Spülgasschwelern wurden aus 1000 t Trockenkohle (Briketts) 250 000 m$^3$ Schwelgas vom Heizwert 1800 kcal/m$^3$ sowie 140 t Destillate erhalten; aus letzteren wurden 11 t Benzin, 63 t Dieseltreibstoff, 11 t Schmieröl, 17 t Paraffin, 22 t Heizöl und 13 t Pech erhalten. Daneben fielen ca. 150 m$^3$ Schwelwasser an, deren Aufarbeitung problematisch ist.

# 4 Kohleveredlung II −
# Vergasung und Hydrierung von Kohle

## 4.1 Kohlevergasung

Ziel der Kohlevergasung ist eine möglichst vollständige Umwandlung des organischen Anteils von Kohlen in einfache gasförmige Produkte. Das geht nicht wie beim Verkoken oder Schwelen allein nur durch Wärmezufuhr; zusätzlich sind Vergasungsmittel erforderlich, die mit Kohlenstoff chemische Reaktionen eingehen können. Die technisch wichtigsten Vergasungsmittel sind Wasserdampf und Sauerstoff.

Kohlevergasung wird seit der zweiten Hälfte des vorigen Jahrhunderts im technischen Maßstab durchgeführt; anfangs diente sie dazu, brennbare Gase mit niedrigen Heizwerten hauptsächlich für Beheizungszwecke (z. B. Beheizen von Koksöfen mit *Schwachgas* anstelle von Koksofengas) zu erzeugen. In erster Linie wurde sog. *Generatorgas* (auch *Luftgas* genannt) durch Vergasen von Koks mit Luft gewonnen. Seit 1875 wird (zuerst in den USA) Wasserdampf als Vergasungsmittel verwendet; das anfallende *Wassergas* diente in erster Linie zum Schweißen, weiterhin auch in Form von *ölcarburiertem* Wassergas für Beleuchtungszwecke (unter *Carburieren* versteht man Verbesserung der Leuchtkraft durch Anreicherung des Gases mit Benzol).

Mit dem Bau von Großanlagen zur Ammoniaksynthese stellte sich im zweiten Jahrzehnt unseres Jahrhunderts erstmals sehr großer Bedarf an *Synthesegas* bzw. Wasserstoff ein, der zwangsläufig die Entwicklung leistungsstarker Großvergaseranlagen auslöste. Die technische Weiterentwicklung des Linde-Verfahrens zur Luftzerlegung *(Luftverflüssigung)* führte in den 20er Jahren zum Bau von Anlagen, in denen industriell interessante Mengen Sauerstoff gewonnen werden konnten; zunehmend trat Sauerstoff als Vergasungsmittel an die Stelle von Luft: Nunmehr war stickstofffreies Synthesegas, wie es für verschiedene Synthesen, aber auch für Ferngas notwendig ist, technisch zugänglich geworden.

Bei der Vergasung mit Wasserdampf laufen folgende Reaktionen ab:

$$C + H_2O \rightleftharpoons CO + H_2 \quad (\text{"Wassergasreaktion"})$$

Diese technisch wichtigste Reaktion ist endotherm, d. h.. sie erfordert Wärmezufuhr. Das gebildete Kohlenmonoxid kann sich bei relativ niedrigen

Temperaturen mit weiterem Wasserdampf in einer exothermen Reaktion zu Kohlendioxid und Wasserstoff umsetzen *(homogene Wassergasreaktion):*

$$CO + H_2O \rightleftharpoons CO_2 + H_2$$

Führt man die Vergasungsreaktion bei hohen Temperaturen von etwa 1000 °C durch, so fällt in der Hauptsache ein Gemisch aus Kohlenmonoxid und Wasserstoff an, das als „Synthesegas" bezeichnet wird. Es gehört zu den bedeutendsten Grundstoffen der chemischen Industrie und wird derzeit hauptsächlich aus Erdgas, daneben durch Vergasen von Erdölprodukten gewonnen.

Die Wassergasreaktion weist zwei prinzipielle technische Nachteile auf:

1. Sie verläuft erst bei Temperaturen oberhalb von 800 °C mit befriedigender Reaktionsgeschwindigkeit.
2. Sie ist endotherm, d. h. sie verbraucht Wärme.

Zur Vergasung mit Wasserdampf ist also Wärmezufuhr, im Regelfall durch autotherme (d. h. selbstwärmende) Prozeßführung, notwendig; dabei wird ein Teil der Kohle im Reaktor verbrannt und Wärme freigesetzt (exotherme Reaktion):

$$C + O_2 \rightleftharpoons CO_2$$

Natürlich könnte man nach Art der Kohlekraftwerke den zur Verbrennung notwendigen Sauerstoff in Form von Luft (besteht zu 78 Vol.-% aus Stickstoff und rund 21 Vol.-% aus Sauerstoff) zuführen; der hohe Stickstoffgehalt im Produktgas ist aber nachteilig, denn er beansprucht nutzlos Volumen und muß zudem für manche Verwendungszwecke in aufwendigen Gasreinigungsprozessen entfernt werden. Daher wird heute Sauerstoff als Vergasungsmittel bevorzugt.

Der bei der Vergasung gebildete Wasserstoff reagiert (in allerdings nur geringem Umfang) mit Kohlenstoff unter Bildung von Methan ($CH_4$):

$$C + 2H_2 \rightleftharpoons CH_4$$

Auch diese Reaktion besitzt technisches Interessen, denn Methan ist Hauptbestandteil des Erdgases; *hydrierende Vergasung* von Kohle führt unter geeigneten Reaktionsbedingungen zu *synthetischem Erdgas,* das gewöhnlich als SNG (*S*ubstitute *N*atural *G*as) bezeichnet wird.

Der Entwicklungstrend bei modernen Vergasungsprozessen geht zur Anwendung von erhöhtem Druck von etwa 10–100 bar, wodurch verbesserte Durchsatzleistungen in den Reaktoren erreicht werden; weiterhin lassen sich die nachgeschalteten Gasreinigungsstufen kleiner dimensionieren, denn komprimierte Gase nehmen ein geringeres Volumen ein, und schließlich können

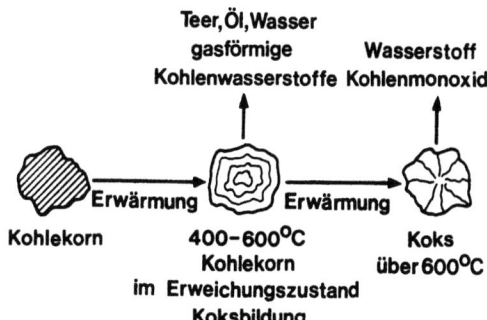

Abb. 36. Verhalten eines Kohlekorns beim Erhitzen

komprimierte Gase aus Druckvergasern unter Einsparung von Kompressionsenergie in Syntheseanlagen oder aber direkt ins Ferngasnetz eingespeist werden. Zur Vergasung kommen gekörnte Kohlen bzw. Kohlenstaub. Zum näheren Verständnis sei das Verhalten eines einzelnen Kohlekorns schematisch erläutert (s. Abb. 36).

Nach Eintritt des Kohlekorns in den Vergaser wird es zunächst erhitzt; hierzu sind in Abhängigkeit von Korngröße und Vergasungsverfahren Bruchteile einer Sekunde (Kohlenstaub) bis Minuten (grobkörnige Kohlen) erforderlich. Im Temperaturbereich von etwa 350–480 °C erweichen die meisten Steinkohlen und scheiden dabei Wasser sowie gasförmige Kohlenwasserstoffe, ferner Öle und Teer ab. Gelangt ein Kohlekorn in dieser *plastischen Phase* mit anderen Kohlekörnern in Kontakt, so kann es mit ihnen verkleben: Es kommt zum *Backen*. Diese Erscheinung ist bei den einzelnen Kohlesorten unterschiedlich ausgeprägt: Anthrazit und Braunkohlen backen nicht, Fettkohlen dagegen neigen zum starken Backen. Der Vergasungsprozeß kann durch diese Eigenschaft empfindlich gestört werden; durch spezielle Kohlevorbehandlungsmethoden bzw. durch mechanische Vorrichtungen in den Vergasern kann man dieser lästigen Erscheinung entgegenwirken. Oberhalb von 600 °C sind alle flüchtigen Bestandteile aus der Kohle ausgetrieben: Aus dem Kohlekorn hat sich ein poröses Korn, sog. *Koks*, gebildet.

Die eigentlichen Vergasungsvorgänge setzen erst beim weiteren Erhitzen ab etwa 900 °C ein; dabei gelangen Wasserdampf und Sauerstoff nicht nur an die Oberfläche des Kokskornes, sondern dringen auch tief in die Poren ein: Die Bildung von Wasserstoff und Kohlenmonoxid setzt nun voll ein, daneben in viel geringerem Ausmaß auch die Bildung von (meist unerwünschtem) Methan.

Beim Kohlevergasungsprozeß laufen weiter noch die exotherme Teilverbrennung von Kohlenstoff zu Kohlenmonoxid

$$C + 1/2\, O_2 \rightleftharpoons CO$$

sowie die endotherme Boudouard-Reaktion ab (Kohlendioxid wirkt also als Vergasungsmittel):

$$C + CO_2 \rightleftharpoons 2CO$$

In Kohlen sind unterschiedliche Mengen von Aschebestandteilen enthalten; deshalb bleibt nach der Vergasung unterhalb von 950 °C ein *Asche-Skelett* zurück, das bei mechanischer Beanspruchung vollständig zerfällt. Im Bereich von 950–1200 °C beginnen einige Aschebestandteile allmählich zu erweichen: Die Asche *sintert* zusammen. Oberhalb von rund 1300 °C schließlich liegt Asche in flüssiger Form als sog. *Schlacke* vor (s. Abb. 37):

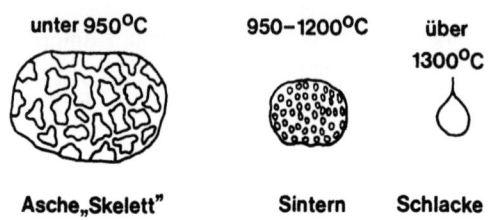

*Abb. 37.* Verhalten eines Kokskorns beim Vergasen

Die bisher genannten Reaktionen (mit Ausnahme der homogenen Wassergas-Reaktion) sind sog. *heterogene* Reaktionen, bei denen getrennte Phasen vorliegen: Es handelt sich um Reaktionen zwischen fester Kohle (Festphase) und gasförmigen Reaktionspartnern (Gasphase). Daneben laufen aber auch noch sog. *homogene* Reaktionen in einer einheitlichen Phase ab; es handelt sich hier um Reaktionen in homogener Gasphase: Die bereits genannte homogene Wassergasreaktion und die Methanisierung:

$$CO + 3H_2 \rightleftharpoons CH_4 + H_2O$$

sind Beispiele dafür.

In Kohlen ist, oft sogar in beträchtlicher Menge, Schwefel in organisch gebundener Form enthalten, der beim Vergasungsprozeß ebenfalls chemisch angegriffen und hauptsächlich in Schwefelwasserstoff übergeführt wird:

$$-\underset{|}{\overset{|}{C}}-S-H + H_2 \rightleftharpoons H_2S + -\underset{|}{\overset{|}{C}}-H$$

Daneben bildet sich Kohlenoxisulfid:

$$-\underset{|}{\overset{|}{C}}-S-H + C + \tfrac{1}{2}O_2 \rightleftharpoons -\underset{|}{\overset{|}{C}}-H + COS$$

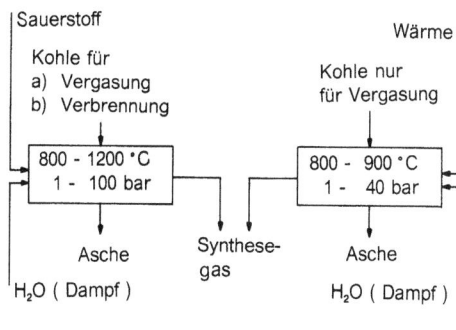

**Abb. 38.** Prinzipien der Kohlevergasung

Diese unangenehm riechenden, stark giftigen Verbindungen sind im Produktgas höchst unerwünscht und müssen (neben weiteren Verbindungen) vor der Abgabe an die Verbraucher durch Gasreinigung entfernt werden.

Gegenwärtig wird ganz überwiegend autotherme Kohlevergasung durchgeführt. Daneben ist die sog. allotherme Vergasung zu erwähnen, bei der die Wärmeerzeugung außerhalb des Vergasers erfolgt und die benötigte Wärme mittels flüssiger oder gasförmiger Wärmeträger über Wärmetauscher zugeführt wird. Diese Reaktionsführung könnte in Zukunft Bedeutung erlangen, da sie Ankoppeln der Kohlechemie an Hochtemperaturkernreaktoren ermöglicht, übrigens wohl die einzige Chance für die teure deutsche Steinkohle, auf längere Sicht gesehen als Chemierohstoff im Rennen zu bleiben. Das Prinzip dieser beiden Vergasungsarten erläutert die Abbildung 38.

Das primär gebildete Mischgas aus Kohlenoxid und Wasserstoff eignet sich sowohl als sauberer Brennstoff für die Energieversorgung wie auch als Synthesegas zur Synthese zahlreicher wichtiger Grundstoffe für die chemische Industrie; seine Bedeutung wird in Zukunft noch zunehmen.

Großtechnisch haben sich folgende Verfahrensgrundtypen für die Kohlevergasung (in historischer Reihenfolge) durchgesetzt:
1. Festbettvergasung,
2. Wirbelschichtvergasung,
3. Flugstromvergasung.

## 4.1.1 *Feststoffvergasung*

Die Festbettvergasung ist die am längsten bekannte Technologie; bewährter Vergasertyp ist der Schachtreaktor. Schon am Ende des vorigen Jahrhunderts wurde im größeren Umfang *Generatorgas* durch Vergasen von Koks oder

104 Kohleveredlung II – Vergasung und Hydrierung von Kohle

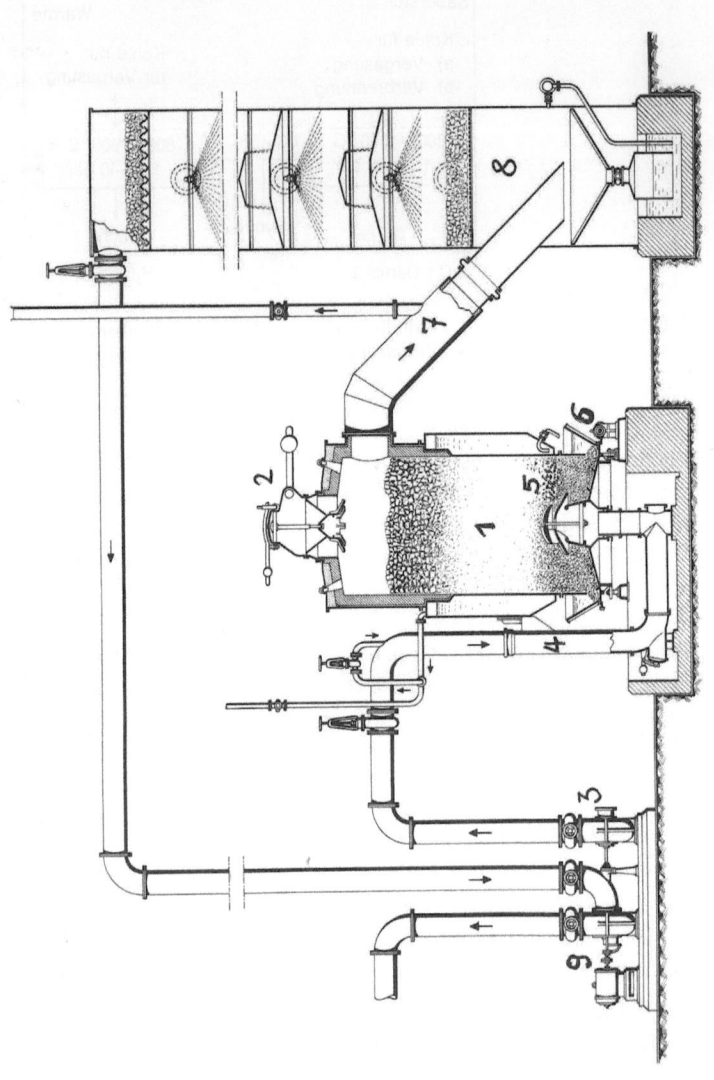

**Abb. 39.** Generatorgasanlage älterer Bauart, Dr. Otto. *1* Schachtgenerator, *2* Aufgabevorrichtung für Koks, *3* Luftgebläse, *4* Luftrohr, *5* Drehrost, *6* Ascheschüssel, *7* Gasleitungsrohr, *8* Gaswäscher, *9* Elektromotor. (Aus Osteroth 1985)

Braunkohlen mit Luft hergestellt; es ist zwar der billigste aus Kohle herstellbare gasförmige Brennstoff, eignet sich aber wegen seines geringen Heizwertes nur für den Verbrauch am Ort seiner Erzeugung, nicht aber zum Einspeisen ins Gasnetz.

Im ersten Jahrzehnt unseres Jahrhunderts wurden sog. Drehrostgeneratoren entwickelt; die Kohlefüllung, die langsam durch den zylindrischen Generator im Gegenstrom zum Vergasungsmittel von oben nach unten wandert

*(Wanderschicht)*, liegt am Ende ihres Weges in Form von Asche und Schlackketeilen vor, die durch den Drehrost mechanisch ausgetragen werden. Eine einfache Generatorgasanlage, wie sie vor 60 Jahren dem Stand der Technik entsprach, zeigt Abbildung 39.

Anfang der 30er Jahre entwickelten F. Danulat und O. Hubmann bei der Frankfurter Firma Lurgi den Druckvergasungsprozeß, bei dem das Brennstoffbett (mitteldeutsche Braunkohle) mit einem Sauerstoffwasserdampfgemisch unter 10–30 bar Druck kontinuierlich vergast wird. Für das Arbeiten unter Druck muß allerdings zum Eintragen der Kohle bzw. Austragen der Asche je eine Druckschleuse vorgesehen werden – eine technisch nicht einfach zu lösende Aufgabe beim damaligen Stand der Technik. Nach dem Zweiten Weltkrieg wurde die Druckvergasung für schwach backende Steinkohlen entwickelt. Das Schema eines Lurgi-Druckvergasers zeigt Abbildung 40.

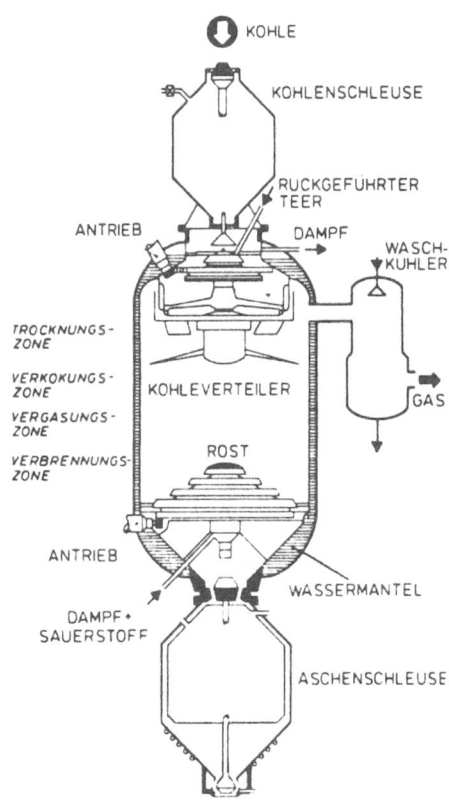

*Abb. 40.* Lurgi-Druckvergaser. (Mit freundlicher Genehmigung der Lurgi GmbH, Frankfurt/Main)

Das nach Reinigen des Rohgases anfallende Reingas entspricht mit einem Heizwert zwischen etwa 17 000 und 21 000 kJ/Nm³ dem üblichen Stadt- oder Ferngas; Grund hierfür ist das Fehlen von Stickstoff, der ja nur lästiger Ballaststoff wäre, sowie ferner auch ein erhöhter Methangehalt (ca. 10 Vol.-%). Die unter Druck verstärkt ablaufende exotherme Methanbildung vermindert einmal den Sauerstoffverbrauch beim Vergasungsprozeß; außerdem steht die dabei freiwerdende Wärmemenge zur Deckung des Gesamtenergiebedarfes zur Verfügung.

Solche Drehrostgeneratoren besitzen einen Kohleverteiler, der nach Art eines langsam laufenden Rührwerks die Kohlen im Inneren des Reaktors gleichmäßig verteilt, zugleich auch zusammengebackene Kohlepartien aufbricht und gasdurchlässig macht; mit Gaserzeugern dieses Typs lassen sich praktisch sämtliche Kohletypen vergasen. Sehr große Vergasereinheiten haben bei einem inneren Durchmesser von 4 m und einer Festbetthöhe von 4-5 m eine Leistung von stündlich 75 000 Nm³ Rohgas unter 30 bar Druck; mit den größten Vergasern dieses Typs werden bei 5 m Durchmesser 100 000 Nm³/h Rohgas erzeugt. Eine sehr große Anlage von Lurgi-Druckvergasern zeigt Abbildung 41.

Eine typische Analyse des Rohgases gibt Tabelle 22.

Mit der Versuchsanlage *Ruhr 100* erfolgte die Weiterentwicklung zur Hochdruckvergasung unter Betriebsdrücken bis zu 100 bar; der Versuchsreaktor auf dem Betriebsgelände der Ruhrgas AG in Dorsten ging 1979 in Betrieb. Durch den sehr viel höheren Arbeitsdruck wird die spezifische Arbeitsleistung des Vergasers beträchtlich erhöht; zugleich wird auch der Methan-Gehalt (zu Lasten des CO- und $H_2$-Gehaltes) im Gas etwa verdoppelt und sein Heizwert dadurch merklich erhöht. Die Bildung lästiger Nebenprodukte wie höhere Kohlenwasserstoffe und Phenole wird vermindert und die Gasqualität verbessert. Da Ferngas unter Drücken von etwa 70 bar in den Rohrleitungen transportiert wird, entfällt auch Kompressionsenergie. Insgesamt gesehen, verläuft also der Prozeß bei wesentlich besserer Gasqualität energetisch viel günstiger. Ein sehr wichtiges Ziel bei dieser Entwicklung war die Verminderung der Emissionen von Lärm, Staub, Schwefelwasserstoff und Kohlenmonoxid.

*Tabelle 22.* Rohgas aus Lurgi-Druckvergasung

| Gasbestandteil | Anteil im Gas (Vol.-%) |
|---|---|
| $CO_2$ | 30 |
| CO | 21 |
| $H_2$ | 39 |
| $CH_4$ | 9 |
| $N_2$ | 1 |

Kohlevergasung 107

*Abb. 41.* Lurgi-Anlage zur Vergasung von stündlich 100 t südafrikanischer Kohle (entsprechend 1,8 Mio m³ pro Stunde Synthesegas) für Fischer-Tropsch-Synthese. (Mit freundlicher Genehmigung der Lurgi GmbH, Frankfurt/Main)

Das Gaserzeuger Ruhr 100 hat einen inneren Durchmesser von ca. 1,5 m und eine Gesamthöhe (einschließlich der Kohle- und Ascheschleusen) von rund 20 m. Die Kohle durchläuft während der langsamen Wanderung durch den Vergaserschacht nacheinander die Trocknungs-, Schwel-, Vergasungs- und Verbrennungszone, während ihr das Vergasungsmittel (Wasserdampf und Sauerstoff) entgegenströmt. Ein wesentliches Merkmal bei dieser Vergaserneukonstruktion besteht darin, daß aus der Schwelzone Schwelgas (bei 250–600 °C) und aus der Vergasungszone Klargas (bei etwa 800 °C) getrennt abgezogen, gekühlt und gereinigt werden; beide Gasströme werden anschließend wieder vereinigt. Da das Rohgas an das Ferngasnetz abgegeben wird, muß vor dem Einspeisen ins Netz der Gehalt an giftigem Kohlenmonoxid durch *Konvertieren* ($CO + H_2O \xrightarrow{\text{Katalysator}} CO_2 + H_2$) gesenkt werden. Soll das Gas als Erdgas-Austauschgas verwendet werden, so kann katalytische Methanisierung des Kohlenmonoxides durchgeführt werden ($CO + 3H_2 \rightleftharpoons CH_4 + H_2O$). Einen Eindruck von der Anlage *RUHR 100* in Dorsten vermittelt Abbildung 42.

108  Kohleveredlung II – Vergasung und Hydrierung von Kohle

*Abb. 42.* Die Gaserzeugungsanlage Ruhr 100. (Mit freundlicher Genehmigung der Ruhrkohle AG, Essen)

## 4.1.2 Wirbelschichtvergasung

Die Vergasung in der Wirbelschicht wurde von F. Winkler in den frühen 20er Jahren in Deutschland bei der BASF entwickelt. Mit dieser damals völlig neuartigen Technik gelang der Bau von Großvergasern mit stündlichen Leistungen von 30000 Nm$^3$ Wassergas, wie sie zuvor – Druckvergasung war noch unbekannt – nicht zu erreichen waren. Solche Leistungen wurden für die Versorgung der Ammoniaksyntheseanlagen und wenig später auch Kohleverflüssigungsanlagen der IG Farben in ihren mitteldeutschen Leuna-Werken benötigt. Die Kohlevergasung ist übrigens die erste großtechnische Anwendung des *Fluid-Prozesses,* der später in den USA für *Reaktionen am schwebenden Kontakt* weiterentwickelt wurde. Diese Technik gehört heute zu den Standardverfahren in der Erdölindustrie sowie chemischen Industrie; die Entdeckung der Wirbelschicht gehört zweifellos zu den bedeutendsten Leistungen auf dem Gebiet der chemischen Verfahrenstechnik in unserem Jahrhundert.

Strömt ein Gas von unten nach oben durch eine Schicht von feinkörnigem Material, so hängt das Verhalten des festen Gutes von der Gasgeschwindigkeit ab: Ist sie genügend hoch, so tritt eine lebhafte Bewegung der Körner ein. Ist die Gasgeschwindigkeit sehr hoch, so kann die Mehrzahl der Körner von strömenden Gas mitgerissen werden; das Gut wird zu einer Staubwolke aufgewirbelt und schließlich als Flugstaub fortgeweht (expandierte Wirbelschicht).

Durch genaue Einstellung der Gasgeschwindigkeit läßt sich ein Zustand erreichen, der dem einer kochenden Flüssigkeit ähnlich ist. Das gelingt besonders gut mit körnigen Material in einem senkrecht stehenden Behälter mit perforiertem Boden, durch den das Gas *(Fluidisierungsmittel)* eintreten kann. Dieser Zustand wird als Wirbelschicht bezeichnet (s. Abb. 43).

In diesem Zustand hat Pulver die Fließeigenschaften einer Flüssigkeit und läßt sich in Rohrleitungen fördern. Selbstverständlich müssen der Wirbelschichtreaktor und die zugehörigen weiteren Anlagenteile so ausgelegt sein, daß die Geschwindigkeit der aufsteigenden Gase und Dämpfe ausreicht, um den gekörnten Feststoff zum Fließen zu bringen. Kohle wird beim Winkler-Prozeß von den Vergasungsmitteln (die zugleich Fluidisierungsmittel sind) sowie den bei der Entgasung und Vergasung entstehenden gasförmigen Produkten in fließfähigen Zustand gebracht.

Winkler-Gaserzeuger arbeiten drucklos bei etwa 800–1000 °C, wobei die Bewegung der Kohle zu den Vergasungsmitteln bzw. zum erzeugten Gas im Kreis- oder Kreuzstrom erfolgt; sie zeichnen sich durch sparsamen Verbrauch an Vergasungsmitteln aus, lassen sich für ein breites Körnungsspektrum einsetzen und zeigen gute Regelbarkeit über einen weiten Leistungsbereich. In der Wirbelschicht wird hoher Stoff- und Wärmeaustausch erreicht,

110 Kohleveredlung II - Vergasung und Hydrierung von Kohle

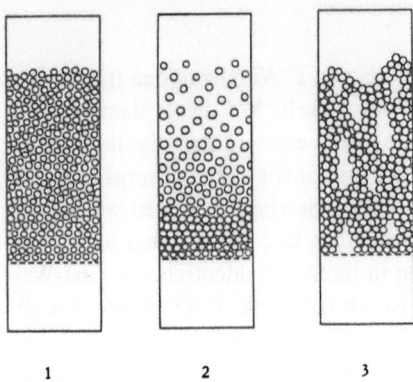

**Abb. 43.** Verschiedene Arten von Wirbelschichten. *1* Homogene Wirbelschicht: entsteht beim Wirbeln von Teilchen gleicher Form und Dichte. *2* Inhomogene Wirbelschicht: entsteht beim Wirbeln von Teilchen verschiedener Größe, aber gleicher Dichte bzw. gleicher Größe und verschiedener Dichte. *3* Brodelnde Wirbelschicht: größere Gasblasen durchbrechen die Wirbelschicht

der zu gleichmäßiger Temperaturverteilung im Vergaser führt; man arbeitet bei Temperaturen unterhalb des Schmelzpunktes der Asche, die sich daher leicht mit Schnecken austragen läßt. Das Einblasen der Vergasungsmittel (Dampf und Sauerstoff) erfolgt am Boden des Reaktors und weiter auch oberhalb der Wirbelschicht in die sog. Nachvergasungszone, wo es so zu einer gewollten Temperaturerhöhung kommt: Oberhalb von 950 °C sind höhere Kohlenwasserstoffe nicht beständig und zerfallen, wodurch die Gasqualität verbessert wird (das Synthesegas soll ja möglichst nur aus Kohlenmonoxid und Wasserstoff bestehen). Das Prinzip des Winkler-Generators zeigt Abbildung 44.

Das jahrzehntelang bewährte Winkler-Verfahren wurde von der Rheinbraun (Rheinische Braunkohlenwerke Aktiengesellschaft) zusammen mit dem Anlagenbauer Uhde zum *Rheinbraun-HTW-Verfahren* mit der Absicht weiterentwickelt, die Kohlevergasung in der Wirbelschicht unter Druck bei noch höheren Temperaturen (HTW steht für *Hochtemperatur-Winkler*) ablaufen zu lassen. Durch Vergasung unter Druck wird ja die spezifische Leistung des Reaktors erhöht und die Kompressionsenergie für anschließende chemische Synthesen unter Druck erniedrigt. Die Temperaturerhöhung führt zur Erhöhung des Umsatzes bei verbesserter Gasqualität. Eine weitere Maßnahme zur Erhöhung des Kohlenstoffumsatzes besteht darin, mit Hilfe eines Zyklons (Fliehkraftabscheider) am Vergaserausgang ungenügend vergaste Kohlepartikel abzuscheiden und durch ein Fallrohr zurück in die Wirbelschicht zu leiten. Vergleichende Untersuchungen zeigten, daß der Kohlever-

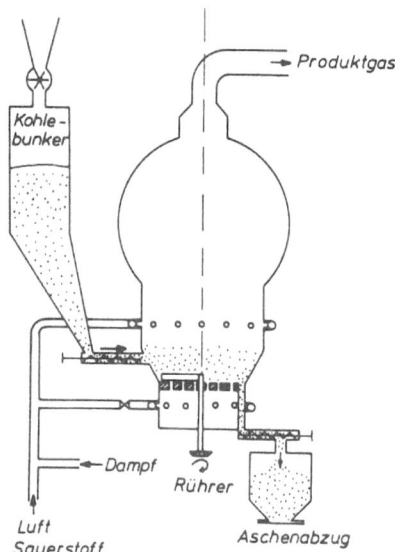

*Abb. 44.* Winkler-Generator (Prinzip). (Aus Osteroth 1979)

gasungsgrad bei konventionellen Winkler-Vergasern bei 91% liegt, während mit dem HTW-Verfahren 96% erreicht werden.

Die schematische Darstellung (s. Abb. 45) zeigt die wesentlichen Merkmale des HTW-Verfahrens:

1. Kohlezufuhr über Druckschleuse und Förderschnecke.
2. Zufuhr des Vergasungsmittels in zwei Ebenen des Vergasers.
3. Abscheiden von nicht umgesetzten Kohlepartikeln in einem Zyklon am Vergaserausgang und Rückführung in den Vergaser.
4. Abkühlung des Rohgases in einem Abhitzekessel unter Gewinnung von Dampf.
5. Ausschleusen der Asche über eine Druckschleuse mit Förderschnecke.

Nach mehrjähriger Erprobung des HTW-Verfahrens in einer Pilot-Anlage wurde Ende 1985 auf dem Betriebsgelände des Rheinbraun-Veredlungsbetriebes in Ville-Berrenrath eine Demonstrationsanlage für einen stündlichen Kohledurchsatz von 30,5 t und einer Synthesegaserzeugung von stündlich 37 000 Nm$^3$ in Betrieb genommen; vergast wird rheinische Braunkohle unter 10 bar Druck. Das gereinigte Synthesegas wird in einer Pipeline zur Union Kraftstoff in Wesseling geleitet und dort für die Methanolsynthese verwendet. Einen Eindruck von dieser Anlage gibt Abbildung 46.

Das HTW-Verfahren eignet sich für die unterschiedlichsten Einsatzstoffe; so wurde in einer kleinen HTW-Pilotanlage neben rheinischer Braunkohle

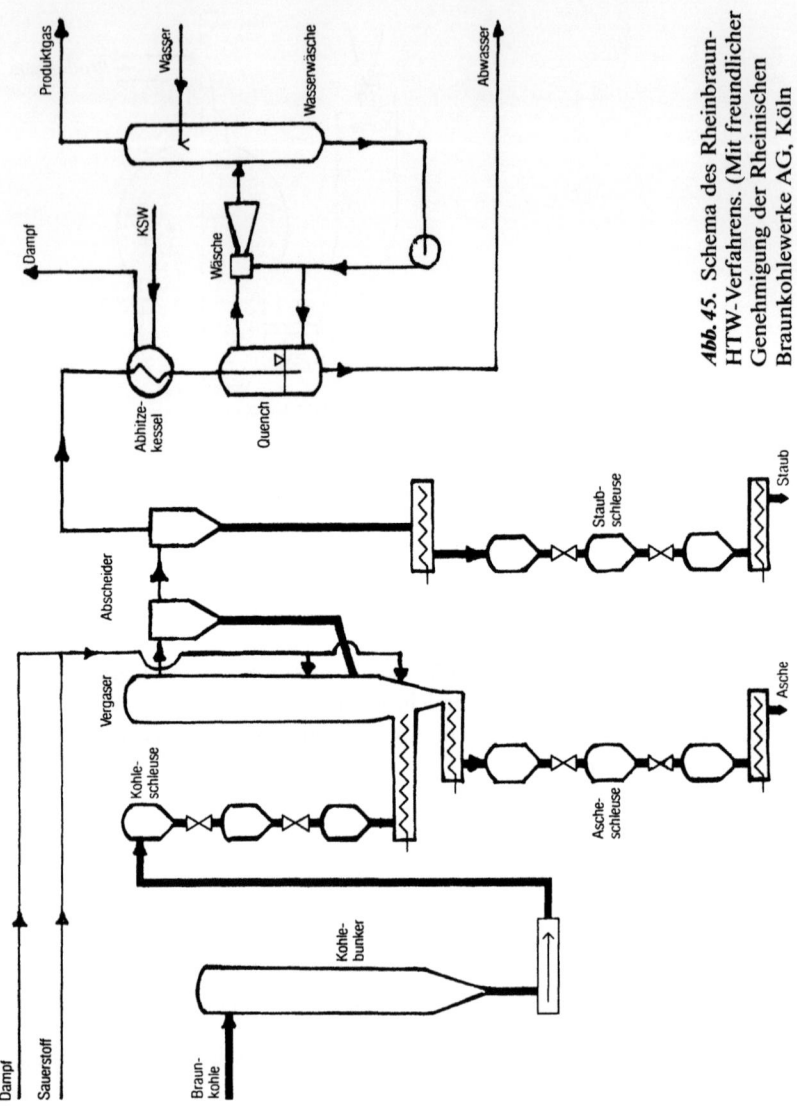

*Abb. 45.* Schema des Rheinbraun-HTW-Verfahrens. (Mit freundlicher Genehmigung der Rheinischen Braunkohlewerke AG, Köln

auch finnischer Torf ohne Schwierigkeiten vergast. Das Verfahren ist auch für Vergasung von Holz, Hartbraunkohle, und subbituminöser Kohlesorten brauchbar.

HTW-Reaktoren sind ferner für die hydrierende Vergasung von Kohlen nach Reaktion (C + 2 H$_2$ ⇌ CH$_4$) geeignet: Mit Wasserstoff als Vergasungsmittel wird unter 60–120 bar Druck und Temperaturen von 850–950 °C

**Abb. 46.** Demonstrationsanlage zur Vergasung von Braunkohle der Rheinischen Braunkohlenwerke AG in Hürth/Erftkreis. (Mit freundlicher Genehmigung der Rheinischen Braunkohlewerke AG, Köln

hauptsächlich Methan erhalten; dieser Prozeß führt also zu SNG und bedeutet eine wesentliche Erweiterung der Möglichkeiten zur chemischen Verwertung von Kohlen, zumal ja der benötigte Wasserstoff gleichfalls durch Vergasung von Kohle mit Wasserdampf und anschließende *Konvertierung* des Kohlenoxids nach: $CO + H_2O \rightleftharpoons CO_2 + H_2$ und Abtrennung des Kohlendioxids leicht zugänglich ist. Der Wasserstoff wird vor Eintritt in den HTW-Reaktor auf etwa 1000 °C erhitzt.

### 4.1.3 Flugstromvergasung

Seit Mitte der 30er Jahre suchten Techniker bei der Firma Heinrich Koppers nach einem Verfahren zur Vergasung aller bekannten Brennstoffe; mit der

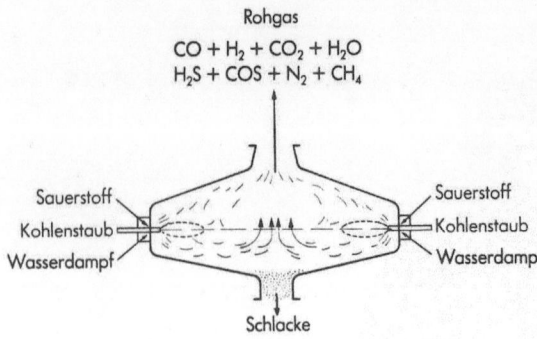

*Abb. 47.* Prinzip des Koppers-Totzek-Prozesses

Entwicklung des Koppers-Totzek-Verfahrens konnten diese Arbeiten 1943 zu einem vorläufigen Abschluß gebracht werden, aber erst Anfang der 50er Jahre wurden die ersten industriellen Anlagen errichtet.

Beim Koppers-Totzek-Verfahren wird vorgetrocknete Kohle auf < 0,1 mm Korngröße vermahlen, wobei Trocknen und Mahlen in einem Arbeitsgang ablaufen. Die anschließende Vergasung des Kohlenstaubs erfolgt in einer flammenähnlichen Reaktion innerhalb von ca. 1 Sekunde (s. Abb. 47).

Es handelt sich um ein Gleichstromvergasungsverfahren: Brennstoff, Vergasungsmittel und Rohgas strömen in gleicher Richtung durch den Reaktor. Infolge der hohen Vergasungstemperatur, die im Flammenkern bei über 2000 °C liegt, laufen Vorwärmung des Brennstoffes und des Vergasungsmittels, Pyrolyse der Kohlenstaubkörner sowie Vergasen und Zünden der gasförmigen und festen Pyrolyseprodukte nahezu gleichzeitig ab; dabei werden sämtliche Destillationsprodukte zu einfachen Komponenten wie $CO$, $H_2$, $CO_2$ und $H_2O$ umgesetzt. Der Methangehalt im Rohgas ist verschwindend gering (< 0,1 Vol.-%). Ein Teil der Asche fällt in Form von Schlacken, ein anderer Teil als Flugstaub an. Wegen des Schwefelgehaltes der Kohlen sind im Rohgas $H_2S$ und $COS$ enthalten. Die Ansicht einer Koppers-Totzek-Anlage zeigt Abbildung 48.

Das Koppers-Totzek-Verfahren wurde gleichfalls zu einem Druckvergasungsverfahren weiterentwickelt; das Ergebnis ist das PRENFLO-Verfahren, das bei 30 bar und mehr betrieben wird. Tabelle 23 zeigt die typischen Werte einer Rohgasanalyse, die bei Einsatz von Saarkohle erzielt wurden.

Auch das amerikanische Texaco-Verfahren arbeitet nach dem Flugstromprinzip; gemeinsam mit der Ruhrkohle AG und der Ruhrchemie AG wurde es für die Vergasung im industriellen Maßstab weiterentwickelt. Das modifizierte Texaco-Verfahren arbeitet vorzugsweise im Druckbereich von

*Abb. 48.* Koppers-Totzek-Anlage der Fertilizer Corp. of India, Ltd. für die Produktion von 2 000 000 m³ Synthesegas/Tag aus Steinkohle. (Mit freundlicher Genehmigung der Krupp-Koppers GmbH, Essen)

20–100 bar; die Einsatzkohle wird in Form einer wäßrigen Suspension mit Hochdruckpumpen zum Vergaserkopf gedrückt und hier in den Sauerstoffstrom eingesprüht. Beim Austritt aus dem Düsenmund verdampft der Wasserteil der Suspension: Zufuhr von Wasserdampf ist nicht erforderlich. Das Prinzip des Verfahrens ist aus Abbildung 49 zu entnehmen.

*Tabelle 23.* Ergebnisse der Vergasung von Saarkohle nach dem PRENFLO-Verfahren

| Zusammensetzung der Einsatzkohle | Gew.-% trocken | Zusammensetzung des Rohgases | Vol.-% |
|---|---|---|---|
| C | 73,66 | $CO_2$ | 2,60 |
| H | 4,73 | CO | 60,24 |
| O | 7,10 | $H_2$ | 27,53 |
| N | 1,05 | $N_2$ | 8,75 |
| S | 1,04 | $H_2S$ | 0,31 |
| Cl | 0,53 | COS | 0,03 |
| Asche | 11,89 | $CH_4$ | 0,001 |
| | 100,00 | | |

Sauerstoffreinheit: 85 Vol.-%

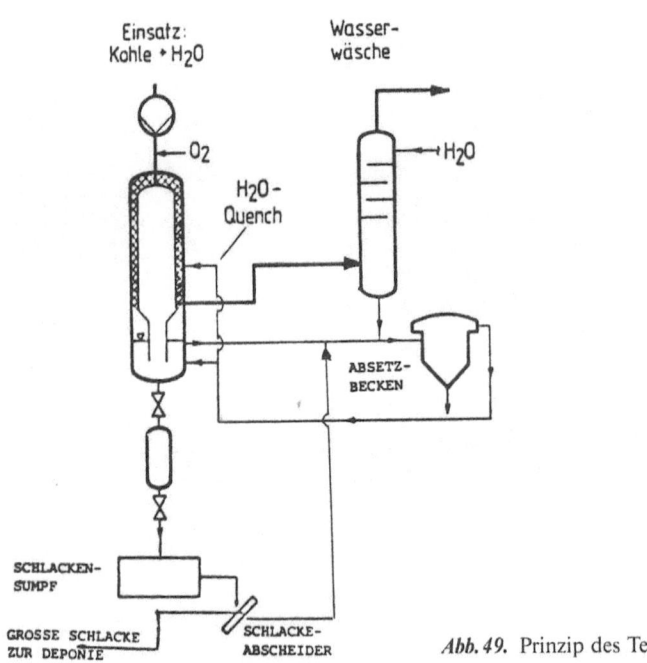

*Abb. 49.* Prinzip des Texaco-Verfahrens

Die Kohlevergasung erfolgt bei Temperaturen oberhalb von 1200–1500 °C. Der Reaktor ist mit nur einem Vergaserkopf ausgerüstet, der senkrecht nach unten gerichtet ist. Die Synthesegasanlage der Ruhr GmbH zeigt Abbildung 50.

# Kohlevergasung 117

*Abb. 50.* Synthesegasanlage Ruhr. (Mit freundlicher Genehmigung der Ruhrkohle AG, Essen)

In dieser Anlage werden stündlich etwa 30 t Steinkohlen unter 40 bar Druck zu 50 000 Nm³ Synthesegas umgewandelt. Als Vorteile dieses Verfahrens werden die genauere Kohledosierung sowie die größere Sicherheit bei der Handhabung einer wäßrigen Kohlesuspension im Vergleich zu trockenen Kohlenstaub angeführt. Das Rohgas hat bei Einsatz von Steinkohlen etwa folgende Zusammensetzung (Tabelle 24).

Das Synthesegas aus dieser 1986 in Betrieb gegangenen SAR - (Synthesegasanlage Ruhr) - Anlage wird in der Oxoanlage (Anlage zur Gewinnung höherer Alkohole nach dem Oxo-Prozeß) der Ruhrchemie eingesetzt; zuvor wurde das benötigte Synthesegas durch Ölvergasung hergestellt. Erstmals wurde mit dieser Anlage in einem Chemiewerk in der Bundesrepublik die Basis Erdöl durch die Basis Kohle substituiert. Von den jährlich rund

**Tabelle 24.** Zusammensetzung des Rohgases aus dem modifizierten Texaco-Prozeß bei Einsatz von Steinkohlen

| Gasbestandteil | Anteil im Gas (Vol.-%) |
|---|---|
| CO | 54 |
| $H_2$ | 34 |
| $CO_2$ | 11 |
| Inertgas ($N_2$) | 1 |

400 Mio. $Nm^3$ Rohgas können je nach Betriebsart bis zu 320 Mio. $Nm^3$ als Synthesegas und bis zu 140 Mio. $Nm^3$ als Wasserstoff produziert werden. Das Blockschema dieser Anlage zeigt Abbildung 51.

Die Texaco-Kohlevergasungstechnik wird inzwischen weltweit in einer Reihe von Chemiewerken industriell genutzt.

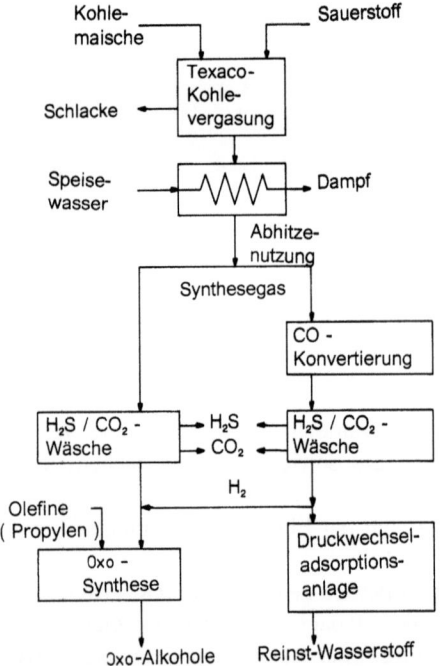

**Abb. 51.** Synthesegas aus Kohlevergasung für den Oxo-Prozeß

## 4.2 Zukünftige Möglichkeiten bei der Kohlevergasung

### 4.2.1 Untertagevergasung (UTG)

Steinkohlenflöze reichen oft bis in beträchtliche Teufen von mehreren tausend Metern. So sind die Steinkohlenlagerstätten auf dem Gebiet der Bundesrepublik nicht nur auf das Ruhrgebiet und das Saargebiet beschränkt: Die kohleführenden Schichten erstrecken sich vielmehr mit starker Neigung weit nach Norden bis hin in den Bereich der Nordsee, wo sie Teufen von 7000 m erreichen. Insgesamt werden unter dem Boden der Bundesrepublik rund 350 Mrd. t Steinkohlen vermutet – eine gigantische Menge, deren Energiegehalt dem Zweifachen der heute bekannten, sicher gewinnbaren Erdölweltvorräte entspricht. Die Grenze für konventionellen Abbau von Steinkohlen wird derzeit mit etwa 1500 m Teufe angegeben; daher können mehr als 90% der bundesdeutschen Vorkommen mit herkömmlichen Bergbau nicht genutzt werden. Naturgemäß erhebt sich die Frage nach den Möglichkeiten einer zukünftigen Nutzung.

Die Lösung könnte die Untertage-Vergasung bringen, d.h. die Vergasung im Kohleflöz selbst. Dieser bestechende Gedanke, einen Kohleflöz als *natürlichen Festbettreaktor* zu nutzen, ist nicht neu: Schon 1868 wurde die *in-situ-Vergasung* von C.W. Siemens vorgeschlagen, und 1888 zog auch der russische Wissenschaftler D.I. Mendelejew diesen Weg der Kohlenutzung in Erwägung. Lenin war von dieser Idee fasziniert, denn er erhoffte auf diesem Wege die Befreiung der russischen Kumpel von schwerer und gefährlicher Untertagearbeit. So ist verständlich, daß man auch zuerst in Rußland versuchte, diese Idee zu realisieren; 1928 wurden systematische Versuche aufgenommen, und heute werden in der UdSSR mehrere Kraftwerke mit Heizgasen aus der UTV versorgt. Die bis heute weltweit vorliegenden Erkenntnisse und praktischen Erfahrungen – auch in den USA wurden ähnliche Versuche durchgeführt – beschränken sich aber auf in-situ-Vergasung von Kohlen in relativ geringer Teufe bis zu etwa 300 m. In der Bundesrepublik laufen systematische Studien, um anhand von Modellversuchen einen Weg zur Nutzung der riesigen Energiereserven in großer Tiefe zu finden; u.a. versucht man in Autoklaven (= druckfeste Gefäße) die Bedingungen zu simulieren, wie sie in Flözen in Teufen von mehr als 1000 m herrschen. Solche systematischen Modellversuche sollen die wissenschaftlichen Grundlagen für eine UTV in großen Teufen verbreiten; der Mangel an Basiswissen dürfte ein wichtiger Grund dafür sein, daß bis heute ein durchschlagender Erfolg noch immer aussteht. Auch in Belgien und Frankreich laufen in enger Zusammenarbeit mit der Bundesrepublik Arbeiten zur Lösung der anstehenden Probleme.

Kohlevorräte in großen Teufen sind im allgemeinen nur durch Bohrungen zugänglich, die für Zulieferung des Vergasungsmittels bzw. Abzug des Roh-

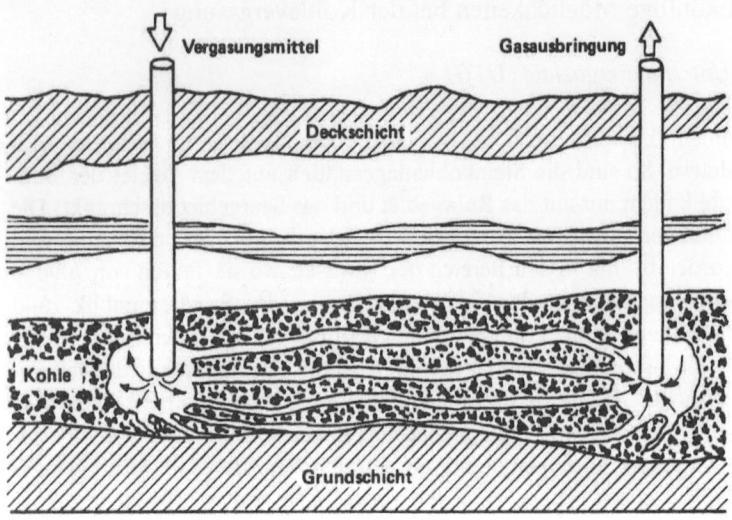

*Abb 52.* Schema einer Untertagevergasung. (Aus Franck u. Knop 1979)

gases benutzt werden können. Gelegentlich versucht man dabei, bestehende Bergwerkseinrichtungen unter Tage in eine UTV einzubringen; so wird z. B. in Polen (das ebenfalls auch in Westeuropa unter der Bezeichnung *mixed method* bekannte) Verfahren studiert, Kohlelagerstätten nicht nur durch Bohrungen zu erschließen. Das Prinzip der Untertagevergasung zeigt Abbildung 52. Das Kohleflöz wird durch mindestens zwei Bohrungen erschlossen, wobei eine Bohrung für die Zuführung des Vergasungsmittels vorgesehen ist und die zweite Bohrung für den Abzug des Produktgases dient; weiterhin ist eine im Kohleflöz laufende Verbindung zwischen beiden Bohrungen unbedingt notwendig. Nachdem ein geeignetes Vergasungsmittel (-Gemisch) in die Lagerstätte eingepreßt ist, wird gezündet, und nun wandert die Reaktionsfront in (vom Festbettreaktor her bekannter Weise) in Form von drei Reaktionszonen (Trockenzone – Schwelzone – Vergasungszone) durch die Kohle.

Als Vergasungsmittel eignen sich Wasserdampf, Sauerstoff und Wasserstoff; wichtig ist aber, daß die exothermen Reaktionen deutlich überwiegen, damit sich der Vergasungsprozeß selbst erhalten kann.

Das klingt recht einfach, ist aber schwierig durchführbar: Kohle in großer Tiefe steht nämlich infolge des mächtigen Deckgebirges unter sehr hohem Druck und ist dadurch nahezu gasundurchlässig. Es gilt daher, in der Kohle künstliche Kanäle für den Gasstrom zu schaffen, ohne die eine Vergasung unmöglich ist. Heute stehen mehrere Methoden zur Verfügung, um die not-

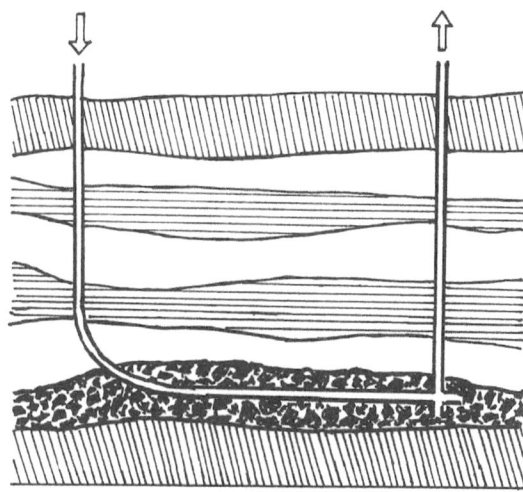

*Abb. 53.* Untertagevergasung: Erschließung des Kohleflözes durch abgelenktes Bohren des Verbindungskanals zwischen Injektions- und Produktgasbohrung. (Zeichnung vom Verf.)

wendige Gasdurchlässigkeit der Kohleschicht durch Schaffung künstlicher Kanäle zu erreichen; so lassen sich z. B. tiefliegende Kohleflöze durch *abgelenktes Bohren* erschließen – eine Methode, die sich schon beim Erschließen von Erdöl- und Erdgasfeldern bewährt hat (s. Abb. 53).

Bei diesem Kanalverfahren erfolgt die Vergasung von der „Injektionsbohrung" aus zur Produktbohrung hin, wobei die Reaktionszone sowohl in Richtung des Kanals wie auch senkrecht hierzu verläuft. Auch in den USA liegen auf dem Gebiet der Untertagevergasung umfangreiche Erfahrungen u. a. bei der Gulf Research & Development Co. vor; in wenigstens zwanzig repräsentativen Versuchen soll gezeigt sein, daß die Unsicherheiten bei dieser neuen Technologie inzwischen auf ein wirtschaftlich vertretbares Maß reduziert werden konnten. Insgesamt wird heute die UTV in den USA, ebenso aber auch in der Bundesrepublik durchaus günstig beurteilt; für subbituminöse Kohlesorten und Flöze mit steilem Einfallswinkel, die ja leicht von der Seite her erschlossen werden können (s. Abb. 54), ist nach Meinung von L. Dockter vom *US Department of Energy* die Vergasungstechnologie für kommerzielle Anwendung bereits einsatzfähig.

Eine weitere Methode für Untertagevergasung ist die *Uniwell Gasification Method,* die ebenfalls in den USA entwickelt wurde und mit nur einer Bohrung auskommt (s. Abb. 55).

Auf westeuropäische, insbesondere auf bundesdeutsche Verhältnisse, las-

122 Kohleveredlung II – Vergasung und Hydrierung von Kohle

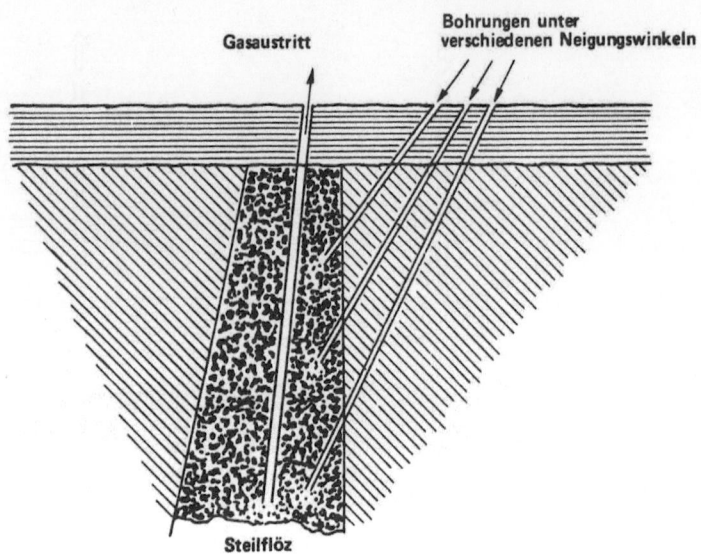

*Abb. 54.* „Steeply Dipping Bed": Verfahren zur Untertagevergasung von Kohle. (Aus Franck u. Knop 1979)

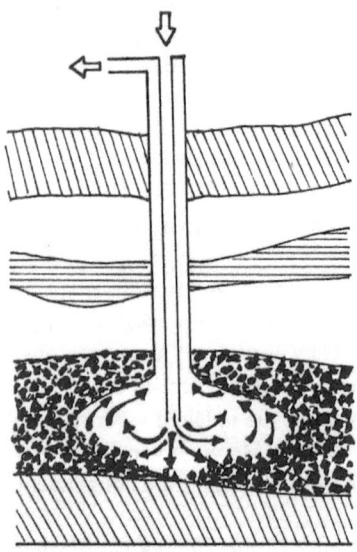

*Abb 55.* Prinzip der Uniwell Gasification Method. (Zeichnung vom Verf.)

sen sich die amerikanischen Erfahrungen nicht ohne weiteres übertragen; infolge der sehr viel größeren Teufen stellt die Untertage-Vergasung bei uns sehr viel höhere Anforderungen an die Technologie, als dies bei den viel günstigeren Lagerstättenverhältnissen in den USA der Fall ist. Bisher steht der Beweis noch aus, daß die technische Durchführung der UTV zur Nutzung von Kohleflözen in großer Teufe möglich ist. Erschwerend kommen aber auch noch zahlreiche Umweltgefahren hinzu, die aus der UTV erwachsen können: Plötzliche weiträumige Bodensenkungen über vergasten Kohleflözen, Gefahren für das Grundwasser, Verseuchung der Luft durch Gasausbrüche, Verunstaltung der Landschaft durch zahlreiche Bohrlöcher usw. Schließlich muß auch bedacht werden, daß der große *Vergasungsreaktor* tief unter der Erdoberfläche nicht beliebig an- und abgestellt werden kann; auch nach Abstellen der Zufuhr von Vergasungsmitteln läuft die Pyrolyse (= thermische Zersetzung) infolge der großen, im Gestein gespeicherten Wärmemenge noch längere Zeit weiter.

In der UdSSR machte man die Erfahrung, daß beim Vergasen von Kohleflözen mit Luft, dem billigsten Vergasungsmittel, anfangs zwar das gewünschte Kohlenmonoxid gebildet wurde; doch schon nach kurzer Betriebszeit waren die Spalten in der Kohle mit Asche verstopft, und anstelle von Vergasung setzte völlige Verbrennung ein: Aus dem Produktrohr wurde Kohlendioxid entnommen. In der Bundesrepublik wurde im Institut für Eisenhüttenkunde der Technischen Hochschule Aachen das „Druckwechselverfahren" entwickelt, bei dem der Druck des Vergasungsmittels periodisch verändert wird: Nimmt der Druck ab, so kann sich die Asche von der Wand lösen, und die nächste Kohleschicht wird freigelegt; durch Pulsieren kann also der Gaskanal immer wieder durchgängig gemacht werden, und man erreicht so auch eine bessere Auskohlung der Lagerstätte. Die Aachener Wissenschaftler experimentierten außerdem mit Wasserstoff als Vergasungsmittel, weil bei der Reaktion mit dem Kohlenstoff der Kohle nur Methan gebildet wird (selbstverständlich bilden sich daneben auch Schwefelwasserstoff und Ammoniak, so daß auch hier Gasreinigung unerläßlich ist).

Diese neue Art von Energiegewinnung könnte den riesigen bundesdeutschen Kohlereserven neue Perspektiven eröffnen und angesichts der Unberechenbarkeiten auf dem Energieweltmarkt der heimischen Primärenergie bis weit hinein ins nächste Jahrtausend sicheren Absatz verschaffen; daher wird in der Bundesrepublik an der Lösung hier anstehender Probleme gearbeitet. Im deutsch-belgischen Gemeinschaftsprojekt von Thulin im Hennegau, 16 km westlich von Mons in Südbelgien, wurden bei einem Feldversuch in 860 m Teufe im Zeitraum 1986/87 an 200 Tagen insgesamt 0,55 Mio. m$^3$ Steinkohlengas erzeugt; erstmals wurde hier eine Teufe von über 800 m überschritten. Kontrollierte Steuerung der tief unterirdisch verlaufenden Verbrennungs- und Vergasungsprozesse ist dabei ein wichtiger und zugleich schwierig zu realisierender Verfahrensteil. In Übereinstimmung mit russischen und amerikanischen Erfahrungen rechnet man mit 50-80% Ausbringen der in der Kohle gespeicherten Energiemengen; da die Vergasung in großer Tiefe stattfindet, kann diese Technologie, die zu einem ähnlich sauberen Endprodukt wie Erdgas führt, als umweltverträglich angesehen werden. In Indien soll ein analoges Projekt in 870 m Tiefe durchgeführt werden. Die bisher vorliegenden Erfahrungen und überschlägigen Berechnungen zeigen, daß die Untertagevergasung aus tiefliegenden Steinkohlevorkommen durchaus konkurrenzfähig sein kann. In der UdSSR, wo die Untertagevergasung am weitesten fortgeschritten ist, besteht der langfristige Plan, 28% aller Vorräte an Stein- und Braunkohlen auf diesem Wege zu nutzen.

Abschließend darf aber festgestellt werden, daß noch sehr viel Vorarbeit zu leisten ist, ehe bei uns an eine Untertage-Vergasung gedacht werden kann - die sich hier bietenden Möglichkeiten sind aber von solcher Tragweite, daß zweifellos in Zukunft eine Lösung zwangsläufig kommen muß.

Ebenso wie die Untertagekohlevergasung erscheint heute ein in-situ-Abbau der Kohle mit Mikroorganismen durchaus nicht als Utopie und wird wissenschaftlich erforscht; dabei muß allerdings berücksichtigt werden, daß die Gebirgstemperatur mit zunehmender Teufe stark ansteigt (ca. 1 °C pro 30 m) und 1000 m unter der Erdoberfläche bereits bei 40-50 °C liegt - einer der Gründe dafür, warum beim konventionellen Abbau die Grenze bei etwa 1500 m Teufe erreicht ist.

*4.2.2 Koppelung von Kohlechemie und Kernkraft*

Die Kohlevergasungsprozesse mit Wasserdampf laufen autotherm ab: Die notwendige Energiezufuhr erfolgt im Vergaser selbst durch Verbrennen eines Teiles (ca. 30-40%) der Einsatzkohle mit Sauerstoff; dadurch wird die restliche Kohle auf Reaktionstemperatur aufgeheizt. Die Wirtschaftlichkeit der Kohlevergasung ließe sich beträchtlich steigern, wenn auf Verbrennung von Kohle verzichtet und an ihrer Stelle billigere Prozeßwärme genutzt werden könnte.

Beim heutigen Stand der Technik erscheint dies prinzipiell durch Ankoppeln der Kohlevergasung an die Hochtemperaturreaktor-(HTR)-Technik möglich, d.h. durch Nutzung nuklearer Prozeßwärme in den Kohlevergasungsanlagen. Im Hochtemperaturreaktor erfolgt die Abführung der bei der Kernspaltung freiwerdenden Wärme mit Hilfe von Helium; die im Helium gespeicherte Wärme könnte im Temperaturbereich von rund 1000 °C bis zu 800 °C für endotherme Vergasungsprozesse genutzt werden, und die dann noch verbleibende Wärme ließe sich in Abhitzekesseln zur Dampferzeugung nutzen. Das Schema dieser Technik zeigt Abbildung 56.

*A* HT-Reaktor
*B* Wärmetauscher
*C* Wirbelschichtvergaser
*a* Heliumprimärkreislauf
*b* Heliumsekundärkreislauf
*c* Speisewasser
*d* Hochdruckdampf
*e* Kohle
*f* Vergasungsmittel
*g* Synthesegas
*h* Ascheaustrag

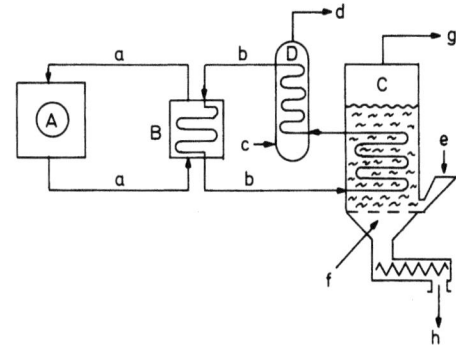

**Abb. 56.** Vergasung von Kohle mit HTR-Wärme

Bei der Bergbauforschung in Essen wurde ein kleiner Versuchsreaktor entwickelt, der für Nutzung nuklearer Prozeßwärme geeignet ist; das Helium wird allerdings elektrisch auf die vorgegebene Temperatur aufgeheizt. Die Vergasung mit (ausschließlich!) Wasserdampf erfolgt in einem rinnenförmigen Wirbelschichtreaktor unter 40 bar Druck. Die von heißem Helium durchströmte Heizschlange taucht in die Wirbelschicht ein; der Wärmeübergang ist bei diesem Verfahren besonders günstig.

Die Bundesrepublik verfügt mit dem THTR-300 in Hamm-Uentrop über eine große Demonstrationsanlage, die als Prototyp für weitere Hochtemperaturreaktoren dienen kann. Nach Meinung von K. Knizia wird aber auch der nächste Reaktor ein reiner Stromerzeuger sein, da aus wirtschaftlichen Gründen die Auskopplung von HTR-Wärme noch nicht sinnvoll erscheint; Anlagen zur großtechnischen Kohlevergasung bzw. Kohlehydrierung, die HTR-Wärme als Prozeßenergie nutzen, werden in frühestens 15-20 Jahren zur Verfügung stehen zu einem Zeitpunkt, an dem sich Verknappungen bei Erdöl und Erdgas abzeichnen werden und Vorsorge für langfristige Sicherung der Energieversorgung getroffen sein muß. Deshalb ist die weitere Entwicklung der HTR-Technologie so wichtig, zumal sie ja ebenfalls den deutschen Steinkohlereserven neue Perspektiven eröffnen könnte.

## 4.3 Kohlehydrierung

### 4.3.1 Vorgeschichte

Die oft geäußerte Meinung, die *Verflüssigung von Kohle* sei eine Aufgabe gewesen, die im Rahmen der Autarkiebestrebungen des *Dritten Reiches* während der 30er und frühen 40er Jahre der chemischen Industrie gestellt wurde, ist irrig; tatsächlich sind schon in der Zeit vor dem Ersten Weltkrieg erste orientierende Versuche zur Gewinnung von flüssigen Treibstoffen aus Kohle durchgeführt worden.

In der ersten Phase der Industrialisierung war Kohle die einzige Energiequelle von Belang; als jedoch am Ende des vorigen Jahrhunderts der Ottomotor und der Dieselmotor als neue Wärmekraftmaschinen neben die Dampfmaschine und die Dampfturbine traten, gewannen die flüssigen Treibstoffe Benzin, Dieselöl und die zwangsweise bei der Erdölraffination anfallenden Heizöle zunehmende Bedeutung – nicht zuletzt im Hinblick auf ihre militärische Bedeutung: *Bunkeröle* wurden zuerst unter den Dampfkesseln von Kriegsschiffen verbrannt (deren Aktionsradius sich so wesentlich vergrößern ließ) und dienten weiter zum Betrieb der Dieselmotoren in U-Booten. Erst die Motorisierung der Armeen ermöglichte den schnellen *Bewegungskrieg;* Flugzeuge und Zeppeline gaben dem Krieg schließlich eine *neue Dimension.* Mangel an flüssigen Treibstoffen war einer der Gründe für die Niederlage des Deutschen Reiches im Ersten Weltkrieg: Auf einer *Woge von Öl* wurden die Alliierten nach Meinung von Lord Curzon in den Sieg getragen.

Angesichts der Bedeutung – nicht zuletzt auch aus militärischer Sicht – war die Frage nach dem Umfang der Weltreserven an Erdöl von größter Wichtigkeit. Hier aber irrten die Experten, die damals baldige Erschöpfung der Vorräte voraussagten; so waren noch im Jahre 1926 Fachleute des amerikanischen Federal Oil Conservation Board der Meinung, die bekannten Ölreserven der USA würden maximal noch sieben Jahre für die Versorgung des heimischen Treibstoffmarktes ausreichen. In dieser Zeit lag die amerikanische Erdölförderung bei jährlich nur 123 Mio. t, die gesamte Welterdölförderung bei 196 Mio. t (Zahlen von 1930). Die Herstellung synthetischer Treibstoffe erschien damals geradezu als ein *Weltproblem.* Übrigens wurden noch zu Anfang der fünfziger Jahre die Welterdölreserven auf nur 21,5 Mrd. t, die von Steinkohlen dagegen auf 7413 Mrd. t geschätzt.

Angesichts der sehr viel größeren Kohlevorräte lag der Gedanke nahe, aus Kohle flüssige Treibstoffe zu gewinnen. Erste Ansätze lagen schon lange vor: Teeröle aus der Steinkohlenteerdestillation und Schweltere aus den Braunkohlenschwelereien waren seit Jahrzehnten bekannt; Tetralin, das durch Hydrierung von Naphthalin zugänglich ist, wurde während des ersten Weltkrieges in Deutschland als Dieselkraftstoff für U-Boote vorgeschlagen. Die Aufgabe, aus den reichlich vorhandenen Kohlen flüssige Treibstoffe herzustellen, lag also förmlich in der Luft; im erdölarmen Deutschland wurde sie zuerst angepackt und auch technisch realisiert.

Kurz vor dem ersten Weltkrieg hatten Chemiker und Techniker der BASF mit der katalytischen Hochdruckhydrierung von Stickstoff zu Ammoniak (Haber-Bosch-Synthese) den ersten großtechnischen Hochdruck-Prozeß verwirklicht und das Tor zur Hochdruckchemie aufgestoßen. Im Jahre 1913 war erstmals F. Bergius in seinem Laboratorium an der Technischen Hochschule Hannover die Herstellung flüssiger Produkte durch Hydrieren von Steinkohle unter hohem Druck gelungen; für eine Übertragung in den technischen Maßstab fehlten dem jungen Privatdozenten die finanziellen Mittel. Bergius versuchte ab 1914 bei der Th. Goldschmidt AG in deren Werk Mannheim-Rheinau in einer Pilotanlage sein *Bergin-Verfahren* zu technischer Reife zu entwickeln; die sehr kostspieligen Arbeiten, die später im Rahmen der Erdöl- und Kohleverwertung AG (EVAG) fortgesetzt wurden, führten jedoch zu keinem Erfolg, und im Jahre 1923 mußte die Rheinauer Anlage wegen inflationsbedingter Zahlungsschwierigkeiten ihren Betrieb zeitweise einstellen. Bergius scheiterte auch an technischen Schwierigkeiten: So arbeitete er in einem liegenden Hydrierreaktor mit eingebautem Rührwerk – einer für die Hochdruckhydrierung von Kohle denkbar ungünstigen Konstruktion; der Betriebsdruck durfte 120 bar maximal nicht überschreiten, obwohl für Steinkohlenhydrierung der Mindestdruck 150 bar, besser noch 200 bar betragen muß. Weiterhin waren auch Werkstoffprobleme aufgetreten, die zu überwinden die finanziellen Mittel fehlten. Ein 1925 durchgeführter Umbau der Anlage brachte keine grundsätzliche Änderung; in diesem Jahr gingen der EVAG endgültig die Mittel aus.

### 4.3.2 Das IG-Verfahren

Die Übertragung der Hochdruckhydrierung von Kohle in den technischen Maßstab gelang wiederum Chemikern und Technikern der BASF, wo – bedingt durch die umfangreichen Entwicklungsarbeiten für die Ammoniaksynthese – damals wie an keiner anderen Stelle auf der Welt umfassendes *know-how* auf dem Gebiet chemischer Reaktionen unter Hochdruckbedingungen vorlag. Im Jahre 1924 begann M. Pier, dem zuvor schon in einem *Husarenritt* die Methanolsynthese (Hochdruckhydrierung von Kohlenmonoxid) gelungen war, seine Versuche zur Hydrierung von Kohle.

Was die Hydrierkonzeption anbelangt, so gingen Bergius und Pier verschiedene Wege: Bergius wollte hydrierenden Abbau von Kohle auf rein thermischen Wege erreichen, Pier jedoch versuchte, durch Anwendung von Katalysatoren die Reaktion in die gewünschte Richtung zu lenken. Schon nach kurzer Zeit gelang Pier die Hydrierung von Braunkohlenschwelteeren zu flüssigen Produkten; im Anschluß hieran begannen die eigentlichen Kohlehydrierungsarbeiten.

Pier erkannte bald, daß es unzweckmäßig ist, Kohle in einem Zuge bis zum Benzin zu hydrieren; eine Zweiteilung des Hydrierprozesses erwies sich dagegen als technisch gangbarer Weg:

**1. Sumpfphase:** Gemahlene Braunkohle wird in kohlestämmigen Öl suspendiert und in Gegenwart eines feinverteilten Katalysators unter 200 bar Wasserstoffdruck bei 450 °C zu flüssigen Produkten hydriert; dabei findet eine Teilhydrierung und Spaltung der großen Moleküle der Kohle zu Ölen von hauptsächlich mittleren Molekulargewichten statt. Die leichten Anteile werden destillativ aus dem System entfernt, die schweren Anteile in die Sumpfphase zurückgeführt und hydrierend aufgespalten. Der Schnitt zwischen *leichten* und *schweren* Produkten lag damals bei etwa 325 °C. Unter *Sumpf* versteht man seit der *IG-Zeit* die Kohlekatalysatorsuspension.

**2. Gasphase:** Hydrierung des leichten Zwischenproduktes *Kohleöl* in der Gas-(Dampf)-Phase an einem fest im Reaktor angeordneten stückigen Katalysator zu marktfähigen Endprodukten (Benzin, Flugbenzin, Dieselöl).

Diese Zweiteilung bedeutet Zerlegung des Hydrierprozesses in die eigentliche Kohlehydrierung und eine nachgeschaltete Veredlungsstufe.

Der hohe Schwefelgehalt in Kohlen und Teeren, der die damals bekannten Katalysatoren sofort *vergiftete*, d.h. unwirksam machte, schien anfangs ein unüberwindliches Hindernis zu sein. Die Lösung brachte die geniale Idee, Metallsulfide als Katalysatoren zu verwenden. Bei der Sumpfphasenhydrierung bewährten sich billige Eisenkatalysatoren, die nach der Hydrierung verworfen wurden.

Die Gründe für die Schwierigkeiten bei der Hydrierung von Kohle sind zum großen Teil auf ihren molekularen Bau zurückzuführen; dieser fossile Rohstoff besteht ja, wie bereits besprochen, nicht aus reinem Kohlenstoff, sondern aus einem Gemisch zahlreicher hochmolekularer Bausteine, deren Strukturen noch heute der Forschung manche Rätsel bieten. Ähnlich wie Erdöl enthält Kohle neben Kohlenstoff und Wasserstoff besonders Schwefel, Stickstoff und Sauerstoff in organisch-gebundener Form; im Vergleich zum Erdöl ist der Wasserstoffgehalt in Kohle erheblich kleiner. Während bei der Hydrierung von Stickstoff lediglich Ammoniak gebildet wird ($N_2 + 3 H_2 \rightleftharpoons 2 NH_3$), können bei der Hydrierung von Kohle zahlreiche Kohlenwasserstoffe entstehen; es galt daher, Reaktionsbedingungen und Katalysatoren zu finden, die die Hydrierungsreaktion in die gewünschten Kohlenwasserstoffbereiche lenken.

Die Fertigprodukte aus der Kohlehydrierung sind sehr viel wasserstoffreicher als die eingesetzten Rohstoffe, die ja auch noch andere Bausteine als nur Kohlenstoff und Wasserstoff enthalten; eine Übersicht von M. Pier (Tabelle 25) ermöglicht es, den Wasserstoffbedarf abzuschätzen, wobei berücksichtigt werden muß, daß beim hydrierenden Abbau von Kohle (oder auch wasserstoffarmen Erdölen) neben Kohlenwasserstoffen mit niedrigeren Molekulargewichten auch Schwefelwasserstoff ($H_2S$), Ammoniak ($NH_3$) und Wasser ($H_2O$) gebildet werden. Zielprodukt bei der Hydrierung ist Benzin;

die Hydrierung muß deshalb so gelenkt werden, daß die Bildung sehr wasserstoffreicher, niedriger, gasförmiger Kohlenwasserstoffe (Methan $CH_4$ ist der wasserstoffreichste Kohlenwasserstoff) so weit als möglich unterbunden wird.

Aus den damaligen Berichten geht hervor, daß die Kohlehydrierung zum *Durchgehen* neigt, wobei in kurzer Zeit sehr große Wärmemengen freiwerden; dabei wurden Temperaturen bis zu 1100 °C gemessen (aus der Meßanordnung kann geschlossen werden, daß die effektiven Temperaturen noch deutlich höher gelegen haben müssen). Mit dem *Durchgehen* der Reaktion ist naturgemäß starker Druckanstieg verbunden; entsprechend sind Sicherheitsvorkehrungen zu treffen, z.B. für Schnellentleerung der Reaktoren. Die chemische Erklärung hierfür ist wahrscheinlich *Methanisierung,* d.h. Methanbildung. Weiter traten schwierige Werkstoffprobleme auf; so müssen für den Bau der Hydrierreaktoren Stahlsorten verwendet werden, die gegen Wasserstoff, Kohlenmonoxid und Schwefelverbindungen resistent sind.

Bei den bis dahin bekannten Hochdruckprozessen handelte es sich um Hydrierung gasförmiger Produkte; bei der Kohlehydrierung werden dagegen auch noch feste und flüssige Reaktionspartner eingesetzt. Hierfür waren ganz

*Tabelle 25.* Elementarbestandteile auf 100 Teile Kohlenstoff bei Rohstoffen und Fertigprodukten. (Nach Pier)

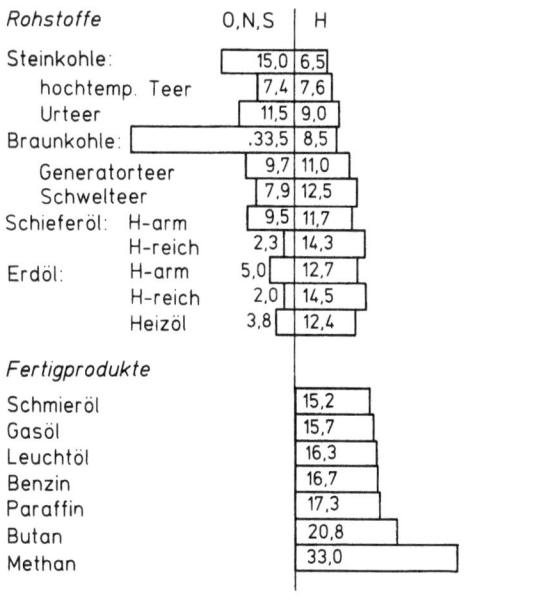

| Rohstoffe | | O,N,S | H |
|---|---|---|---|
| Steinkohle: | | 15,0 | 6,5 |
| hochtemp. Teer | | 7,4 | 7,6 |
| Urteer | | 11,5 | 9,0 |
| Braunkohle: | | 33,5 | 8,5 |
| Generatorteer | | 9,7 | 11,0 |
| Schwelteer | | 7,9 | 12,5 |
| Schieferöl: | H-arm | 9,5 | 11,7 |
| | H-reich | 2,3 | 14,3 |
| Erdöl: | H-arm | 5,0 | 12,7 |
| | H-reich | 2,0 | 14,5 |
| | Heizöl | 3,8 | 12,4 |
| *Fertigprodukte* | | | |
| Schmieröl | | | 15,2 |
| Gasöl | | | 15,7 |
| Leuchtöl | | | 16,3 |
| Benzin | | | 16,7 |
| Paraffin | | | 17,3 |
| Butan | | | 20,8 |
| Methan | | | 33,0 |

neue technische Entwicklungen notwendig, etwa Kohlebreipressen, mit denen die Suspension in die Hydrieröfen gegen hohen Druck eingepreßt wurde. Die Erhitzung des Kohlebrei-Gas-Gemisches bereitete erhebliche Schwierigkeiten; die Kohle quillt dabei, und der Wärmeübergang wird dadurch drastisch verschlechtert. Weiterhin traten auch Verkrustungen auf. Von Beginn an stand in Anbetracht der geplanten Benzinmengen fest, daß nur ein kontinuierlicher Prozeß in Betracht kommen könnte, für dessen technische Gestaltung es keine Vorbilder gab.

Angesichts der (aus damaliger Sicht) ungeheuer großen Bedeutung der Benzinsynthese wurden die Arbeiten mit einer auch für heutige Verhältnisse bemerkenswerten Energie vorangetrieben; die Belegschaft der Ludwigshafener *Hochdruckversuche* umfaßte 1927 rund 2200 Personen, darunter viele Chemiker und Ingenieure, die in Tag- und Nachtschichten Klein- und Großversuche durchführten. Mag *teamwork* auch ein Wort unserer Zeit sein: Praktiziert wurde sie schon damals bei diesem riesigen Versuchsprogramm.

Im Jahre 1926 faßte der IG-Vorstand (die BASF gehörte damals zum Verband der IG Farben) den Beschluß, in den Leuna-Werken (heute in der DDR gelegen) eine Großversuchsanlage für eine jährliche Produktion von 100 000 t Benzin aus mitteldeutscher Braunkohle zu errichten; die IG besaß große Braunkohletagebauten im Geiseltal sowie im Raum Ammendorf bei Halle/Saale. Zuvor muß aber die Patentsituation *geklärt* werden: Im Sommer 1925 hatte die IG die Aktienmehrzeit der EVAG übernommen, die die deutschen Rechte von Bergius besaß. Zügig erfolgte der Aufbau der Hydrierkammern für *Leuna-Benzin:* Am 1. November 1926 wurde mit dem Ausschachten auf der Baustelle begonnen, und schon am 1. April 1927 konnte die erste Hydrierkammer in Leuna angefahren werden. Im gleichen Jahr wurden die Versuchsarbeiten zur Kohlehydrierung in Rheinau endgültig eingestellt. Bergius wurde an den weiteren Entwicklungsarbeiten nicht beteiligt: Die IG legte im Gegenteil sogar großen Wert darauf, ohne Mithilfe von Bergius oder seiner Mitarbeiter die großtechnische Kohlehydrierung zu realisieren; der große Chemiker (er erhielt 1931 zusammen mit dem Chef der IG, C. Bosch, den Nobelpreis) wurde bewußt von seinem Lebenswerk getrennt. Unbenommen bleibt ihm aber das Verdienst, als erster auf die Möglichkeit hingewiesen zu haben, Treibstoffe aus Kohle über den Weg der Hochdruckhydrierung zu gewinnen. Weiterhin hatte Bergius aber auch erkannt, daß dieser Prozeß exothermen abläuft. Das stark vereinfachte Schema des IG-Verfahrens zeigt Abbildung 57.

Vorgebrochene, getrocknete Kohle und Katalysator werden zusammen mit kohlestämmigen *Anreiböl* in der Kohlemühle zu einem Brei zerrieben, der mit der Breipumpe durch einen Wärmetauscher und anschließend durch einen Vorerhitzer gepreßt wird. Mit der Gasumlaufpumpe wird Wasserstoff in den Kohlebrei gedrückt, so daß ein Gas-Kohlebrei-Gemisch durch die Apparatu-

Kohlehydrierung 131

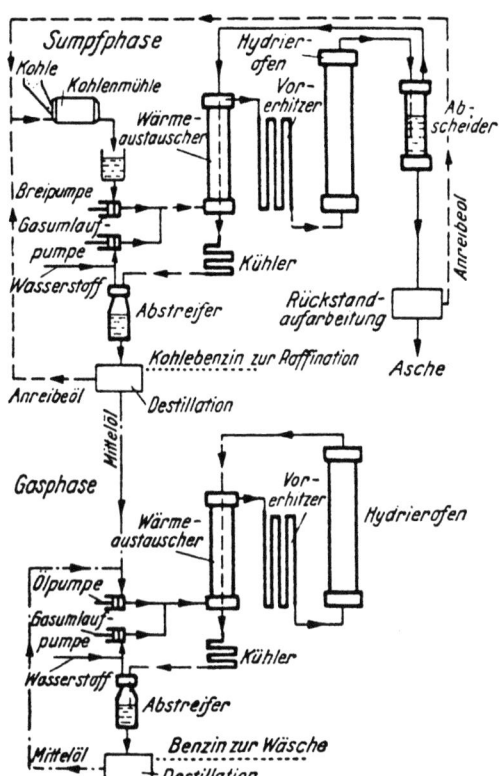

**Abb. 57.** Vereinfachtes Schema des IG-Verfahrens zur Kohlehydrierung. (Aus: Thau, A (1938) Z Verein Dtsch Ing 82: 129)

ren zum Hydrierofen, dem Herzstück der Sumpfphasenhydrierung, strömt, wo die Kohlehydrierung abläuft. Meist waren vier solcher Hydrieröfen hintereinander geschaltet; die Hydrierung lief bei 480 °C unter 200–300 bar Druck ab (bei Hydrierung von Steinkohle mußte der Druck bis zu 700 bar gesteigert werden). Die gebildeten Öldämpfe werden zunächst zum (Heiß)-Abscheider geleitet, wo sich flüssige und gasförmige Produkte trennen; der im Abscheider verbleibende, mit Schweröl vermischte Schlamm geht zur Aufarbeitung und wird dort von anhaftendem Schweröl befreit, das (als Anmaischöl) zur Kohlemühle zurückgeleitet wird. Die aus dem Abscheider entweichenden Gase und Dämpfe geben einen Teil ihrer fühlbaren Wärme im Wärmetauscher (Gegenstromprinzip!) an das Gas-Kohlebrei-Gemisch ab, das dabei vorgewärmt wird, und strömen durch einen Kühler weiter zum Kaltabscheider (Abstreifer), wo sich Gas und Flüssigkeit trennen.

Das Gas, hauptsächlich Wasserstoff, wird (nach einer Gasreinigung) mit der Gasumlaufpumpe zurück zur Hydrierung gedrückt, nachdem zuvor noch Frischwasserstoff eingespeist wurde. Bei dieser Hydrierung wird mit großem Wasserstoffüberschuß gearbeitet. Das im Abstreifer abgeschiedene Öl wird nach Entspannung auf Normaldruck in einer Destillationsanlage in mehrere Fraktionen zerlegt; die anfallenden leichten Schnitte (Mittelöl und Benzin) stellen das *Kohleöl* dar, das in der Gasphase zu Benzin weiterhydriert wird. Die schwere Fraktion geht als Anreiböl zurück zur Kohlemühle.

Das Kohleöl wird anschließend unter 300 bar Druck zu Benzin hydriert; im Prinzip ist die Anlage so gebaut wie die Sumpfphasenhydrierung, allerdings wird in den Hydrieröfen an einem stückigen Festbettkatalysator in der Gasphase gearbeitet. Das Produkt aus den Hydrieröfen wird destillativ zerlegt; das abgetrennte Mittelöl geht zurück zur Hydrierung, während die Benzinfraktion weiteren Raffinationsschritten unterworfen werden muß, um den Anforderungen als Treibstoff für Ottomotoren zu entsprechen.

Die bei der Hydrierung von Braunkohlen oder Braunkohlenschweelteeren gebildeten wasserstoffreichen Produkte eignen sich zwar als Dieselöle oder Schmieröle, waren aber wegen ihrer geringen Klopffestigkeit für Ottomotoren ungeeignet. Man fand schließlich Wege, um klopffestes Benzin zu erhalten; die Kohlehydrierung wurde dadurch aber noch aufwendiger: Nun wurde auch die Gasphasenhydrierung in zwei Stufen zerlegt, die *Vorhydrierung* und die nachfolgende *Benzinierung*.

Die Klopffestigkeit von Benzin wird durch Zusatz von Aromaten, z.B. Benzol, erhöht. Steinkohle weist aromatischen Aufbau auf, d.h. daß ihre Makromoleküle reich an aromatischen Ringsystemen sind; es war daher zu erwarten, bei der Hydrierung von Steinkohle zu einem aromatenreichen und daher klopffesteren Benzin zu gelangen. Dies war einer der Gründe, weshalb man Verfahren zur Steinkohlenhydrierung anstrebte; aber auch die Verfügbarkeit spielte eine wichtige Rolle bei dieser Entscheidung: Steinkohlen sind ja in sehr viel größeren Mengen vorhanden. In Zusammenarbeit mit dem britischen Chemiekonzern Imperial Chemical Industries wurde bei der IG ein brauchbares Verfahren zur *Steinkohlenverflüssigung* ausgearbeitet und seit 1935 in einer ersten Anlage in Billingham (England) erprobt. Im Jahre 1936 wurde mit dem Bau der Steinkohlenhydrieranlage der Gelsenberg Benzin AG begonnen, deren Hydrierstufe erstmals für 700 bar Druck ausgelegt war.

Die bei der Kohlehydrierung gewonnenen Erfahrungen hatten nachhaltigen Einfluß auf die Technologie der Erdölverarbeitung; die heute noch angewandten Katalysatorsysteme Kobalt/Molybdän und Nickel/Molybdän waren schon im Rahmen der alten IG-Arbeiten aufgefunden worden, kamen aber wegen der damals begrenzten Verfügbarkeit sowie ihres hohen Preises nicht zum Einsatz. In den Anlagen der IG verwandte man Eisen- und Wolframkatalysatoren, an denen kein Mangel war. Anfangs wurden die Metalle in reiner Form eingesetzt; später kamen sie *verdünnt* zur Anwendung, indem man sie auf ebenfalls katalytisch wirkenden *Trägerstoffen* mit großer Oberfläche aufbrachte, z. B. auf natürlichen oder künstlichen Bleicherden bzw. auf aktivierter Tonerde. Mit hochaktiven Festbettkatalysatoren gelang es, die Reaktionen in der Gasphase spezifisch so zu lenken, daß wahlweise Dieselöl, Auto- und Flugbenzin oder schwere Öle erhalten wurden; damit schufen Pier und seine Mitarbeiter wichtige Grundlagen für die noch heute übliche Erdölraffinationstechnik.

Die in Deutschland vorhandenen 12 Hydrierwerke mit zuletzt einer Jahresproduktion von über 3 Mio. t Benzin waren am Ende des letzten Krieges durch Luftangriffe weitgehend zerstört; 1945 wurde die Kohlehydrierung durch ein Verbot der Alliierten beendet. Als Anfang der 50er Jahre das Kohlehydrierverbot aufgehoben war, erwies sich dieser Weg zu Treibstoffen als wirtschaftlich nicht mehr tragbar: Die importierten Rohöle waren so preisgünstig, daß die noch vorhandenen drei westdeutschen Hydrierwerke für Rohölverarbeitung aktiviert wurden; im Bereich der DDR wurde die Hydrierung von Braunkohle und vor allem von Braunkohlenschwelteer wieder aufgenommen.

Als 1926 der Bau der Großversuchsanlage zur Hydrierung von Braunkohlen und Schwelteeren in Leuna beschlossen war, stand C. Bosch an der Spitze der IG Farben. Er erkannte klar, daß erfolgreiches Betreiben der Kohle- und Teerhydrierung nicht gegen die Interessen der großen Erdölgesellschaften, sondern nur in Zusammenarbeit mit ihnen erfolgversprechend sein konnte. Damals beschränkte man sich bei der Erdölaufarbeitung auf Destillation, thermisches Kracken sowie einige wenige Raffinationsschritte mit Chemikalien; die Benzinausbeuten waren bei diesem Stand der Technologie höchst unbefriedigend, und außerdem fielen dabei große Mengen von Rückständen an, die nur schwer verwertbar waren. F. A. Howard, der Leiter der Forschung und Entwicklung der Standard Oil, erkannte die große Bedeutung der Ludwigshafener Arbeiten; mit Hilfe der neuen Technologie sollte es möglich sein, die damaligen Sorgen der Erdölindustrie zu beheben: Auch die schlechtesten Rohölsorten sowie Teere müßten sich zu Benzin verarbeiten und die Benzinausbeuten beträchtlich vergrößern lassen. Außerdem hatte die Erdölindustrie im Hinblick auf die damals befürchtete baldige Verknappung des Erdöls großes Interesse an der Alternative *Öl aus Kohle*. Es kam zu einer Zusammenarbeit zwischen der IG und der Standard Oil, die bis zum Ausbruch des Zweiten Weltkrieges anhielt. Übrigens wurde wenig später auch mit weiteren Erdölkonzernen Kooperation vereinbart.

### 4.3.3 Renaissance der Kohlehydrierung?

Bis heute ist allein das IG-(Bergius-Pier)-Verfahren in sehr großem Maßstab erprobt; Zielprodukt waren flüssige Treibstoffe. Die Entwicklung neuer Hydrierverfahren, die unter dem Eindruck der *Erdölkrisen* in mehreren Ländern wieder aufgenommen wurde, knüpfte daher auch an den alten IG-Arbeiten an.

Für eine neue Version der Hochdruckhydrierung von Kohle müssen mehrere Verfahrensstufen neu konzipiert werden, um eine Reihe von Schwachstellen im alten Verfahren zu beseitigen und die Wirtschaftlichkeit zu erhöhen. In der Bundesrepublik wurden inzwischen mehrere Varianten bis zur technischen Reife entwickelt. Für die Hydrierung von Steinkohlen waren in der Sumpfphase ursprünglich 700 bar Druck erforderlich; eines der wesentlichen Ziele war Herabsetzung dieses enorm hohen Druckes durch Senkung des Gehaltes an schwer hydrierbaren Naphthenen (unten Naphthenen versteht man in n-Pentan unlösliche, in Benzol aber lösliche asphaltartige Komponenten). Eine Schwachstelle im alten IG-Verfahren war die Abschlamm-Aufbereitung zur Ausschleusung unerwünschter Komponenten aus der Sumpfphase, bei der zugleich möglichst viele Anreibeöl anfallen sollte. Dabei ging man schließlich so vor: Der Schlamm wurde mit Zentrifugen abgeschleudert; der aus den Zentrifugen abfließende naphthenreiche *Dünnlauf* ging als Anreibeöl zur Kohlemühle zurück, während der verbleibende *Dicklauf* geschwelt und die dabei freiwerdenden Dämpfe in die Destillationskolonne für die Aufarbeitung des Öls aus dem Abstreifer eingeleitet wurden. Der nach der Schwelung zurückbleibende aschereiche Koks wurde entweder im Kraftwerk verbrannt oder auf die Deponie gebracht. Sowohl die Zentrifugen wie auch die Schwelöfen waren sehr störanfällig; der hohe Gehalt an Naphthenen beeinträchtigte die Leistung der Zentrifugen und führte zu Verbackungen und Verklebungen in den Schwelern. Schon in der IG-Zeit liefen erste Versuche, um diese Schwierigkeiten zu beheben.

Bei den heutigen Varianten des IG-Verfahrens wird anstelle der Abschlammeinengung durch Zentrifugen eine thermische Einengung durchgeführt, bei der die verdampfbaren Anteile abgetrieben und nach Kondensation einen Teil des Anreiböls bilden, das weitgehend frei von den schwer flüchtigen Naphthenen ist. Der eingeengte sehr naphthenreiche Abschlamm kann z.B. zur Erzeugung von Wasserstoff verwendet werden.

Für die Leistungsfähigkeit eines *Hydrierstranges* ist das Volumen der Hydrieröfen maßgeblich; aus fertigungstechnischen Gründen lag deren maximaler Inhalt bei 10 m$^3$, und beim Stand der Technik in den 30er Jahren waren dies wahre Meisterwerke. Heute ist es möglich, sehr viel größere Reaktoren zu bauen, die beim zehn- bis zwanzigfachen Inhalt auch noch ein deutlich vermindertes Gewicht besitzen: So hätte ein moderner Reaktor von

142 m³ Inhalt nur die Hälfte des Gewichtes eines ebenso großen, in seiner Geometrie jedoch unveränderten IG-Reaktors von gleichem Inhalt. Der Bau von Großreaktoren mit mehreren hundert m³ Inhalt ist möglich, so daß ein Durchsatz von etwa $2 \times 10^6$ t/Jahr Kohle durch einen Reaktor denkbar ist.

Mitte 1981 ging die Kohleölanlage Bottrop in Betrieb, in der täglich 200 t Kohle verarbeitet werden können; bei Hydrierung dieser Menge fallen 30 t Leichtöl (Naphtha) und 70 t Mittelöl, daneben 20 t Flüssiggas und 20 t Heizgas an; die rohen Kohleöle leichter und mittlerer Siedelage lassen sich problemlos zu marktgerechten Produkten verarbeiten. In dieser Großversuchsanlage, einem Gemeinschaftsprojekt der Ruhrkohl AG und der Veba Oel AG, konnte in einer modernen Variante der alten Kohlehydriertechnik demonstriert werden, daß eine hohe Anlagenverfügbarkeit erreicht ist. Die Kohlemaische wird unter 300 bar Druck bei 475–485 °C in Gegenwart eines Eisenoxidkatalysators hydriert. Ursprünglich wurden 3 bzw. 4 Hydrieröfen von je 5 m³ Inhalt eingesetzt; die Ausbeuten betrugen 44% bzw. 49% Kohleöl. Eine weitere Steigerung der Ausbeuten auf 51% gelang durch Einsatz eines 15 m³-Großraumreaktors. Hauptgründe für die verbesserten Ausbeuten sind die gute Rückvermischung und die längere Verweilzeit der Reaktionspartner infolge des höheren Füllungsgrades im Großraumreaktor. Durch Zuschaltung integrierter Raffination, d.h. durch direkte Ankoppelung der Raffinationsstufen an die Hydrierung unter voller Nutzung der Druck- und Temperaturniveaus, lassen sich die Ausbeuten auf 58% anheben; wird dann auch noch eine Schwelung der Hydrierrückstände durchgeführt, so steigt die Ausbeute auf 66%. Das Fließbild der Kohleölanlage Bottrop zeigt Abbildung 58; eine Vorstellung von der Größe dieser Anlage vermittelt Abbildung 59.

Fast gleichzeitig mit der Kohleölanlage Bottrop wurde im Herbst 1981 eine Pilotanlage für 6 t/Tag Kohledurchsatz in Völklingen-Fürstenhausen in Betrieb genommen; in diesem Gemeinschaftsprojekt der Saarbergwerke und der Gelsenberg AG fallen täglich 3 t Kohleöl und 1 t Gas an. Ähnlich wie in der Kohleölanlage Bottrop wird auch in dieser Variante des früheren IG-Verfahrens – diese Varianten werden häufig als *Neue Deutsche Hydrierung* bezeichnet – unter bis zu 300 bar Druck bei bis zu 480 °C in vier hintereinander geschalteten Hydrieröfen hydriert; die Aufarbeitung des flüssig-festen Produktes aus dem Heißabscheider erfolgt durch Entspannen in eine spezielle Vorrichtung, wobei feststoffreiches Öl für die Anmaischung der Kohle und ein Hydrierrückstand anfallen, der zur Gewinnung von Wasserstoff verwertet werden kann.

Völklingen-Fürstenhausen ist übrigens eines der Zentren moderner Kohletechnologie: Die Saarbergwerke AG betreibt hier eine moderne Kokerei und neben der Kohlehydrierungspilotanlage eine Kohledruckvergasungsanlage nach dem Saarberg/Otto-Prozeß für einen stündlichen Kohledurchsatz von

136  Kohleveredlung II – Vergasung und Hydrierung von Kohle

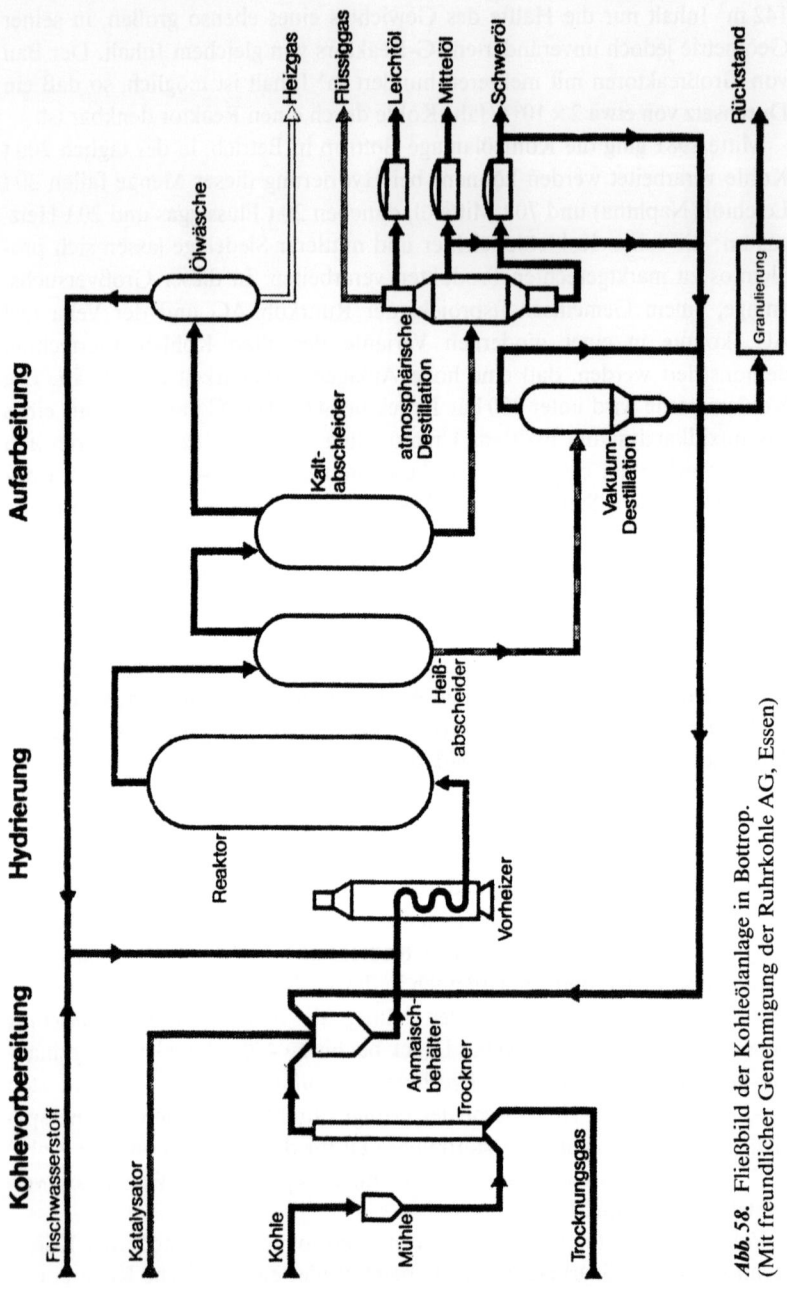

Abb. 58. Fließbild der Kohleölanlage in Bottrop.
(Mit freundlicher Genehmigung der Ruhrkohle AG, Essen)

*Abb. 59.* Kohleölanlage in Bottrop. (Mit freundlicher Genehmigung der Ruhrkohle AG, Essen)

11 t unter einem Vergasungsdruck von 25 bar entsprechend einer Gasleistung von stündlich 22 000 m³.

Zwar ist es gelungen, mit Hilfe der neuen Hydriertechnik den Druck von 700 bar auf 300 bar zu senken, doch würde eine nochmalige Absenkung des Druckes sowohl Investitionskosten wie auch Betriebskosten weiter herabsetzen. In Völklingen wurde im Labormaßstab das *Pyrosol-Verfahren,* ein zweistufiger Hydrierprozeß, entwickelt: Zuerst wird Kohle unter nur 200 bar Druck bei 455-465 °C partiell hydriert, wobei sich neben den üblichen Hydrierprodukten eine Art Bitumen bildet; dieser Hydrierrückstand wird in einer zweiten Stufe in einer Wasserstoffatmosphäre verkokt. Die zweite Stufe gleicht einem Delayed Coker, einer in der Mineralölindustrie weit verbreiteten Anlage zur Aufarbeitung von Destillationsrückständen, die noch näher behandelt wird. Auf diese Weise soll der hohe Wasserstoffverbrauch des IG-Verfahrens von etwa 6-7 Gew.-% (von denen nur etwa die Hälfte im gewonnenen Öl enthalten ist!) auf etwa 3 Gew.-% gesenkt werden.

Eine neuartige Hydriertechnik wurde gemeinsam von der Imhausen-Chemie GmbH und der Salzgitter AG in einer Pilotanlage in Lahr erprobt, die für einen stündlichen Kohledurchsatz von 75-200 kg und einen Druckbereich von 700-1500 bar ausgelegt ist. In dem 250 m langen Rohrreaktor soll auch Hydrierung solcher Kohlesorten möglich sein, die in konventionellen Hydrieranlagen nicht verarbeitet werden können. Die Hydriertemperatur liegt bei 460-510 °C. Ausbeute und Qualität der flüssigen Produkte sollen verbessert und der Anfall an gasförmigen Produkten vermindert sein. Die Reaktionsgeschwindigkeit wird durch den hohen Druck erhöht und die Verweilzeit im Reaktor verkürzt, so daß große Durchsätze in einer relativ kleinen Anlage möglich erscheinen. Weitere Verfahren zur Kohlehydrierung wurden vor allem in den USA entwickelt und z. T. auch in großen Demonstrationsanlagen erprobt; als ein Beispiel für die amerikanischen Entwicklungen sei das H-Coal-Verfahren erwähnt. Kennzeichnend für dies Verfahren ist Verzicht auf die Gasphase und Hydrierung in der Sumpfphase bei 455 °C unter 180-210 bar Druck mit *wallendem* Katalysatorbett: Der Katalysator, der erst im Reaktor zugesetzt wird, befindet sich - ähnlich wie bei der Wirbelschicht - in steter Wallung, die durch einen Ölkreislauf im Inneren des Reaktors aufrechterhalten wird. Als Katalysator dient Kobalt/Molybdän auf einem Aluminiumoxidträger; durch diese zwar sehr teuren, aber hochwirksamen Katalysatoren wird der gewünschte Hydrierungsgrad schon in der Sumpfphase erreicht. Das durch Hydrocracken gebildete synthetische Rohöl *(Syncrude)* eignet sich zur Herstellung von Treibstoffen und Chemierohstoffen. Weitere Verfahren wurden u. a. in England und Polen entwickelt.

Insgesamt ist in diesen Pilotanlagen der Beweis erbracht, daß mit den bekannten Verfahren eine *Kohleraffinerie* technisch durchaus realisiert werden könnte, wenn hierzu ein wirtschaftlicher Anreiz bestehen würde; Erdölprodukte können durch kohlestämmige Produkte voll ersetzt werden.

### 4.3.4 Aufarbeitung von Kohleöl

Die Zielprodukte des IG-Verfahrens zur Kohlehydrierung waren flüssige Treibstoffe und Schmierstoffe. Unter dem Eindruck der *Erdölkrisen* in den 70er Jahren wurde diese fast schon vergessene Technologie der Gewinnung und Aufarbeitung von Kohleölen erneut zur Diskussion gestellt und verfahrenstechnisch überarbeitet, wobei viele wichtige Verbesserungen gelangen.

Die Zusammensetzung der Kohleöle hängt von der eingesetzten Kohlesorte ab: So bestehen große Unterschiede, ob paraffinreiche Braunkohlenschwelteere, Braunkohlen oder Steinkohlen zur Hydrierung gelangen. Der Einsatz der schwerer hydrierbaren Steinkohlen führt zu aromatenreichen, mithin klopffesteren Treibstoffen; allerdings sind nicht alle Steinkohlensorten für Hydrierung geeignet: Wirtschaftlich läßt sie sich nur mit Kohlen hoher Reaktivität und niedrigen Aschegehalten von max. 10 Gew.-% durchführen. Dies ist ein Nachteil im Vergleich zur Fischer-Tropsch-Synthese (Hydrierung von Kohlenmonoxid zu höheren Paraffinkohlenwasserstoffen), denn das benötigte Synthesegas kann aus praktisch allen Kohlesorten gewonnen werden; diese *indirekte Kohleverflüssigung* weist zudem auch noch den Vorteil auf, daß sie selektiv durchgeführt werden kann, je nachdem ob man Treibstoffe oder Vorprodukte für die chemische Industrie als Zielprodukte anstrebt.

Die neuen Entwicklungen haben gezeigt, daß sich aus Kohleöl hochwertige Vergaserkraftstoffe, Dieselöle, Düsentreibstoffe und Spezialöle gewinnen lassen, die ohne weiteres an die Stelle der aus Erdöl gewonnenen Produkte treten können. Allein wirtschaftliche Gründe sind dafür maßgeblich, daß dies heute noch nicht geschieht und die *Kohleraffinerie* in absehbaren Zeiträumen nicht verwirklicht werden kann. Schon das IG-Verfahren, bei dem billige mitteldeutsche Braunkohlen eingesetzt wurden, arbeitete nicht wirtschaftlich; Leuna-Benzin hätte niemals mit Benzin aus der Erdölverarbeitung konkurrieren können! Trotz aller Verbesserungen, die durch die *neue deutsche Hydriertechnik* erreicht werden konnten, die weltweit als führende Technologie anerkannt wird, ist nach wie vor ein Wettbewerb mit Erdölprodukten beim derzeitigen Weltmarktpreis für Rohöl nicht denkbar; das trifft selbst für den Fall zu, wenn anstelle teurer Kohle aus heimischen Zechen billigere Importkohlen in den Hydrierwerken verarbeitet würden. Die von vielen Fachleuten vorausgesagte *Renaissance der Kohle* trat bisher nicht ein: Die Entwicklung des Erdölpreises verlief anders, als es die Experten erwartet hatten. Die Herstellung flüssiger Treibstoffe aus Kohle kann aber in Zukunft interessant werden, denn angesichts der begrenzten Welterdölreserven ist die Verbrennung von kostbaren Erdöl als Raubbau an den Ressourcen nicht vertretbar; Rückgriff auf die riesigen Kohlereserven ist nicht nur sinnvoll, sondern auf längere Frist gesehen sogar unvermeidbar. Der Bau einiger größerer Demonstrationsanlagen in der Bundesrepublik, der ja vorgesehen war, sollte daher durchgeführt werden, um weiterhin eine Spitzenstellung auf dem Gebiet der Kohlehydrierung und der übrigen Kohleveredelungsverfahren zu behaupten und zu gegebener Zeit in der Lage zu sein, solche Anlagen weltweit anbieten zu können. Sicherung der Energieversorgung sowie der Rohstoffversorgung der chemischen Industrie sind wesentliche Voraussetzungen für die Sicherung der menschlichen Existenz auf der Erde; der Lösung der hier anstehenden Probleme sollte daher hohe Priorität bei der Bereitstellung von Mitteln für die Forschung eingeräumt werden. Dabei darf nicht vergessen werden, daß zur Realisierung solcher Vorhaben viele Jahre erforderlich sind, die zwischen Planung und Inbetriebnahme liegen – nicht zuletzt auch aus Gründen des Umweltschutzes, der vom Autor voll bejaht wird!

## Kohleveredlung II - Vergasung und Hydrierung von Kohle

Für die Weiterverarbeitung von Kohleöl zu Treibstoffen verschiedenster Art sowie Heiz- und Schmierölen sind eine Reihe von Verfahren entwickelt und in Pilotanlagen erfolgreich erprobt worden, so daß der verfahrenstechnische Weg im Prinzip weitgehend erschlossen ist - eine unabdingbare Voraussetzung für den Bau von Kohleraffinerien, die derzeit sicherlich als Utopie angesehen werden müssen.

Um aus aromatenreichem Kohleöl *marktfähigere* Produkte herzustellen, ist es erforderlich, von seiner bevorzugten Weiterverarbeitung zu Treibstoffen und Heizölen wegzukommen und die wertvollen aromatischen Inhaltsstoffe, z. B. Phenol und seine Homologen, als Chemierohstoffe zu verwenden.

Kohlephenole könnten vor allem dann einer wirtschaftlichen Verwendung zugeführt werden, wenn vor ihrer Weiterverarbeitung zu Zwischenprodukten für die chemische Industrie ihre Isolierung nicht erforderlich ist und erst die angestrebten Zwischenprodukte aus Kohleöl (z. B. destillativ) abgetrennt zu werden brauchen. So gelang z. B. die selektive Hydrierung von Phenol zu Cyclohexanol, einem wichtigen Vorprodukt für die Herstellung von Polyamidfasern, mit guter Selektivität und in hohen Ausbeuten auch in Gegenwart von anderen aromatischen Verbindungen:

Ähnlich ist es möglich, eine Selektiv-Alkylierung von Phenol in Kohleölen mit höheren Olefinen durchzuführen; man erhält auf diese Weise höhere Alkylphenole, aus denen grenzflächenaktive Verbindungen (Tenside) gewonnen werden können:

Solche Tenside dürfen zwar nicht in Waschmitteln verwendet werden, eignen sich aber für tertiäre Erdölförderung; die Restentölung der Lagerstätte erfolgt dabei mit tensidhaltigem Wasser *(Tensidfluten)*. Da ein hoher Anteil der dabei entstehenden Kosten auf die grenzflächenaktiven Verbindungen entfällt, muß auf möglichst preisgünstige Produkte zurückgegriffen werden. Hier tut sich ein weites Feld auf - auch für die Forschung an Universitäten und Hochschulen (das hier genannte Beispiel ist Ergebnis von Forschungsarbeiten an der Rheinisch-Westfälischen Technischen Hochschule in Aachen unter Leitung von Prof. B. Fell!).

## 4.3.5 Weitere Einsatzprodukte für die Kohlehydrierung

Zwar hat die Steinkohlenschwelung im Gegensatz zur Steinkohlenverkokung keine größere Bedeutung erlangen können, wurde aber viele Jahre hindurch in mehreren Anlagen erfolgreich betrieben. Für die Schwelung nichtbackender bzw. schwachbackender Steinkohlen hat sich das Spülgasverfahren in gleicher Weise wie bei Braunkohle bewährt; meist wurde Kohle in Form von Briketts *(Nußkohle)* eingesetzt. So wurde z. B. in Schlesien eine Großanlage für Schwelung von täglich 5000 Tonnen Steinkohlenbriketts gebaut; der anfallende Koks diente zur Herstellung von Wassergas.

Für die Schwelung stärker backender Steinkohlen wurden Heizflächenschwelverfahren entwickelt, z. B. das Krupp-Lurgi-Verfahren; die größte ausgeführte Anlage hatte einen täglichen Durchsatz von 800 Tonnen Steinkohle. Im Prinzip waren diese Anlagen ähnlich wie die bereits ausführlich besprochenen Koksöfen konstruiert; es handelte sich im vorliegenden Fall allerdings um Vertikalkammeröfen, d.h. der Koks fiel am Ende des Prozesses nach Öffnen eines Bodenverschlusses senkrecht nach unten in einen unter dem Ofen stehenden Kokssammelwagen. Hauptprodukt der Schwelung, die bei 550–850 °C durchgeführt wird, ist ein raucharmer Schwelkoks; die Ausbeuten lagen zwischen 65–75% bezogen auf die eingesetzte Kohlemenge. Neuere Entwicklungen haben dazu geführt, daß auch aus geringwertigen Kohlen harter, druckfester, grobstückiger Koks erzeugt werden kann. Im Vergleich zum üblichen Hüttenkoks zeigt Schwelkoks größere Reaktivität und eignet sich deshalb für eine Reihe metallurgischer Prozesse sowie u.a. zur Herstellung von Calciumkarbid.

Im Gegensatz zum Hochtemperatur-(HT)-Teer aus konventionellen Kokereien ist Tieftemperatur-(TT)-Teer aus Schwelereien arm an Aromaten (insbesondere fehlen Naphthalin und Anthracen), jedoch reich an sog. *Teersäuren* (höhersiedende phenolische Verbindungen) sowie an Hydroaromaten, Paraffinen und Olefinen. Das anfallende Schwelwasser enthält beträchtliche Mengen saurer Teeröle, aus denen sich wertvolle Phenole isolieren lassen.

Der Teer wird destillativ aufgearbeitet, die flüssigen Produkte werden hydrierend raffiniert. Auf diese Weise erhält man aromatenreiches *Kohleöl*, das in bekannter Weise in Leichtöl, Mittelöl, Schweröl und *Sumpf* zerlegt wird, die als Grundstoffe für die Gewinnung von Kraftstoffen und Chemieprodukten dienen können. Im Jahre 1944 wurden in Deutschland 200 000 t TT-Teer in Steinkohlenschwelereien erzeugt.

Aufbauend auf Vorarbeiten von F. Fischer und Mitarbeitern über Druckextraktion von Kohlen mit Benzol entwickelten A. Pott und H. Broche (1935) ein interessantes Verfahren, bei dem Steinkohle mit Hilfe eines Wasserstoffabgebenden (ohne Gegenwart eines Katalysator hydrierend wirkenden) Lösungsmittels zum ganz überwiegenden Teil in eine kolloidale Lösung übergeführt wird. Vom wissenschaftlichen Ansatz her ist dieser Weg vielversprechend: Pyrolyse ist ein sehr grober, verlustreicher Eingriff in das Kohlegefüge; durch eine schonende Extraktion mit einem Lösungsmittel sollte es dagegen möglich sein, ohne größere stoffliche Einbußen zu einem Extrakt zu gelangen, der sich hervorragend zur hydrierenden Weiterverarbeitung eignen müßte. Als Lösungsmittel setzten sie ein Gemisch aus Tetralin und Kresol (80:20) ein; als Wasserstoffdonator wirkt Tetralin, das unter Abgabe von Wasserstoff in Naphthalin übergeht:

$$\text{Tetralin} \underset{+2H_2}{\overset{-4H}{\rightleftharpoons}} \text{Naphthalin}$$

Nach der Extraktion wird das Lösungsmittel zurückgewonnen, Naphthalin wieder zum Tetralin hydriert und das Lösungsmittelgemisch erneut in den Prozeß zurückgeführt (s. Abb. 60).

Vorgetrocknete feingemahlene Kohle wurde unter einem Druck von 100–150 bar bei 430 °C mit dem genannten Lösungsmittelgemisch behandelt; Steinkohle geht dabei zu etwa 80% in Lösung. 1937 wagte die Ruhröl GmbH den Schritt in technisches Neuland mit der Errichtung einer Großversuchsanlage in Bottrop für einen täglichen Durchsatz von ca. 100 t Steinkohlen, die bis zur kriegsbedingten Zerstörung im Jahre 1944 arbeitete. Während des Betriebes dieser Anlage traten zahlreiche Schwierigkeiten auf, die das Verfahren als noch nicht reif für eine Großproduktion erwiesen; so war der Lösungsmittelverbrauch unerwartet hoch, und der erhaltene Kohleextrakt ließ sich wider Erwarten schlecht hydrierend weiterverarbeiten.

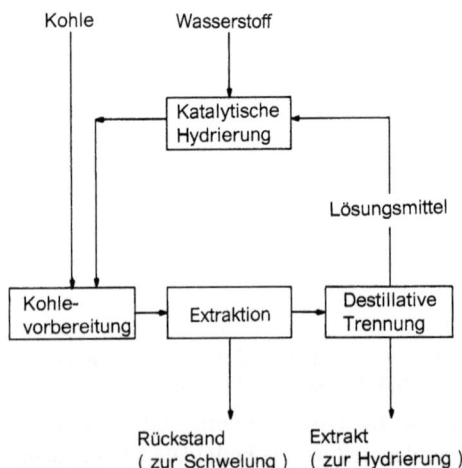

*Abb. 60.* Schema des Pott-Broche-Prozesses

Die Idee von Pott und Broche wurde in den USA bei der Esso Research and Development Company aufgegriffen und zum Exxon-Donor-Solvent-(EDS)-Verfahren weiterentwickelt; eine Demonstrationsanlage für täglichen Durchsatz von 250 t Kohle lief 1981 an. Beim Solvent Refined Coal-Verfahren der Pittsburg and Midway Coal Mining Co. wird die hydrierende Extraktion von Kohle mit einem prozeß-stämmigen Öl in Anwesenheit von Wasserstoff, aber gleichfalls ohne Katalysatorzugabe durchgeführt; als Katalysator wirkt der in Kohle anwesende Pyrit $FeS_2$.

### 4.3.6 Die Verarbeitung von Ölschiefern und Ölsanden (Teersanden)

Die Verarbeitung schwerer Rohöle und Rückstände aus der Destillation ist technisch nicht einfach und erfordert erheblichen Aufwand; wegen des anhaltenden Trends zu immer mehr leichten Produkten auf der Verbraucherseite, andererseits der Förderung von immer mehr schweren Rohölen ist die Erdölindustrie gezwungen, ihre Anlagen diesem Trend anzupassen.

Der jährliche Bedarf an Mineralöl liegt heute bei etwa 3 Mrd. t. Nach Ansicht von Fachleuten kann diese Menge kaum noch gesteigert werden; es wird im Gegenteil immer schwieriger, die nachgewiesenen Ölreserven auch zu erschließen, wie die Beispiele des *Öls aus Alaska* und des *Nordseeöls* belegen. Daher kommt sekundären und tertiären Ölfördermethoden, die eine bessere Ausölung der Lagerstätten ermöglichen, zunehmende Bedeutung zu.

Zwar werden die gut verarbeitbaren leichten Rohölsorten zunehmend knapper, andererseits besteht aber kein Mangel an schweren Ölen: Ölschiefer und Ölsande enthalten davon riesige Mengen – die Schwierigkeit besteht allein darin, die Öle von den Ballaststoffen abzutrennen und verarbeitbar zu machen. Um welche Mengen es sich dabei handelt, zeigt ein Blick auf die Graphik (s. Abb. 61).

Nur etwa ein Viertel der geschätzten Ölreserven kann reinem Mineralöl zugerechnet werden, und nur 10% der Ölreserven sind derzeit als nachgewiesene Mineralölreserven für Förderung und Gewinnung zugänglich.

Ölschiefer und Ölsande bilden also eine riesige, beim heutigen Stand der Technik allerdings noch immer schwer zu erschließende fossile Energiereserve, für deren industrielle Nutzung angesichts der heutigen Ölpreise wirtschaftlich wenig Anreiz besteht. Auf die Nutzung dieser Ressourcen, die nur von der Kohle noch übertroffen werden, wird man jedoch im Hinblick auf den Ölbedarf in Zukunft kaum verzichten können. Ein Blick auf Tabelle 26 lehrt, daß wir uns schon heute den im Grunde unverantwortlichen Luxus nicht mehr leisten dürften, wertvolles Erdöl ganz überwiegend zu verbrennen und zu verstromen; es wäre allerdings eine Illusion zu glauben, daß sich innerhalb der nächsten beiden Jahrzehnte die Situation auf dem Energiesek-

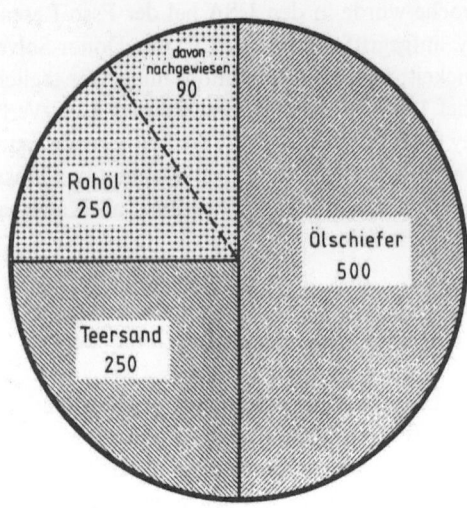

*Abb. 61.* Weltreserven an Rohöl, Teersanden und Ölschiefern. (Mit freundlicher Genehmigung der Lurgi GmbH, Frankfurt/Main)

tor grundlegend ändern könnte. Neben der Entwicklung neuer Verfahren zur Gewinnung flüssiger Treibstoffe und Chemierohstoffe aus Kohle wird auch die Verarbeitung von Ölschiefern und Ölsanden an Bedeutung zunehmen, wobei die organischen Bestandteile in diesen Mineralien gegenüber der Kohle den nicht zu übersehenden Vorteil haben, wasserstoffreicher zu sein; zudem sind sie meist auch durch Abbau im Tagebau gut zugänglich.

Grundsätzlich sind Öle aus Ölschiefern anders beschaffen als Öle aus Ölsanden, die sich ihrerseits von konventionellen Rohölen unterscheiden; die

*Tabelle 26.* Erschöpfbare Primärenergieträger (in Mrd. t SKE). (Nach Rammler et al.; aus: Chem.-Ing.Techn., 1981, 53: 96)

|  | Nachgewiesen | % | Derzeit ökonomisch gewinnbare Reserven | % |
|---|---|---|---|---|
| Kohle | 2000 | 51 | 640 | 58 |
| Erdöl | 127 | 3 | 127 | 12 |
| Öl in Ölsanden | 821 | 21 | 108 | 10 |
| Öl in Ölschiefern[a] | 775 | 20 | 52 | 5 |
| Erdgas | 79 | 2 | 79 | 7 |
| Uran | 114 | 3 | 92 | 8 |
|  | 3916 | 100 | 1098 | 100 |

[a] Lager mit mindestens 40 l Öl/t Schiefer.

aus Ölschiefern und Ölsanden gewonnenen *Syncrudes* (synthetische Rohöle) sind mit Kohleöle vergleichbar. Ölschiefer enthalten übrigens kein Öl, sondern eine wachsartige Substanz *Kerogen,* die sich fein verteilt und fest gebunden im mineralischen Gestein vorfindet und erst beim Erhitzen auf etwa 500 °C in Öl umgewandelt wird, das dampfförmig entweicht; das Kondensat aus der Ölschieferschwelung ist rohes Schieferöl, das im Vergleich zu konventionellen Mineralölen eine Reihe schwerwiegender Nachteile aufweist:

1. Im Verlauf der Pyrolyse finden Dehydrierungs- und Aromatisierungsreaktionen statt; dementsprechend sind Schieferöle im Vergleich zu konventionellen Ölen wasserstoffärmer und reicher an Aromaten. Ihre Verarbeitung zu Produkten, die mit herkömmlichen Raffinerieprodukten vergleichbar sind, erfordert höheren Einsatz an teurem Wasserstoff.
2. Heteroatome wie Stickstoff und Schwefel sind in aromatischen Systemen sehr fest gebunden; im Vergleich zu herkömmlichen Ölen ist der Aufwand, der für ihre Entfernung notwendig ist, auch größer.
3. Schließlich enthalten Schieferöle höhere Anteile an Spurenelementen wie Arsen, und Antimon, die als Katalysatorgifte bei der Aufarbeitung empfindlich stören und gleichfalls entfernt werden müssen.

Ehe Schieferöle in herkömmlichen Raffinerien verarbeitet werden können, muß vor die konventionellen Verarbeitungsanlagen eine zusätzliche Verarbeitungsstufe geschaltet werden; es handelt sich dabei um eine nichtkatalytische Hydrierung, in deren Verlauf u. a. auch die Spurenelemente entfernt werden.

Die größten bis heute bekanntgewordenen Ölschieferreserven befinden sich in den USA und in Brasilien; so belaufen sich allein die Ölmengen im Ölschiefer der Green-River-Formation im Dreieck der Staaten Colorado, Utah und Wyomin mit mindestens 10 Gew-% Ölgehalt auf 105 Mrd t. - ein Ölvorrat, der die Ölmengen in den bekannten Erdölvorkommen der ganzen Welt übersteigt. Insgesamt werden die Ölvorräte der USA im Ölschiefer auf 350 Mrd. t geschätzt, die von Brasilien auf 127 Mrd. t. Im Vergleich zu diesen Mengen sind die 320 Mio. t Öl in den Ölschiefervorkommen der Bundesrepublik (die größte Lagerstätte mit etwa 200 Mio. t Ölinhalt befindet sich in Niedersachsen) mehr als bescheiden.

Schwelung von Ölschiefer wird schon seit der Mitte des vorigen Jahrhunderts durchgeführt. Großtechnisch werden heute Ölschiefer nur noch in der UdSSR (Estnische Republik sowie Raum Leningrad) sowie in der Volksrepublik China geschwelt; während in der UdSSR die Hauptmenge des Ölschiefers (insgesamt liegt die jährliche Förderung bei etwa 35 Mio. t) verstromt und nur etwa 25 bis 30% zur Gewinnung von Stadtgas, Heizölen und anderen Chemieprodukten dienen, wird in China der Ölschiefer ausschließlich verschwelt. Vor der Entdeckung eigener Erdöllagerstätten im Jahre 1961 war Schieferöl, das seit 1929 ununterbrochen hergestellt wird, Chinas einzige

Rohölbasis von Bedeutung; 1961 wurden 1,2 Mio. t Schieferöl produziert. Seitdem ging die Produktion zurück und hat sich heute bei rund 300 000 t pro Jahr eingependelt.

Die Schwelung wurde anfangs in einfachen Retorten und Drehrohröfen durchgeführt; später kamen Spülgasschwelanlagen sowie Tunnelöfen (die Schwelung erfolgt in eisernen Wagen, die langsam nacheinander eine Trokken-, Schwel- und Kühlzone im Tunnel passieren) sowie speziell konstruierte Vergaser (Vergasung im absteigenden Strom) hinzu.

Ein modernes Verfahren ist das Lurgi-Ruhrgas-(LR)-Verfahren, bei dem die Schwelung mit einem feinkörnigen Wärmeträger durchgeführt wird. Das Schema dieses Verfahrens, das ursprünglich für andere Zwecke entwickelt war, zeigt Abbildung 62.

In der Steigleitung *(4)* wird der umlaufende Wärmeträger mit vorgewärmter Luft in den Oberteil des Kreislaufsystems gefördert und gelangt in den Sammelbunker *(5)*. Abbrand, der sich während der Pyrolyse auf den einzelnen Körnern des Wärmeträgers abgesetzt hat, wird verbrannt und der Wärmeträger dadurch hoch erhitzt. Zusätzlich kann bei Bedarf auch Heizgas oder Heizöl zugegeben werden. Im Sammelbunker trennt sich der heiße Wär-

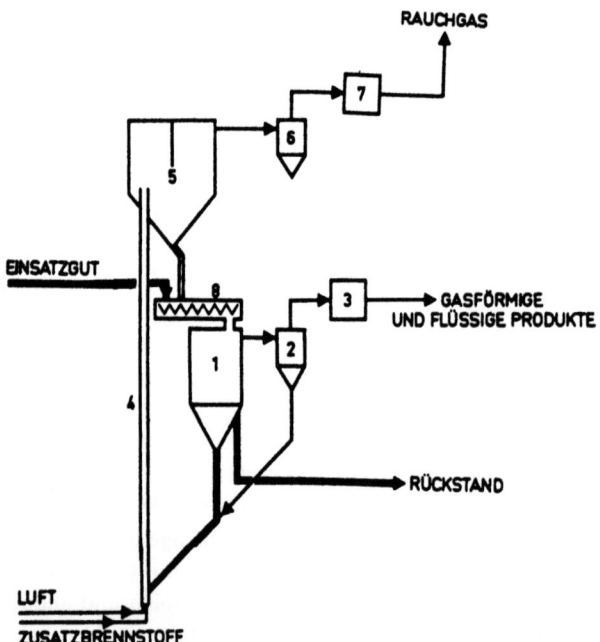

*Abb. 62.* Lurgi-Ruhrgas-(LR) Verfahren. (Mit freundlicher Genehmigung der Lurgi GmbH, Frankfurt/Main)

meträger von den Verbrennungsgasen, die über die beiden Staubabscheider (Zyklone) *(6)* und *(7)* ins Freie abgeleitet werden. Im Mischer *(8)* werden der heiße Wärmeträger und frischer Ölschiefer innerhalb weniger Sekunden intensiv vermischt und die Pyrolyse eingeleitet, die im eigentlichen Reaktor *(1)* abläuft. Wegen der direkten Berührung von feinkörnigem Einsatzmaterial und feinkörnigem Wärmeträger verläuft die Wärmeübertragung sehr schnell. Die bei der Pyrolyse freiwerdenden gas- und dampfförmigen Produkte werden im Heißzyklon *(2)* entstaubt und gehen weiter zur Kondensation *(3)*, wo Schieferöl anfällt und durch anschließende Fraktionierung in Leicht-, Mittel- und Schweröl aufgetrennt wird, während das Schwelgas als Heizgas Verwendung finden kann. Zurückbleibende Schieferasche, auf der sich Pyrolyseprodukte (Koks) abgesetzt haben, fließt zurück zur Steigleitung, wo die organischen Rückstände abgebrannt werden und die Schieferasche (die also als Wärmeträger dient!) wieder auf hohe Temperatur gebracht wird. Überschüssige Asche wird als Rückstand aus dem Kreislauf abgezogen und kann z.B. als Zuschlagstoff für Baumaterial (Zement, Kalk) verwendet werden.

Die mit Abstand größten Ölsandvorkommen der Welt lagern in Kanada und Venezuela; die geschätzten Reserven in $m^3$ Bitumen belaufen sich in Kanada auf 141 Mrd., in Venezuela auf 167 Mrd.; dabei wurden nur solche Lagerstätten berücksichtigt, die mehr als 50 Mio. $m^3$ Volumen aufweisen. Weitere große Vorkommen befinden sich in den USA und in der UdSSR. Die Gewinnung von Öl (Bitumen) aus Ölsanden erfolgt durch Extraktion; im Gegensatz zur Verarbeitung von Ölschiefern ist die Verwertung von Ölsanden erst neueren Datums.

Großtechnisch wird in Kanada das Heißwasserextraktionsverfahren von K. Clark mit Erfolg betrieben; es beruht auf folgenden für Ölsand charakteristischen Phänomenen:

1. Der Ölsand ist mit Wasser und nicht mit Öl benetzt.
2. Das Öl (Bitumen) hat bei Temperaturen um 90 °C eine geringere Dichte als Wasser.

Das Prinzip der Ölgewinnung aus Ölsand zeigt Abbildung 63.

Der Teersand wird bei 85 °C in Drehtrommeln mit alkalisch gemachtem Wasser angemaischt und mit Dampf behandelt. Unter diesen Bedingungen löst sich das Bitumen vom Sand und bildet einen Schaum, der in mehreren Absetzbehältern von Sand und Wasser getrennt wird. Die organische Phase enthält noch Wasser und Feststoffanteile; sie wird mit Naphtha verdünnt und anschließend mit Zentrifugen geklärt. Sodann wird Naphtha destillativ abgetrennt und zurück in den Prozeß geführt; Bitumen wird nach dem Delayed-Coker-Prozeß thermisch gekrackt. Bei diesem auch sonst in der Erdölindustrie bewährten Prozeß für Aufarbeitung schwerer Öle sowie Top- und Vakuumrückstände wird das Bitumen in einem Röhrenerhitzer auf ca.

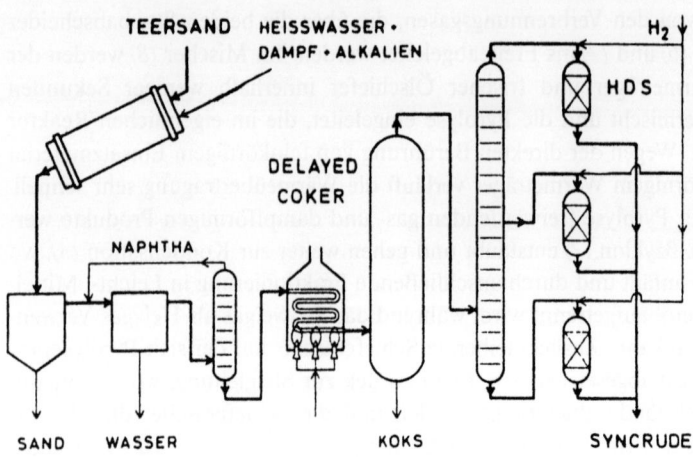

*Abb. 63.* Gewinnung von synthetischem Rohöl (Syncrude) aus Teersand bei Syncor Inc., Kanada. (Aus Weitkamp J (1982) Erdöl und Kohle - Erdgas - Petrochemie 35: 460)

500 °C erhitzt und anschließend auf den Boden eines Koksturmes geleitet, wo die Crackreaktion weiterläuft und unter Koksabspaltung niedere Kohlenwasserstoffe entstehen; diese werden in der nachgeschalteten Fraktionierkolonne in eine Benzin-, Kerosin- und Gasölfraktion zerlegt, separat katalytisch hydriert und anschließend zu einem Syncrude wieder zusammengeführt. Syncrude wird gemeinsam mit konventionellen Ölen in herkömmlicher Weise weiterverarbeitet. Die Produktion von Syncrude auf Basis der Ölsande lag in Kanada im Jahre 1982 bei 6 Mio. t.

Kürzlich wurde berichtet, daß in Kanada ein Extraktionsverfahren von der Solvent Petroleum Extraction entwickelt wurde, das mit einem halogeniertem Kohlenwasserstoff von niedrigem Siedepunkt arbeitet; als Vorteile dieser neuen Arbeitsweise werden die nur wenig über Raumtemperatur liegenden Arbeitstemperaturen sowie reinere Extrakte angegeben.

Ölsande (Teersande) können auch geschwelt werden; hierzu eignet sich das bereits erwähnte LR-Verfahren. Große Hoffnungen hatte man einige Zeit auf eine in-situ-Vergasung von Ölschiefern und Ölsanden gesetzt; allein die Schwierigkeiten, die nach anfangs erfolgreichen Versuchen auftraten, so u.a. Schwierigkeiten bei der Kontrolle des in gelockerten Gesteinsräumen ablaufenden Prozesses sowie drohende Gefährdung des Grundwassers, haben dazu geführt, hiervon zunächst wieder Abstand zu nehmen.

## 4.4 Treibstoffe und chemische Grundstoffe aus Kohlenmonoxid (Synthesegas)

### 4.4.1 Die Fischer-Tropsch-(FT)-Synthese

Kohleverflüssigung, d. h. Gewinnung flüssiger Treibstoffe aus Kohle, wurde nicht nur auf dem Wege der Direkthydrierung von Kohle erreicht; der zweite, übrigens noch heute in Südafrika in sehr großem Maßstab durchgeführte Prozeß ist die von F. Fischer und seinem Mitarbeiter H. Tropsch am Kaiser-Wilhelm-Institut (heute: Max-Planck-Institut) für Kohlenforschung in Mülheim/Ruhr entwickelte Hydrierung von Kohlenmonoxid. Diese Synthese, deren Grundlagen Fischer erstmals 1926 in einer nur zwei Seiten umfassenden Veröffentlichung in der Zeitschrift *Berichte der Deutschen Chemischen Gesellschaft* mitteilte, gehört zu den bedeutendsten Beiträgen deutscher Chemiker zur chemischen Technologie in der ersten Hälfte unseres Jahrhunderts.

Unter der Fischer-Tropsch-Synthese versteht man die Bildung von $CH_2$-Gruppen aus CO und $H_2$, aus denen dann weiter in einer Kettenwachstumsreaktion nahezu ausschließlich unverzweigte Paraffine und Olefine entstehen. In vereinfachter Form kann diese stark exotherme Reaktion für die Bildung von Paraffinen folgendermaßen formuliert werden:

$$nCO + (2n+1)H_2 \rightleftharpoons C_nH_{2n+2} + nH_2O$$

Beispiele sind:

a) $CO + 3H_2 \rightleftharpoons CH_4 + H_2O + 206 \text{ kJ}$
b) $2CO + 5H_2 \rightleftharpoons C_2H_6 + 2H_2O + 347 \text{ kJ}$
c) $3CO + 7H_2 \rightleftharpoons C_3H_8 + 3H_2O + 498 \text{ kJ}$

d) $10CO + 21H_2 \rightleftharpoons C_{10}H_{22} + 10H_2O + 1563 \text{ kJ}$ u.s.w.

Entscheidenden Einfluß auf den Reaktionsverlauf hat die Wärmeabführung: Nach dem Prinzip des kleinsten Zwanges (Prinzip von LeChatelier) bilden sich bei hohen Temperaturen vorwiegend niedermolekulare Kohlenwasserstoffe; Ziel der FT-Synthese waren aber Benzin und Dieselöl. Eines der schwierigsten Probleme bei der technischen Gestaltung des Prozesses war die rasche Ableitung der sehr großen bei der Reaktion freiwerdenden Wärmemengen. Anfangs wurde die FT-Synthese unter Normaldruck bei etwa 250-300 °C an Eisen- und Kobaltkatalysatoren durchgeführt.

Die Bildung der Olefine vollzieht sich nach folgender Reaktion:

$$nCO + 2nH_2 \rightleftharpoons C_nH_{2n} + nH_2O$$

Beispiele sind:

a) $2CO + 4H_2 \rightleftharpoons CH_2=CH_2 + 2H_2O$
b) $3CO + 6H_2 \rightleftharpoons CH_3-CH=CH_2 + 3H_2O$

Die Synthese läßt sich weiterhin auch so lenken, daß sauerstoffhaltige Verbindungen, besonders Alkohole, die sonst nur als Nebenprodukte in kleinen Mengen anfallen, als Hauptprodukte entstehen:

$nCO + 2nH_2 \rightleftharpoons C_nH_{(2n+1)}OH + (n-1) H_2O$

Ein Beispiel ist die Bildung von Ethanol:

$2CO + 4H_2 \rightleftharpoons C_2H_5OH + H_2O$

Daneben entstehen Aldehyde, Ketone, Säuren und Ester. Alkalihaltige Eisenkatalysatoren, ein niedriges $H_2/CO$-Verhältnis, hoher Druck und kurze Verweilzeiten begünstigen diese Reaktionen. Mit zunehmender Temperatur finden sich Aromaten und zyklische Kohlenwasserstoffe im Reaktionsprodukt.

Im Jahre 1932 kam es zu einer Zusammenarbeit zwischen Fischer und der Ruhrchemie AG; bereits 1936 konnte die erste Großanlage in Betrieb genommen werden. Zwar strebte Fischer zunächst eine Synthese unter Normaldruck an, ging aber schon 1936 auf das zusammen mit H. Pichler entwickelte Mitteldruckverfahren über, das im Druckbereich zwischen 7 und 30 bar betrieben wurde. Insgesamt wurden in Deutschland bis zum Ende des Zweiten Weltkrieges neun FT-Anlagen mit einer jährlichen Gesamtkapazität von 700 000 t (1944) errichtet; die Fischer-Tropsch-Synthese spielte damals bei weitem nicht eine so bedeutungsvolle Rolle wie die Hochdruckkohlehydrierung. Im Vergleich zur Kohlehydrierung weist sie allerdings einen großen Vorteil auf: Sie ist praktisch für alle Kohlesorten geeignet.

Ursprünglich stand die Gewinnung von Treibstoffen im Mittelpunkt des Interesses. Im Rahmen von Überlegungen über Möglichkeiten der Substitution von Erdöl durch Kohle wurde auch die FT-Synthese erneut zur Diskussion gestellt. Die heutige Produktpalette, wie sie z. B in Südafrika erzielt wird, entspricht so noch nicht den Anforderungen der chemischen Industrie; daher wurden wissenschaftliche Untersuchungen eingeleitet, um Wege zu maximalen Ausbeuten an Ethylen und Propylen aufzuspüren.

Der klassische Fischer-Tropsch-Reaktor ist ein Röhrenofen, in dessen Röhren der stückige Katalysator angeordnet ist; von außen werden die Röhren mit Wasser gekühlt, das verdampft (Verdampfungskühlung), wobei die gewünschte Temperatur durch Regelung des Dampfdruckes eingestellt wird. Beim Synthol-Prozeß, der in den USA bei der Firma Kellogg entwickelt und in Südafrika bei der Firma Sasol im technischen Maßstab erprobt und opti-

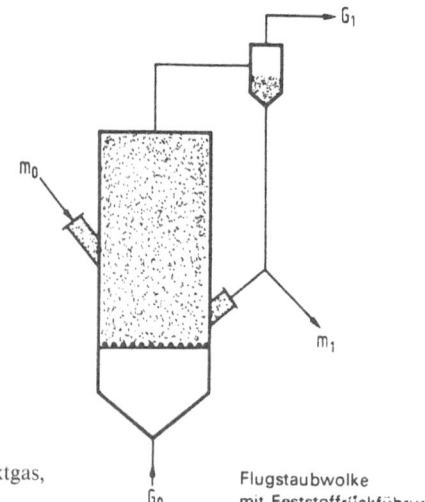

Abb. 64. Flugstromreaktor. $m_0$ Kohleeintrag, $G_0$ Vergasungsmittel, $G_1$ Produktgas, $m_1$ Ascheabzug. (Aus Osteroth 1979)

Flugstaubwolke mit Feststoffrückführung

miert wurde, wird die Synthese im Temperaturbereich von 300–340 °C an einem staubförmigen Kontakt durchgeführt; anders als beim Wirbelschichtreaktor liegt hier eine expandierte Wirbelschicht vor, die mit dem Gasstrom aus dem Reaktor ausgetragen und im Kreisstrom durch ein außerhalb des Reaktors angeordnetes Rückführungssystem vom Kopf zurück zum Reaktorboden geleitet wird (*Flugstromreaktor*, s. Abb. 64).

Ein Vergleich zwischen den Betriebsergebnissen aus einem Festbettreaktor (Arge-Prozeß der Arbeitsgemeinschaft Ruhrchemie/Lurgi) und einem Flugstromreaktor (Synthol-Prozeß) in der südafrikanischen FT-Anlage zeigt die sehr unterschiedliche Zusammensetzung der Produkte (Tabelle 27).

Mit dem Synthol-Prozeß lassen sich an einem relativ billigen Eisenkontakt größere Mengen leichter Kohlenwasserstoffe sowie mehr sauerstoffhaltige Verbindungen erhalten; die Ausbeute an (Ethylen + Propylen + Butenen) läßt sich maximal bis zu 25 Prozent der Gesamtausbeute steigern. Die flüssigen Produkte enthalten beträchtliche Mengen an höheren Olefinen, die u.a. für die Synthese von grenzflächenaktiven Verbindungen (Waschrohstoffe) gut geeignet sind.

Die Ausbeute an niederen Olefinen ließe sich natürlich beträchtlich erhöhen, wenn man die höheren Kohlenwasserstoffe nach den üblichen Verfahren der Erdölchemie crackt; dieser Weg zu Olefinen ist aber sicherlich viel zu aufwendig. Sehr viel bessere Aussichten bietet dagegen die FT-Direktsynthese von Olefinen mit Hilfe spezieller Katalysatoren; so haben H. Kölbel und K. D. Tillmetz im Labormaßstab mit einem Mn/Fe-Fällungskatalysator bei 250° C $C_2$-$C_4$-Ausbeuten von 50% erreichen können.

**Tabelle 27.** Betriebsergebnisse aus einem Festbettreaktor und einem Flugstromreaktor. (Nach Janardarao; aus: Chem. Eng. World (India) XV, 1980, 12: 37)

|  | Festbettverfahren | | Syntholverfahren | |
|---|---|---|---|---|
| Temperatur | 220–240 °C | | 320–340 °C | |
| Druck | 26 bar | | 22 bar | |
| $H_2$/CO-Verhältnis | 1,7:1 | | 3:1 | |
| Primärprodukte | Gew.-% Gesamt, | Gew.-% davon Olefine | Gew.-% Gesamt, | Gew.-% davon Olefine |
| $C_1$ | 7,8 | – | 13,1 | – |
| $C_2$ | 3,2 | 23 | 10,2 | 43 |
| $C_3$ | 6,1 | 64 | 16,2 | 79 |
| $C_4$ | 4,9 | 51 | 13,2 | 76 |
| $C_5$–$C_{11}$ | 24,8 | 50 | 33,4 | 70 |
| $C_{18}$–$C_{20}$ | 14,7 | 40 | 5,1 | 60 |
| $> C_{20}$ | 36,2 | 15 | – | – |
| Alkohole und Ketone | 2,3 | – | 7,8 | – |
| Säuren | – | – | 1,0 | – |

### 4.4.2 Methanol und der MTG-Prozeß

Am 26. September 1923 verließ der erste Kesselwagen mit Rohmethanol die damals zur BASF gehörenden Leuna-Werke; Methanol, das bis zu diesem Zeitpunkt nur bei der Holzverkohlung als Nebenprodukt im technischen Maßstab gewonnen werden konnte, war durch die Arbeiten von M. Pier und seiner Mitarbeiter nun auch durch Synthese zugänglich. Ausgangsprodukt für die Synthese war aus Kohle gewonnenes Synthesegas (wurde in Leuna in großen Mengen für die Ammoniaksynthese hergestellt), das bei 370 °C unter 200 bar Druck in Gegenwart eines Zinkchromatkatalysators Methanol bildet:

$$CO + 2H_2 \rightleftharpoons CH_3OH$$
$$CO_2 + 3H_2 \rightleftharpoons CH_3OH + H_2O$$

Wird aus Erdgas (der heute am meisten beschrittene Weg) oder aus Erdöl gewonnenes Synthesegas bei diesem Prozeß eingesetzt, so mischt man wegen des hohen H/C-Verhältnisses sogar $CO_2$ zu; bei Einsatz von kohlestämmigem Synthesegas muß $CO_2$ wegen des geringeren H/C-Verhältnisses zum größten Teil durch Gaswäsche entfernt werden. Zwei Verfahren konnten sich durchsetzen:
1. Die Hochdrucksynthese nach dem BASF-Verfahren unter 300 bar Druck bei 350–400 °C an robusten Chromoxid/Zinkoxidkatalysatoren.

2. Die Niederdruck-Synthese (ICI, Lurgi) im Druckbereich von 50-100 bar und Temperaturen von 220-300 °C in Gegenwart sehr aktiver, jedoch empfindlicher Kupfer-Katalysatoren.

Methanol gehört heute zu den mengenmäßig bedeutendsten Grundstoffen; die weltweiten Methanolkapazitäten lagen 1986 bei mehr als 21 Mio. t pro Jahr, davon 2,5 Mio. t in Westeuropa, 6,3 Mio. t in den USA und 5,8 Mio. t in Osteuropa. Die Hauptmenge des Methanols wurde zu Formaldehyd weiterverarbeitet (50% in Westeuropa, 30% in den USA); als Treibstoffzusatz wurden in Westeuropa 5%, in den USA 6% der Gesamtmenge verbraucht.

Methanol eignet sich sowohl im Gemisch mit Benzin (M 15 ist ein solches Gemisch mit 15% Methanolzusatz) wie auch in reiner Form (M 100) als Vergasertreibstoff; ferner kann auch Dieselöl zu mehr als 80% durch Methanol ersetzt werden. Zumischen zu Benzin wurde schon während des Zweiten Weltkrieges untersucht, wobei sich zeigte, daß reines Benzin und wasserfreies Methanol leicht mischbar sind; dies gelingt besonders gut mit aromatenreichen Benzinsorten. Solche Mischungen sind jedoch sehr wasserempfindlich, und selbst bei niedrigen Methanolgehalten führt schon ein kleiner Wasserzusatz zum Entmischen, dem durch Beimischen von Lösungsvermittlern entgegengewirkt werden kann. Außerdem sind Anpassungen des Fahrzeuges besonders dann erforderlich, wenn reines Methanol verwendet werden soll (größere Tanks, um gleiche Reichweiten wie mit Benzin zu erhalten; methanolresistente Werkstoffe, Änderungen am Vergaser sowie am Saugrohr, zusätzliche Einrichtungen zur Überwindung von Kaltstartschwierigkeiten, Katalysator zur Entfernung von Formaldehyd aus dem Abgas usw.). Auch bei Verwendung in Dieselöl treten Schwierigkeiten auf, die von der schlechten Selbstentzündung des Alkohols herrühren; andererseits erreicht man so aber rußfreie Verbrennung, geringere Motorengeräusche und verbesserte Emissionen. Die Schwierigkeiten beim Dieselmotor können überwunden werden, wenn die Maschine ein Zweistoffmotor ist, der beim Start sowie im Leerlauf nur mit Dieselöl arbeitet.

Mit Hilfe des MTG-(methanol-to-gasoline)-Prozesses der Mobil Research and Development Corp. gelingt bei 400 °C an einem speziellen Zeolithkatalysator (ZSM-5-Zeolithe) die Abspaltung von Wasser unter Bildung höherer Kohlenwasserstoffe:

$$n\,CH_3OH \xrightarrow{ZSM-5-Zeolithe} (-CH_2-)_n + n\,H_2O$$

Diese stark exotherme Reaktion kann sowohl an einem Festbettkatalysator wie auch in der Wirbelschicht durchgeführt werden.

Der MTG-Prozeß gilt heute als attraktiver Weg zur Herstellung von hochoktanigem Benzin aus Methanol und interessante Alternative zum FT-Prozeß. In der Bundesrepublik wurde 1982 bei der Union Rheinische Braunkohlen Kraftstoff AG in Wesseling eine kleine Versuchsanlage in Betrieb genommen; die erste MTG-Großanlage für die Herstellung von täglich rund 600 t Benzin mit einer Oktanzahl von 92-94 wurde 1985 in Neuseeland errichtet.

Die Einführung von M 100 als Alternativkraftstoff würde eine wesentliche Steigerung der Methanolproduktion im Vergleich zur heutigen Produktion erfordern, ferner aber auch eine Massenproduktion von Kraftfahrzeugen mit umstrukturierten Kraftstoffverteilersystem. Es erscheint ausgeschlossen, sämtliche hierfür erforderlichen Schritte auf einmal zu tun; so gesehen könnte der Mobil-Prozeß eine praktikable Zwischenlösung darstellen. Er kann ferner so gelenkt werden, daß hauptsächlich niedere Olefine und Aromaten gebildet werden; auch in dieser Hinsicht kann der Mobil-Prozeß als Alternative zur FT-Synthese angesehen werden, um von Kohle zu Ethylen und Propylen zu gelangen.

Methanol läßt sich übrigens leicht wieder zu Kohlenmonoxid und Wasserstoff spalten; es stellt also eine leicht zu handhabende Form von *hochverdichtetem Synthesegas* dar. Auf vielen Erdölfeldern in der Welt werden noch immer große Mengen bei der Erdölförderung anfallenden Gases *abgefackelt,* also nutzlos und zudem umweltgefährdend verbrannt. Eine Möglichkeit für ihre Verwertung ist Umwandlung in Methanol, das in Tankern oder Pipelines zu den Verbrauchern transportiert wird.

## 4.5 Acetylen

Bis kurz vor dem Ersten Weltkrieg war der aromatenreiche Steinkohlenteer der einzige Rohstoff von wirklich überragender Bedeutung zur Gewinnung von Grundstoffen für die organisch-chemische Industrie; die aus ihm isolierten aromatischen Kohlenwasserstoffe und deren Derivate dienten zur Herstellung von „Teerfarben" und Pharmazeutika. Zu diesem Zeitpunkt setzte, maßgeblich gefördert durch Arbeiten von P. Duden und A. Wacker, die Entwicklung der *klassischen* Kohlechemie ein: Acetylen hatte sich als Schlüsselsubstanz für eine aus damaliger Sicht gesehen neuartige technische Chemie zur Erzeugung wichtiger aliphatischer Verbindungen wie Acetaldehyd, Essigsäure und Aceton erwiesen, die zuvor hauptsächlich aus Holz gewonnen wurden. In den 20er und 30er Jahren wurde eine Reihe auch heute noch wichtiger Kunststoffe wie Polyvinylchlorid (PVC), Polyacrylnitril und synthetischer Kautschuk entwickelt; die für die Polymerisation erforderlichen Monomeren wurden aus Acetylen hergestellt In den 30er Jahren erhielt die Acetylenchemie neue Impulse durch die Arbeiten von W. Reppe. Insbesondere der Vier-Stufen-Prozeß zur Herstellung von Butadien, der die technische Synthese von Kautschuk ermöglicht hat, erregte damals Aufmerksamkeit in der ganzen Welt; er wird in anderem Zusammenhang noch ausführlich besprochen. Um 1930 war die Butadiensynthese so weit entwickelt, daß 1937 in Schkopau (bei Merseburg in der heutigen DDR) sowie 1939 in Hüls zwei *Buna*-Fabriken errichtet werden konnten, die am Ende des zweiten Weltkrieges über eine Kapazität von zusammen 150000 Tonnen Synthesekautschuk pro Jahr verfügten.

Bis zum Beginn der 50er Jahre konnte Acetylen in Deutschland seine vorherrschende Stellung behaupten; dann setzte auch hier der Verdrängungsprozeß durch Ethylen und weitere Olefine ein, die aus Erdöl und Erdgas gewonnen werden. An die Stelle der Acetylenchemie trat die Petrochemie, die zuerst in den USA zur Großindustrie ausgebaut war; nach dem Kriege setzte sich diese Entwicklung schon bald in Westeuropa und in Japan fort, und heute sind in der ganzen Welt Erdöl und Erdgas *der* Rohstoff für die Gewinnung organisch-chemischer Erzeugnisse und Wasserstoff.

Ursprünglich wurde Acetylen ausschließlich aus Calciumcarbid *(Karbid)* gewonnen, das sich aus Kohle (Koks) und Branntkalk (CaO) bei hohen Temperaturen oberhalb von 2000 °C nach folgender stark endothermen Reaktion

$$CaO + 3C \longrightarrow CaC_2 + CO$$

im elektrothermischen Reaktionsofen *(Karbidofen)* bildet. Wegen ihres sehr hohen Stromverbrauches wurden Karbidfabriken nur dort errichtet, wo billiger Strom aus Braunkohlenkraftwerken (Schkopau und Piesteritz in der heutigen DDR sowie Kapsack bei Köln) oder aus Wasserkraftwerken (Bayern) zur Verfügung steht. Um kontinuierlichen Prozeßablauf zu erreichen, wurden spezielle Kohleelektroden für Karbidöfen entwickelt, die über dem Ofen laufend in dem Maße ergänzt werden, wie sie im Ofen abbrennen (Söderberg-Elektroden). Das gebildete Karbid wird glühend-flüssig von Zeit zu Zeit abgestochen und in eine Kühltrommel oder in Tiegel abgelassen, wo es erstarrt und nach dem Abkühlen zerkleinert wird. Insgesamt gleicht der Betriebsablauf in einer Karbidfabrik mehr dem in einem Elektrostahlwerk als in einem konventionellen Chemiebetrieb. Die Öfen haben heute geschlossene Bauweise, so daß das gebildete Ofengas abgesaugt und nach Entstaubung als Heizgas eingesetzt werden kann; als Synthesegas ist es wegen seiner geringen CO-Konzentration ungeeignet. Umweltverträgliche Karbidproduktion ist allein schon wegen des an vielen Stellen im Betrieb entstehenden Staubes problematisch; die an vielen Betriebsteilen abgesaugte, stark staubhaltige Abluft sowie die staubigen Abgase werden durch einen hohen Schornstein ins Freie abgeführt. Nasse Gasreinigung ist zwar möglich; dabei fallen jedoch schlammreiche cyanidhaltige Abwässer an, deren Entsorgung schwierig ist. In neuerer Zeit wurden trockene Gasreinigungsverfahren entwickelt, bei denen Heißfilter aus keramischen Material verwendet werden, die neben Gasentstaubung auch regenerative Nutzung der Abwärme in den sehr heißen

Ofengasen ermöglichen; der abgeschiedene Staub kann nach Reinigung als Düngemittel in der Landwirtschaft eingesetzt werden. In modernen Karbidfabriken erfolgt die Ofensteuerung durch Prozeßrechner. Während der letzten 30 Jahre wurden in den Industrieländern keine neuen Karbidfabriken mehr errichtet, denn der hohe Stromverbrauch bei diesem Prozeß führte dazu, weniger stromintensiven Verfahren zur Acetylengewinnung den Vorzug zu geben.

Bei der *Vergasung* von Karbid handelt es sich in Wirklichkeit um eine Hydrolyse nach:

$$CaC_2 + 2\ H_2O \rightarrow Ca(OH)_2 + C_2H_2.$$

Heute wird sog. *Trockenvergasung* bevorzugt, bei der das Wasser in stöchiometrischer Menge zugesetzt wird; Kalkhydrat (Calciumhydroxid) fällt dabei in fast trockener, gut rieselfähiger Form an. Das ist Voraussetzung für seine wirtschaftliche Verwertung: Etwa die Hälfte wird brikettiert, wieder gebrannt

$$Ca(OH)_2 \rightarrow CaO + H_2O$$

und in den Ofen zurückgeführt; die restliche Menge kann in der Bauindustrie Verwendung finden. Rohacetylen enthält einige unangenehm riechende giftige Verbindungen, wie Phosphorwasserstoff, Ammoniak und schwefelhaltige Verbindungen, die vor seiner Weiterverarbeitung durch Gasreinigung entfernt werden müssen.

Unter den kohlechemischen Prozessen zur Gewinnung von Acetylen hat hauptsächlich der Weg über Carbid Bedeutung erlangen können. Ein weiterer Prozeß, der nur in Deutschland zur großtechnischen Anwendung kam und noch heute durchgeführt wird, ist die Acetylengewinnung nach dem Lichtbogenverfahren der Hüls AG, bei der Methan (es kommt aus dem Erdgasfeld bei Bentheim) im Gleichstromlichtbogenofen (Plasmareaktor) nach

$$2\ CH_4 \rightleftharpoons C_2H_2 + 2\ H_2$$

zu Acetylen umgesetzt wird; diese Reaktion setzt erst oberhalb von rund 1400 °C ein. Acetylen zerfällt bei den hohen Lichtbogentemperaturen von über 2000 °C leicht unter Rußbildung; die Energiezufuhr muß daher sehr schnell erfolgen, die Verweilzeit der Einsatz- bzw auch Reaktionsprodukte in der sehr heißen Flammenzone äußerst kurz ($10^{-2}$–$10^{-3}$ s) sein. Nach raschem Aufheizen muß das sehr heiße Gas durch *Abschrecken* schlagartig gekühlt werden. Das Schema eines solchen Ofens zeigt Abbildung 65.

Das kalte Einsatzgas tritt tangential in eine *Drallbüchse* ein und strömt von hier mit hoher Geschwindigkeit von etwa 1000 m/sec. durch das 2 m lange Flammenrohr, an dessen unterem Ende das heiße Gas durch direktes Einspritzen von Wasser *(Quenchen)* schlagartig auf etwa 150 °C abgekühlt wird;

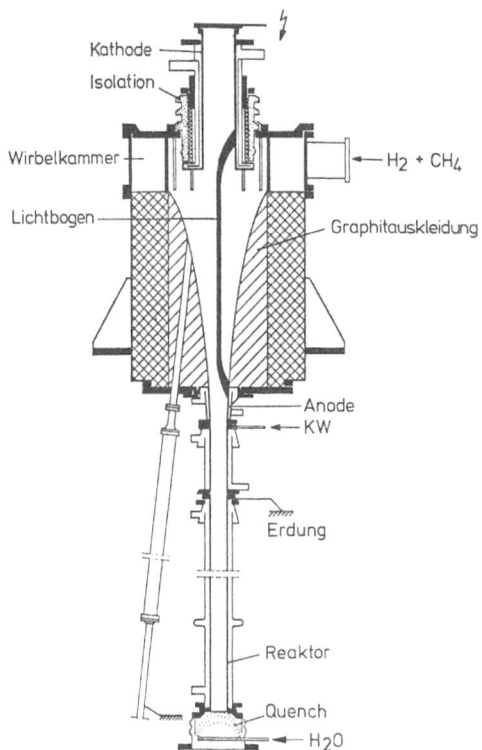

**Abb. 65.** Aufbau des zur Zeit betriebenen Hülser Lichtbogenreaktors. Die Zuführung der erforderlichen Reaktionsenthalpie erfolgt direkt in einem elektrischen Gleichstromlichtbogen, der in den zu spaltenden Einsatzkohlenwasserstoffen (Methan bis $C_4$-KW) brennt. Besondere Daten zum Hülser Lichtbogenreaktor: Elektrische Leistung: 8,4 MW (7 kV, 1200 A); Länge des Bogens: 1-1,2 m; Bogenkerndurchmesser: ca. 10 mm; Verweilzeit im Reaktor: 2-3 ms; Gasgeschwindigkeit im Flammenrohr: ca. 1000 m/s; Durchmesser der Reaktoren: 100-160 mm; mittlere Reaktionstemperatur: 1400-1500 °C; Temperatur in der Bogensäule: bis 20000 °K. Von der zugeführten elektrischen Energie werden 45% zur Aufheizung der Gase auf Reaktionstemperatur, 47% als chemische Energie verbraucht. Der Rest (ca. 8%) sind Verluste, die im wesentlichen mit dem Kühlwasser der Elektroden abgeführt werden. Kathode und Anode bestehen aus Eisen. Durch Erosion am Anodenbrennfleck sowie durch Graphitablagerungen an den Bogenansatzpunkten, die entfernt werden müssen, ergeben sich Laufzeiten bis zu 1000 h für die Kathode bzw. 100-200 h für die Anode. Zur Ausnutzung der Spaltgasenthalpie werden in den etwa 1500 °C heißen Gasstrom am Austritt aus dem Reaktionsteil, in dem der Lichtbogen brennt, Kohlenwasserstoffe (KW, Flüssiggase und Leichtbenzin) eingedüst. Diese werden bei einer mittleren Temperatur von ca. 1000 °C weitgehend pyrolysiert, wobei zusätzlich vor allem Ethylen gebildet wird. Anschließend erfolgt die Quenchung mit Wasser auf 200 °C. Bei Hüls werden in 19 Lichtbogeneinheiten 120000 jato $C_2H_2$ und 50000 jato $C_2H_4$ hergestellt. (Mit freundlicher Genehmigung der Hüls AG)

dadurch wird das Gleichgewicht zwischen Ausgangsgas und Acetylen *eingefroren* und thermischer Zerfall des Acetylens weitgehend unterbunden.

Dies bei der BASF entwickelte Verfahren, an dessen technischer Gestaltung P. Baumann maßgeblichen Anteil hatte, wurde erstmals 1932 in einer 2100 kW-Lichtbogenanlage bei der Standard Oil Company (New Jersey), dem BASF-Partner bei der Kohlehydrierung, in Baton Rouge erprobt; als Rohstoff diente zuerst Erdgas, später Raffineriegas. Im Jahr 1935 wurde eine zweite 2800-kW-Lichtbogenanlage in Leuna in Betrieb genommen, die für die Verwertung von Hydriergasen errichtet war. Ende 1940 liefen die ersten beiden 7000 kW-Lichtbogenöfen in den Chemischen Werken Hüls an, die pro Ofen täglich 12 t Acetylen liefern konnten. Während des Krieges wurden Hydriergase aus der Kohleverflüssigung sowie Kokereigase eingesetzt, die sich wegen ihres hohen Kohlenwasserstoffgehaltes sehr gut für Acetylengewinnung eignen; als Nebenprodukt fiel Wasserstoff an, der für Hydrierungen benötigt wurde. Später ging man auf Erdgas über.

Eine wesentliche Folge des Überganges von Kohle zu Erdöl war die Substitution der Acetylenchemie durch die Ethylenchemie. Nun ist Acetylen wegen der Dreifachkohlenstoffbindung im Molekül

$$H-C\equiv C-H$$

außerordentlich reaktionsfähig; daher besitzen einige Prozesse der Acetylenchemie im Vergleich zu Verfahren mit Ethylen reaktionstechnische Vorteile, die sich günstig auf die Herstellkosten der entsprechenden Produkte auswirken können. Dabei muß allerdings der deutlich höhere Energiebedarf für die Herstellung von Acetylen im Vergleich zur Herstellung von Ethylen berücksichtigt werden. Daher sind einige petrochemische Prozesse zur Acetylenherstellung entwickelt worden, zu denen auch das schon erwähnte Lichtbogenverfahren gehört; als Einsatzprodukte eignen sich ja Erdgas, Raffineriegase oder Flüssiggas. Als weiteres Beispiel sei der Wulff-Prozeß genannt, ein heute allerdings veraltetes Regenerativ-Verfahren mit alternierender Aufheizung feuerfest ausgemauerter Öfen, in denen die Spaltung stattfindet; technisch erprobt ist auch der Tauchflammprozeß der BASF, bei dem eine Öl/Sauerstoff-Flamme in der Ölphase selbst die thermische Spaltung bewirkt. Weite Verbreitung fand das Sachsse-Bartholomae-Verfahren der BASF, bei dem unvollständige Verbrennung von Kohlenwasserstoffen wie Methan oder Leichtbenzin durchgeführt wird; in der heißen Flamme erfolgt endotherme Umwandlung in Acetylen, z. B.

$$2CH_4 \rightleftharpoons C_2H_2 + 3H_2$$

In der Bundesrepublik stagniert die Acetylenerzeugung seit einem Jahrzehnt bei rund 200 000 t pro Jahr; zum Vergleich seien die Produktionszahlen einiger petrochemischer Produkte für 1986 genannt: Ethylen 2,7 Mio. t, Propylen

1,4 Mio. t, Butene und Butadien 1,4 Mio. t. Die Produktion von Calciumcarbid in der Bundesrepublik fiel von rund 750000 t zu Beginn der 70er Jahre auf nur noch 320000 t zu Beginn der 80er Jahre. In der DDR lag die Karbidproduktion im Jahre 1986 mit 1,1 Mio. t um rund 160000 t höher als im Jahre 1960.

Im Rahmen von Überlegungen über Möglichkeiten zu einer Rückkehr zur Kohlechemie wurde auch dem Acetylen erneut größere Beachtung geschenkt, denn nach wie vor gelten natürlich rein chemisch bedingte Vorteile im Vergleich zum Ethylen:

1. Die bereits erwähnte größere Reaktivität des Acetylens, die eine Reihe reaktionstechnischer Vorteile bringt.
2. Acetylenherstellung erfordert Einsatz von weniger Wasserstoff im Vergleich zur Olefinherstellung.
3. Bei kohlechemischer Produktion ist für Acetylen geringerer Kohleeinsatz erforderlich als für Ethylen und Propylen.

Bei den petrochemischen Pyrolyseprozessen zur Acetylenerzeugung werden Leichtbenzin, Flüssiggase, Raffineriegase, Rohöle oder Erdgas eingesetzt. Analoge Stoffe aus der Kohleverflüssigung, etwa Kohleöl oder Kohlenwasserstoffe aus der FT-Synthese, eignen sich natürlich ebenfalls; dieser Weg kann aber aus wirtschaftlichen Gründen ausgeschlossen werden, denn er bietet im Vergleich zur Karbid-Route keine Vorteile.

Ein aussichtsreicher Weg zur Gewinnung von Acetylen dürfte die Direktumwandlung von Kohle im elektrischen Flammbogen sein, über die erstmals schon 1971/72 von der AVCO-Corporation berichtet wurde; die Versuche wurden in einem rotierenden Lichtbogen durchgeführt. Diese Idee wurde in der Bundesrepublik von der Bergbau-Forschung aufgegriffen und in einem 30 kW-Lichtbogenversuchsreaktor studiert. Wasserstoff wird in einem Gleichstromlichtbogen aufgeheizt; in den sehr heißen Gasstrom wird feingemahlene Steinkohle mit Wasserstoff als Trägergas eingeblasen. Braunkohle ist wegen ihres Gehaltes an Sauerstoff ungeeignet, weil dieser zur CO-Bildung führt. Die Versuche haben inzwischen ergeben, daß die *Plasmapyrolyse* eine aussichtsreiche neue Technologie ist, um auf direktem Wege aus Kohle Acetylen zu erhalten; in Zusammenarbeit mit der Hüls AG, die ja jahrzehntelange Erfahrungen auf dem Gebiet der Chemie im elektrischen Flammenbogen hat, wird an der Verbesserung des Verfahrens weitergearbeitet. Die Versuche haben ergeben, daß oberhalb von 2000 °C Acetylenausbeuten bis zu 50% bezogen auf die Menge Einsatzkohle erreicht werden können. Voraussetzung für eine wirtschaftliche Durchführung dieses Verfahrens ist preisgünstiger elektrischer Strom: Auch bei diesem Prozeß zeigen sich Möglichkeiten zur Einbindung der Kohlechemie in Kernkraftwerke; so ist eine Kombination aus HTR-Technik, Kohlevergasung und Plasmapyrolyse (preisgünstiger

*Atomstrom*) vorstellbar. Ob die aus Kombination von Kohlechemie und Kernkraft resultierenden Chancen in der Bundesrepublik genutzt oder aus politischen Gründen verpaßt werden, kann für die heimische Kohle vielleicht sogar zu einer schicksalshaften Frage werden.

Acetylen neigt als stark endotherme Verbindung zu spontanem Zerfall; seine Handhabung erfordert selbst unter geringem Druck äußerste Vorsicht. Mit Metallen, insbesondere mit Kupfer, bildet Acetylen Acetylide, die in trockenem Zustand sehr schlagempfindlich sind und explosionsartig zerfallen können. Die Erschließung einer sicheren *Acetylendruckchemie* ist das Verdienst von W. Reppe und seiner Mitarbeiter, denen es sogar gelang, Acetylenkupfer, das bei einer Reihe von Reaktionen als Katalysator dient, gefahrlos zu handhaben.

# 5 Kohle und Biomassen contra Erdöl?

## 5.1 Kohle

Rund 40% des Weltbedarfes an Primärenergie werden von Erdöl gedeckt. Weiterhin ist es von der Menge her der mit Abstand wichtigste Rohstoff der organisch-chemischen Industrie, und auch der weitaus größte Teil des Wasserstoffs (mehr als die Hälfte davon geht in die Ammoniaksynthese) wird durch Dampfspaltung von Erdgas, Naphtha und Raffineriegasen sowie durch partielle Oxydation schwerer Erdölrückstände gewonnen. Die Frage ist berechtigt: Sind wir auf Gedeih und Verderb von dieser *bequemsten* aller Energie- und Rohstoffquellen abhängig?

Was die technische Seite dieser Frage anbelangt, so kann sie eindeutig verneint werden. So wurde ja das erste synthetische Ammoniak aus kohlestämmigen Synthesegas gewonnen; weiterhin haben die in der Zeit zwischen den beiden Weltkriegen entwickelten Verfahren gezeigt, daß Treibstoffe aller Art, Schmiermittel und sämtliche unentbehrlichen organisch-chemischen Produkte auch auf kohlechemischen Wegen zugänglich sind. Bei Verwendung der wasserstoffärmeren Kohle sind jedoch in der Regel sehr aufwendige technische Anlagen und komplizierte Prozesse erforderlich, die einer raschen Kapazitätsausweitung kohlechemischer Produktionen Grenzen setzten, die erst durch den Übergang auf die leichter zu handhabenden wasserstoffreicheren Rohstoffe Erdöl und Erdgas überschritten werden konnten.

Zweifellos waren beim Übergang von Kohle auf Erdöl ökonomische Gesichtsgründe von ausschlaggebender Bedeutung; dieser Strukturwandel war darüber hinaus jedoch maßgeblich beeinflußt durch neuartige Prozesse, die erst die Vorteile des Erdöls voll zum Tragen brachten. Begünstigt wurde diese Entwicklung durch den raschen Auf- und Ausbau von Raffinerien sowie eines flexiblen Verteilernetzes, ohne die eine gesicherte Versorgung mit den notwendigen Energieträgern und Grundstoffen nicht möglich gewesen wäre.

Besonders wichtige organisch-chemische Grundstoffe sind:
- Ethylen (Ethen),
- Propylen (Propen),
- $C_4$-Kohlenwasserstoffe (Butadien, Butene),
- Höhere Kohlenwasserstoffe,

162  Kohle und Biomassen contra Erdöl?

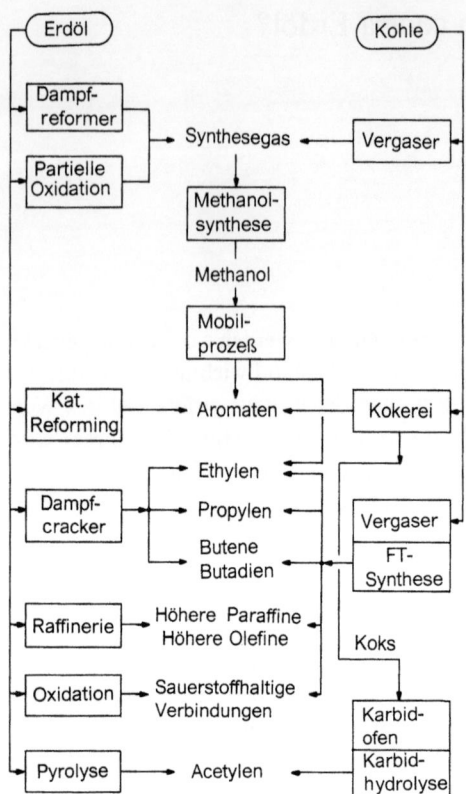

*Abb. 66.* Vergleich der Gewinnung einiger wichtiger Grundstoffe für die organisch-chemische Industrie auf petrochemischem bzw. kohlechemischem Weg

- Acetylen,
- Synthesegas,
- aromatische Kohlenwasserstoffe (vor allem BTX-Aromaten).

Die stark vereinfachte schematische Übersicht (Abb. 66) zeigt, daß diese Grundstoffe sowohl aus Erdöl wie aus Kohle hergestellt werden können; läßt zugleich auch erkennen, daß der kohlechemische Weg oft über mehrere Verfahrensstufen führt, also umständlicher ist.

Auf petrochemischen Wege gelangt man zu diesen Grundstoffen in der Regel über wenige relativ einfache Prozeßstufen mit guten Ausbeuten; außerdem entstehen die gewünschten Molekulargerüste schon im Verlauf der Crack- und Reformingprozesse, während bei der Vergasung von Kohle zunächst Wasserstoff und Kohlenmonoxid gebildet werden, die mit aufwendigen Verfahren (FT-Synthese, Mobilprozeß) in aliphatische Kohlenwasserstoffe verschiedener Kettenlängen umgewandelt werden müssen. Weiterhin lassen sich aliphatische und aromatische Verbindungen durch Hydrieren, Schwelen und Verkoken von Braunkohlen und Steinkohlen gewinnen. Beim Erdöl kommen zum Preisvorteil noch die Vorteile der leichteren Handhabung sowie der kürzeren und damit weniger aufwendigen Verfahrenswege hinzu: Hier liegt der Reiz der petrochemischen Verfahren!

Die sprunghafte Entwicklung der Rohölpreise in den siebziger Jahren, zugleich auch die weiten Kreisen bewußt gewordene Endlichkeit der Rohstoffvorräte (der erste Bericht des Club of Rome zur Lage der Menschheit *Die Grenzen des Wachstums* aus dem Jahre 1972 hat wesentliche Aufklärungsarbeit geleistet) führten zu einer Neubewertung der Kohle; euphorisch wurde zuweilen schon von einer *Renaissance der Kohlechemie* gesprochen, und Kohle war wieder *in:* Der Wert der deutschen Steinkohlenvorräte erschien in neuem Glanz; Benzin und SNG aus Kohle schienen nicht länger Utopien zu sein. Pläne von gigantischen *Kohleraffinerien* entstanden auf Reißbrettern; in Pilot- und Demonstrationsanlagen wurde die *Machbarkeit* einer neuen Kohlechemie vorgeführt. Inzwischen wich die anfängliche Kohleeuphorie einer sehr viel nüchterneren Beurteilung übrigens nicht nur infolge des Preisverfalls des Rohöls: Der Niedergang der Kohlechemie zugunsten der Petrochemie war ja, wie erwähnt, auch auf eindeutige technische Vorteile der Petrochemie zurückzuführen. Die Substitution der Kohle durch Erdöl brachte:

1. Beträchtliche Reduzierung des spezifischen Rohstoffeinsatzes infolge des sehr viel höheren Wasserstoffgehaltes im Erdöl.
2. Beträchtliche Reduzierung der erforderlichen Investitionen infolge der einfacheren petrochemischen Verfahren.
3. Steigerung der Produktivität.

Hierdurch sind die stoffwirtschaftlichen und technologischen Vorteile bedingt, die maßgeblich zum Aufstieg der deutschen chemischen Industrie nach dem Zweiten Weltkrieg beitrugen. Daher ist es müßig, die Frage zu stellen, ob es *richtig oder falsch* war, dem Erdöl absolute Vorrangstellung einzuräumen: Die stark exportorientierte deutsche chemische Industrie wäre auf der Basis von Kohle nicht in der Lage gewesen, mit chemischen Produkten erfolgreich auf dem Weltmarkt zu konkurrieren. Ein paar Zahlen mögen dies verdeutlichen: So lag 1967 der Preis in DM/t frei Ludwigshafen (dem Standort der BASF) für Koks bei 100,--, für Rohbenzin bei 85,-- und für Heizöl bei 55,--; umgerechnet in DM pro $10^6$ kcal ergeben sich DM 14,70 bzw. 7,10 bzw. 5,60.

Die chemische Industrie ist heute auf die Verarbeitung der wasserstoffreichen Rohstoffe Erdöl und Erdgas ausgerichtet; für eine Umstrukturierung wären riesige Investitionen erforderlich – eine Tatsache, an der Überlegungen *Weg vom Öl!* zugunsten (heimischer) Kohle nicht achtlos vorbeigehen können. Selbst bei weitestgehender Integrierung neuer kohlechemischer Anlagen zur Herstellung der erwähnten Grundstoffe in vorhandene Strukturen der organisch-chemischen Industrie wäre ein solcher Substitutionsprozeß im Verlauf von vielleicht zwei Jahrzehnten (zumindest teilweise) denkbar – nicht allein nur wegen der notwendigen hohen Investitionen, sondern auch deshalb, weil viele kohlechemische Prozesse bisher nur in Pilotanlagen oder Demonstrationsanlagen erprobt wurden. Darüber hinaus müßten aber auch die Förderkapazitäten des deutschen Kohlebergbaus an den neuen Bedarf durch Anlegung neuer Bergwerke angepaßt werden.

Ein kurzfristiger Übergang von Erdöl auf Kohle ist also aus vielen Gründen nicht möglich; andererseits kann aber kein Zweifel daran bestehen, daß Kohle in der Zukunft steigende Bedeutung – auch als Rohstoff für die chemische Industrie – aus den schon früher erörterten Gründen gewinnen wird:

1. Die Kohlereserven sind im Vergleich zu den Erdöl- und Erdgasreserven um ein Vielfaches größer; nach Angaben der DFG-Lagerstättenforschung betragen die Ressourcen fossiler Rohstoffe 12000 Mrd. t SKE bei Kohle, 300 Mrd. t SKE bei Ölfeldern, 150 Mrd. t SKE bei Ölsanden und 2500 Mrd. t SKE bei Ölschiefer.
2. Die Kohlevorkommen sind sehr viel gleichmäßiger über die ganze Erde verteilt.
3. Auf längere Frist gesehen wird auch die Erdölverarbeitung zunehmend aufwendiger und teurer infolge der Verarbeitung von immer mehr schweren Ölen sowie der immer weiter ausgedehnten kostspieligen Offshore-Förderung.

Wenn über Substitution von Erdöl durch Kohle diskutiert wird, so sollte ein Argument außerhalb der Diskussionen bleiben: Autarkie, wie sie einmal – aber nicht allein nur! – in Deutschland aus der engstirnigen Betrachtungsweise national-egoistischer Zielsetzungen heraus angestrebt wurde, kann in einer Zeit enger Verflechtungen der Weltwirtschaft keinesfalls mehr ein wirtschaftspolitisches Ziel sein, das gegebenenfalls sogar im nationalen Alleingang erreicht werden sollte. Dies ist jedoch völlig unabhängig von der früher empfohlenen Zielsetzung, weiterhin eine Spitzenstellung in der Kohlechemie zu halten, weitere Pilot- und Demonstrationsanlagen zu errichten und vorhandenes *kohlechemisches know-how* laufend zu vergrößern. Kohlechemie im großen Stil dürfte wohl zuerst in solchen Ländern Bedeutung gewinnen, die über leicht zu erschließende, oberflächennahe Kohlevorräte verfügen; Planung, Export und Bau geeigneter Anlagen für deren Nutzung könnten in Zukunft einen Beitrag zur Sicherung von Arbeitsplätzen leisten.

Was zugleich nottut: Ein Ende des Pokerns um Kohle und eine realistische energiepolitische Rahmenkonzeption innerhalb der EG – für die allerdings die gemeinsame Agrarpolitik keinesfalls das Vorbild liefern darf. So bleibt zu hoffen, daß ein naturgemäß langfristiger Prozeß wie die Sustitution von Erdöl durch Kohle nicht im Rhythmus der Tagesschwankungen von Rohölpreisen mehr oder weniger gefördert bzw. sogar zeitweise aus den Augen verloren wird. Was ebenso nottut, ist ein vernünftiges Augenmaß bei den Bestrebungen, für die Kohle wieder eine ihren riesigen Vorräten angepaßte Stellung zurückzugewinnen. Das setzt allerdings voraus, daß gewisse Grundsätze beachtet werden, um diesen Prozeß volkswirtschaftlich vertretbar zu gestalten:

1. Bei diesem Umstrukturierungsprozeß muß sichergestellt sein, daß die heutige Bedarfsstruktur der organisch-chemischen Industrie zunächst erhalten bleibt.
2. Deshalb muß dieser Umstrukturierungsprozeß so gestaltet werden, daß die neuen kohlechemischen Anlagen in die derzeit vorhandenen petrochemischen Produktionslinien integriert werden, somit also die Rohstoffumstellung mit einem wirtschaftlich vertretbaren Aufwand in einem überschaubaren Zeitraum möglich wird.
3. Der Mehraufwand, den kohlechemische Verfahren zwangsläufig bringen, muß durch Maßnahmen kompensiert werden, die außerhalb der Stoffwirtschaft liegen, etwa durch Einbinden kohlechemischer Anlagen in die HTR-Technologie (wofür noch viel Entwicklungsarbeit zu leisten ist!).

Ist auch ein kurzfristiger Übergang von Erdöl auf Kohle aus den ausführlich geschilderten Gründen unwahrscheinlich, so ist auf längere Sicht gesehen mit einem Strukturwandel in Richtung zur Kohle mit Sicherheit zu rechnen. Zwar haben sich pessimistische Voraussagen über eine baldige Erschöpfung der Erdöl- und Erdgasreserven (glücklicherweise) nicht bestätigt, und auch die Entwicklung der Rohölpreise verlief anders als die Experten erwartet hatten, doch dürfte andererseits kein Zweifel daran bestehen, daß es längst an der Zeit wäre, durch langfristige Koordinierung der weltweiten Bedürfnisse an fossilen Energie- und Chemierohstoffen Vorsorge dafür zu treffen, daß die unbestrittenen Vorzüge petrochemischer Verfahren noch lange genutzt werden können. Solche Maßnahmen sind:

1. Substitution von Erdöl und Erdgas bei der Energieerzeugung in Großkraftwerken durch schrittweisen Übergang zu Kohle unter Nutzung neuer Technologien, die noch erörtert werden.
2. Entwicklung erdölsparender Prozesse zur Streckung der Vorräte durch weitere Senkung des Energie- und Rohstoffaufwandes.
3. Verbesserung der Erdölverarbeitungsprozesse durch eine noch wirtschaftlichere Ausnutzung des Erdöls; d.h. maximale Erzeugung von Kraftstoffen

und Grundstoffen für die chemische Industrie auf Basis von schweren Heizöl und Destillationsrückständen.

4. Für eine erste Nutzung der Kohle als Rohstoff zur Gewinnung chemischer Grundstoffe bestehen offenbar die größten Chancen beim Einsatz von kohlestämmigen Synthesegas, wie Demonstrationsanlagen für seine Verwendung bei der Methanolsynthese sowie beim Oxoprozeß eindeutig belegen.

5. Der Oxoprozeß liefert zugleich ein Beispiel dafür, wie Petrochemie und Kohlechemie sinnvoll verschmolzen werden können: Olefine aus der Petrochemie und kohlestämmiges Synthesegas werden unter Bildung von höheren Alkoholen umgesetzt:

$$R-CH=CH_2 + CO + 2H_2 \begin{array}{l} \nearrow R-CH_2-CH_2-CH_2OH \\ \searrow R-CH-CH_3 \\ \phantom{\searrow R-}|\\ \phantom{\searrow R-}CH_2OH \end{array}$$

Dies Beispiel sollte Schule machen; hier liegt ein umfangreicher Komplex von Forschungsaufgaben *auch* für Universitäten und weitere wissenschaftliche Institutionen außerhalb der chemischen Industrie vor: Durch Szenariobetrachtungen müßten Entscheidungsgrundlagen zur Lösung der Fragen geschaffen werden, in welchen Bereichen sich die Substitution von Erdöl durch Kohle am sinnvollsten erweisen könnte.

Zu den Ländern, die der Verwendung von Kohle besondere Beachtung schenken, gehört die UdSSR, wo nach Jahren relativer Stagnation der Kohle wachsende Bedeutung bei der Energiegewinnung zugemessen wird; Kohlevergasung und Kohleverflüssigung sind im größeren Umfang vorgesehen. Die angestrebte Energiebilanz bis hinein ins nächste Jahrhundert weist Tabelle 28 aus.

*Tabelle 28.* Angestrebte Energiebilanz der UdSSR (Angaben in %)

|  | 1980 | 2000 | 2020 |
|---|---|---|---|
| Kohle | 28 | 34[a] | 35[a] |
| Rohöl | 46 | 26 | 15 |
| Erdgas | 18 | 22 | 13 |
| Wasserkraft | 6 | 5 | 5 |
| Kernkraft | 2 | 12 | 23 |
| Sonnen-, Wind- und Geothermalkraft | – | 1 | 9 |

[a] Einschließlich Kohleverflüssigung und Kohlevergasung.

Zu interessanten kohlechemischen Projekten in der UdSSR gehört die Kohlevergasung mit Sauerstoff und Wasserdampf im Plasmastrahl.

## 5.1.1 Beispiel: Butadien

1,3-Butadien $CH_2=CH-CH=CH_2$ gehört zu den wichtigsten Grundstoffen für die Synthese von Elastomeren; durch Homopolymerisation gelangt man zu Polybutadien, durch Copolymerisation bevorzugt mit Styrol $CH_2=CH-\langle\underline{\quad}\rangle$ oder Acrylnitril $CH_2=CH-CN$ zu den entsprechenden Copolymerisaten; es handelt sich dabei um Synthesekautschuk-Sorten für die verschiedensten Einsatzgebiete. Die wichtigsten Typen sind SBR = Styrol-Butadien-Kautschuk, BR = Butadien-Kautschuk und NBR-Kautschuk = Nitrilkautschuk (Acrylnitril-Butadien-Copolymeres). Der Buchstabe *R* steht für *rubber* (engl. Bezeichnung für Kautschuk). *Terpolymerisation* von Acrylnitril, Butadien und Styrol führt zu ABS-Polymerisaten; dies sind thermoplastische Kunststoffe, die sich durch hohe Schlagzähigkeit bei tiefen Temperaturen auszeichnen. Weiterhin gewinnt man aus Butadien auch wichtige Vorprodukte u. a. zur Synthese von Polyamiden sowie Lösungsmitteln.

Die Herstellung des Synthese-Kautschuks *Buna* durch Polymerisation von Butadien (sie gelangt zuerst durch Aktivierung des *Bu*tadiens mit *Na*trium) gehört zu den herausragenden chemisch-technischen Leistungen der deutschen chemischen Industrie zwischen den beiden Weltkriegen; zugleich ist aber der *Vier-Stufen-Prozeß* zum Butadien ein Musterbeispiel für den Aufwand, wie er häufig für die Synthesen aliphatischer Verbindungen aus Acetylen erforderlich ist, die aus Erdöl leicht zugänglich sind:

Ausgangsprodukt ist sorgfältig gereinigtes Acetylen, an das in erster Stufe Wasser in Gegenwart eines Quecksilberkatalysators unter Bildung von Acetaldehyd angelagert wird:

I. Stufe :   $CH\equiv CH + H_2O \xrightarrow{Hg^{2+}, H_2SO_4} CH_3-C{\underset{O}{\overset{H}{\lessgtr}}}$

Acetaldehyd kann übrigens als Schlüsselsubstanz innerhalb der Acetylenchemie angesehen werden – eine Tatsache, die interessante Aspekte bietet: Diese Verbindung ist nämlich auch aus *Bioalkohol* leicht zugänglich.

Acetaldehyd wird in Gegenwart von sehr wenig Kalilauge bei Raumtemperatur zu Acetaldol *(Aldol)* kondensiert:

II. Stufe:   $CH_3-CHO + CH_3-CHO \xrightarrow{KOH} CH_3-CHOH-CH_2-CHO$

Aldol wird unter 300 bar Druck bei etwa 100–120 °C katalytisch zu 1,3-Butandiol hydriert:

III Stufe: $CH_3-CHOH-CH_2-CHO \xrightarrow{H_2, Katalysator} CH_3-CHOH-CH_2-CH_2OH$

In der letzten Prozeßstufe wird schließlich aus 1,3-Butandiol unter Wasserabspaltung Butadien gebildet:

IV Stufe: $CH_3-CHOH-CH_2-CH_2OH \longrightarrow CH_2=CH-CH=CH_2 + 2H_2O$

Diese stark exotherme Reaktion wird bei etwa 270 °C in Gegenwart von überhitztem Dampf an einem Natriumphosphatkatalysator durchgeführt; sie liefert infolge Bildung von Nebenprodukten besonders unbefriedigende Ausbeuten von etwa 80-82%.

Sehr viel einfacher verläuft dagegen die Herstellung von Butadien auf petrochemischem Wege: Nach Dampfspaltung von Naphtha oder Gasöl findet sich Butadien im $C_4$-Schnitt und wird durch Extraktion isoliert; es kann auch durch katalytische Dehydrierung von n-Butan oder n-Buten erhalten werden:

$C_4H_{10} \xrightarrow{Katalysator} CH_2=CH-CH=CH_2 + 2H_2$

$C_4H_8 \xrightarrow{Katalysator} CH_2=CH-CH=CH_2 + H_2$

An dieser Stelle sei ein Vorgriff auf das Thema *Nachwachsende Rohstoffe* gemacht: Die Butadiensynthese auf Basis von Gärungs-Ethanol *(Bioalkohol)*. In der UdSSR wurde bereits 1928 das nach seinem Erfinder benannte Lebedew-Verfahren ausgearbeitet, durch das Butadien aus Ethanol an einem Magnesiumsilikatkatalysator bei 400 °C mit etwa 40%iger Selektivität in einer Stufe erhalten wird:

$2C_2H_5OH \xrightarrow{MgO/SiO_2} CH_2=CH-CH=CH_2 + 2H_2O + H_2$

Als Zwischenprodukt entsteht dabei Acetaldehyd; die Ausbeuten werden verbessert, wenn man Ethylalkohol zusammen mit Acetaldehyd in den Butadienreaktor einleitet. Acetaldehyd ist ebenfalls leicht zugänglich durch katalytische Dehydrierung von Ethanol:

$CH_3-CH_2OH \xrightarrow{Katalysator} CH_3-C{\overset{H}{\underset{O}{\lessgtr}}} + H_2$

Auf Basis von Acetylen ist noch eine zweite Butadien-Synthese möglich: In der ersten Verfahrensstufe wird Formaldehyd in Form einer 8 bis 12%igen wässrigen Lösung bei 100 °C unter 5 bar Druck in Gegenwart von Kupferacetylid an Acetylen unter Bildung von 2-Butin-1,4-diol angelagert:

I. Stufe: $CH\equiv CH + 2H_2C=O \longrightarrow HO-CH_2-C\equiv C-CH_2-OH$

Formaldehyd wird aus Methanol durch katalytische Dehydrierung erhalten:

$$CH_3OH \xrightarrow{\text{Katalysator}} H-C\overset{H}{\underset{O}{\lessgtr}} + H_2$$

Da Methanol aus kohlestämmigen Synthesegas hergestellt werden kann, werden hier Acetylenchemie und CO-Chemie kombiniert. In der zweiten Stufe wird das erhaltene Butindiol unter 250 bis 300 bar Druck in Gegenwart eines Nickelkatalysators bei 180 bis 200 °C zum 1,4-Butandiol hydriert:

II. Stufe: $HO-CH_2-C\equiv C-CH_2-OH + 2H_2 \xrightarrow{\text{Katalysator}}$
$HO-CH_2-CH_2-CH_2-CH_2-OH$

Aus 1,4-Butandiol läßt sich durch Wasserabspaltung Butadien gewinnen; es hat sich jedoch als vorteilhaft erwiesen, die Wasserabspaltung in zwei Stufen vorzunehmen und zunächst Tetrahydrofuran herzustellen:

III. Stufe: $HO-CH_2-CH_2-CH_2-CH_2-OH \longrightarrow \underset{\underset{O}{H_2C\phantom{-}CH_2}}{H_2C-CH_2} + H_2O$

Dieser zyklische Ether wird in einer nachgeschalteten Stufe zum gewünschten Butadien dehydratisiert:

IV. Stufe: $\underset{\underset{O}{H_2C\phantom{-}CH_2}}{H_2C-CH_2} \xrightarrow{\text{Katalysator}} CH_2=CH-CH=CH_2 + H_2O$

Zwar hat die Butadien-Synthese auf diesem Wege gleichfalls keine technische Bedeutung mehr; Tetrahydrofuran, das u. a. als Lösungsmittel benötigt wird, sowie 1,4-Butandiol, das eine wichtige Komponente für die Herstellung von Polyestern ist, werden aber noch heute großtechnisch auf diesem Wege produziert. Eine vergleichende Übersicht über die hier behandelten Butadiensynthesen vermittelt Abbildung 67.

Es gibt andererseits aber auch eine Reihe technisch wichtiger Produkte, die aus Acetylen sehr viel einfacher als aus Ethylen hergestellt werden können; so gelingt z. B. die Herstellung von Vinylchlorid, dem wichtigen Monomeren für Polyvinylchlorid (PVC, einer der bedeutendsten Massenkunststoffe) ganz einfach durch Anlagerung von Chlorwasserstoff *(Salzsäuregas)* an Acetylen in Gegenwart eines Aktivkohlekatalysators:

$$HC\equiv CH + HCl \xrightarrow{\text{A-Kohle}} CH_2=CHCl$$

Der Weg ausgehend von Ethylen ist zwar viel aufwendiger, dennoch wegen dessen niedrigeren Preises wirtschaftlicher und wird heute allgemein benutzt.

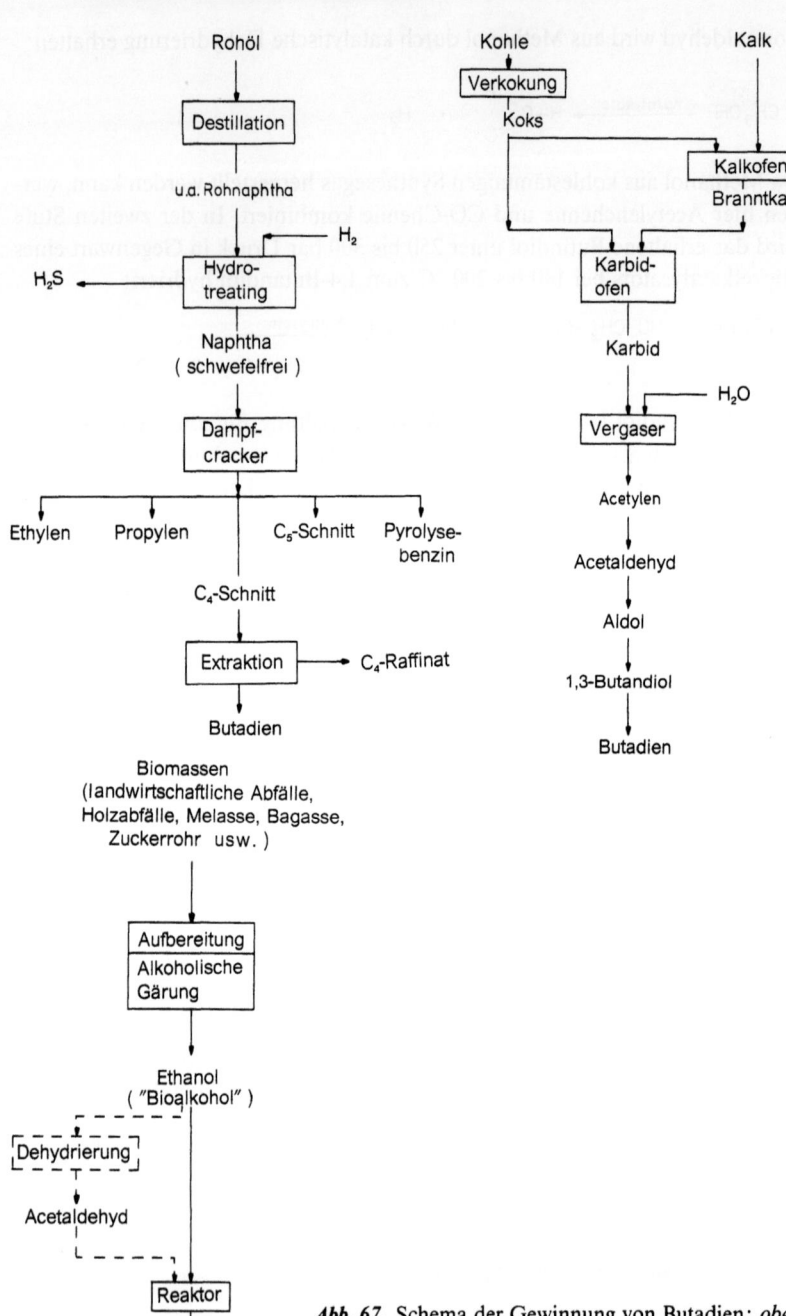

*Abb. 67.* Schema der Gewinnung von Butadien: *oben links:* aus Erdöl; *oben rechts:* aus Kohle (über die Karbidacetylen-Route); *unten links:* aus Bioalkohol

## 5.1.2 Ein neuer Kraftwerkstyp mit Zukunft: Das Kohlegaskombikraftwerk

Mit dem seit Jahrzehnten üblichen Kraftwerkstyp bestehend aus kohlegefeuerten Dampfkesseln und Dampfturbinen läßt sich beim heutigen Stand der Technik die in der Kohle enthaltene Energie im Durchschnitt nur zu etwa 37% in Elektrizität umwandeln; die *Schallmauer* liegt bei etwa 40%. Zum Vergleich: Im Auto werden bei Ottomotoren etwa 25%, bei Dieselmotoren etwa 35% der im Treibstoff enthaltenen Energie genutzt; bei Großdieselmotoren, wie sie z. B. zum Antrieb von Schiffen verwendet werden, lassen sich über 50% erreichen.

An herkömmliche Kohlekraftwerke werden besonders im Hinblick auf die durch sie verursachten Emissionen sehr hohe Anforderungen gestellt (Reduzierung von Staub, $SO_2$ und Stickoxiden im Rauchgas), die nur durch Rauchgasreinigungsanlagen mit hohem technischen und finanziellen Aufwand erfüllt werden können. Zwei wichtige Ziele bei der Entwicklung neuer Konzeptionen von Kohlekraftwerken sind:

1. Verbesserung des Wirkungsgrades, d.h. mehr Strom aus dem Primärenergieträger Kohle herausholen; das bedeutet, daß bei gleicher Kraftwerksleistung im Vergleich zum herkömmlichen Kraftwerk weniger $CO_2$ emittiert wird.
2. Die hierfür entwickelten neuen Technologien müssen unbedingt den hohen Anforderungen des Umweltschutzes entsprechen.

Beim derzeitigen Stand der Technik läßt sich die angestrebte höhere Brennstoffausnutzung nur durch kombinierten Gasdampfturbinenprozeß erreichen. Wärmekraftmaschinen arbeiten mit Temperaturdifferenzen, und der Unterschied zwischen Arbeitstemperatur $T_a$ und Endtemperatur $T_e$ (Abgastemperatur, Temperatur im Kondensator usw.) bestimmt nach dem zweiten Hauptsatz der Thermodynamik den theoretischen Wirkungsgrad $\eta = 1 - \frac{T_a}{T_e}$; will man ihn in Prozent angeben, so muß der ermittelte Wert mit 100 multipliziert werden. Die Dampftemperaturen in modernen Kraftwerken liegen zwischen etwa 420 und 500 °C. Die Temperaturen müssen bei der Berechnung des Wirkungsgrades in K (Kelvin) angegeben werden; im vorliegenden Fall wären es also 693 bzw. 773 K. Der hieraus resultierende theoretische Wirkungsgrad kann aber nicht erreicht werden; hierzu wäre es erforderlich, den Kesseldampf bis zum absoluten Nullpunkt abzukühlen, um ihm die gesamte Wärmeenergie zu entziehen. Zudem wird ein beträchtlicher Teil der Energie zur Deckung des Eigenbedarfes (Antrieb von Nebenaggregaten wie Pumpen, Kohlemühlen usw.) benötigt; weiterhin entstehen Verluste durch Wärmeabstrahlung usw., die sich nicht völlig vermeiden lassen. Natürlich ließe sich eine Verbesserung des wirtschaftlichen Wirkungsgrades durch

Erhöhung der Dampftemperatur erreichen, doch hier bestimmen Werkstoffprobleme die obere Temperaturgrenze.

Durch Kombination von Gasturbine, die in viel höheren Temperaturbereichen arbeitet, und Dampfturbine läßt sich der Wirkungsgrad erheblich verbessern. Das Prinzip der Gasturbine ist einfach: Luft wird angesaugt, mit einem Verdichter komprimiert und in die Brennkammer der Turbine gedrückt, in die zugleich auch der Kraftstoff (Erdgas, Kohlegas, Raffineriegas) eingeleitet und unter hohem Druck verbrannt wird. Die über 900 °C heißen Verbrennungsgase werden in der Gasturbine entspannt, die sowohl den Verdichter wie auch den Generator antreibt. Bedenkt man, daß etwa zwei Drittel der Leistung zum Antrieb des Luftverdichters benötigt werden und nur etwa ein Drittel als eigentliche Nutzleistung für den Antrieb des Generators zur Verfügung steht, so kommt man auf einen Wirkungsgrad von nur wenig über 20%, wenn die rund 500 °C heißen Abgase ungenutzt ins Freie entweichen würden. Natürlich erfolgt das nicht.

Beim Kohlegaskombikraftwerk nach der Konzeption von Lurgi wird Kohle in den ausführlich besprochenen Lurgi-Gaserzeugern unter Druck mit Dampf und Sauerstoff vergast; das Produktgas wird anschließend gereinigt (besonders entschwefelt) und in der Gasturbinenkammer unter 20 bar Druck verbrannt. Die heißen Abgase entweichen in einen nachgeschalteten Abhitzekessel und werden zur Erzeugung von Dampf genutzt, der eine Turbine antreibt. Rund zwei Drittel des erzeugten elektrischen Stromes werden von der Gasturbine, das restliche Drittel von der Dampfturbine geliefert. Ein wesentlicher Unterschied im Vergleich zu herkömmlichen Kohlekraftwerken besteht darin, daß die Schadstoffe nicht nach dem Verbrennungsprozeß aus dem Rauchgas, sondern schon vor der Verbrennung aus dem Kohlegas entfernt werden.

Die mit 150 MW derzeit leistungsfähigste Gasturbine der Welt, die von BBC entwickelte GT 13 E, arbeitet bei nahezu 1100 °C und erzielt dabei einen Wirkungsgrad von über 33%. Eine ideale Kombination bietet nach Meinung der BBC-Ingenieure die Kombination von zwei 140 MW-Gasturbinen mit einer Dampfturbine gleicher Leistung, so daß ein solcher Kombiblock mit drei gleichen Generatoren ausgerüstet werden kann.

Eine andere Konzeption sieht VEW vor, deren Techniker einen eigenen Kohlevergasungsprozeß entwickelt und ebenfalls den Weg zum Steinkohlekombiblock mit integrierter Kohlevergasung beschritten haben. Im Vergaser der Anlage (s. Abb. 68) wird feingemahlene Steinkohle mit auf 700 °C vorgewärmter Luft bei Arbeitstemperaturen von 1600 °C umgesetzt; die Kohle verweilt dabei nur wenige Sekunden im feuerfest ausgemauerten Reaktionsraum, wobei eine rund 70%ige Vergasung erreicht wird. Das mit einer Temperatur von etwa 1400 °C aus dem Reaktionsraum austretende Gaskoksgemisch wird in zwei Stufen gekühlt, wobei Speisewasser im zweiten Kühler

Kohle 173

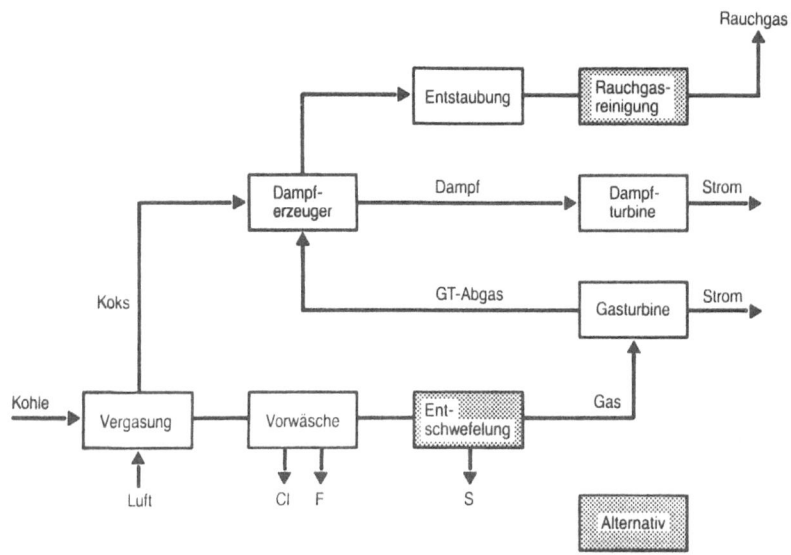

*Abb. 68.* VEW-Kohleumwandlungsverfahren (Gesamtprozeß)

vorgewärmt und im unmittelbar hinter dem Reaktor befindlichen ersten Kühler zur Erzeugung von Dampf eingesetzt wird.

Der anfallende Koks wird in einem Dampfkessel verbrannt; das gereinigte Kohlengas dient zum Betrieb einer Gasturbine, deren sauerstoffhaltige Abgase mit einer Temperatur von 480 °C in den Dampfkessel eingeleitet werden und hier die Verbrennung unterhalten. Mit dem Dampf wird eine Turbine angetrieben.

Die Gasreinigung erfolgt zuerst in einer Vorwäsche, wo Chlor und Fluor entfernt werden. Anschließend kann das Produktgas entweder entschwefelt werden, oder aber die Entschwefelung erfolgt erst nach der Verbrennung in der Gasturbine zusammen mit den Rauchgasen aus dem Dampfkessel. Anstelle der üblichen nassen Gaswäsche kann auch eine sog. Trockenreini-

*Tabelle 29.* Wirkungsgradverbesserungen

|  | Steinkohlekraftwerk mit herkömmlichen Turbinenprozeß (%) | Steinkohlekombi-block mit nasser Gasreinigung (%) | Steinkohlekombi-block mit trockener Gasreinigung (%) |
|---|---|---|---|
| Brennstoffeinsatz | 100 | 88 | 83 |
| Wirkungsgrad | 37 | 42 | 45 |

gung mit Kalk in einem Wirbelschichtreaktor bei rund 300 °C durchgeführt werden.

Der VEW-Vergasungsprozeß wird bisher nur in einer Versuchsanlage für einen stündlichen Kohledurchsatz von 10 t erprobt; die Anlage ist mit einem älteren Dampfkessel verbunden, in dem Gas und Koks sowie die Abhitze zur Stromerzeugung genutzt werden.

VEW rechnet mit folgenden Wirkungsgradverbesserungen (s. Tabelle 29).

Der VEW-Prozeß ergibt nach Angaben von VEW Brennstoffeinsparungen von 12-17%. Im Gegensatz zum Lurgi-Prozeß dient Luft als Vergasungsmittel, so daß die Anlage zur Sauerstoffgewinnung aus Luft entfällt.

Fachleute rechnen damit, daß sich das Kohlekombikraftwerk, von dem bisher nur Demonstrationsanlagen arbeiten, zu Beginn der 90er Jahre als Kraftwerkstyp durchsetzen wird.

## 5.2 Biomassen

Bis zum Beginn der Teerchemie um die Mitte des vorigen Jahrhunderts wurden organisch-chemische Produkte nahezu ausschließlich aus nachwachsenden Rohstoffen hergestellt; dann dominierte ein Jahrhundert lang Kohle als Chemierohstoff, ehe auch sie verdrängt wurde und Erdöl und Erdgas an ihre Stelle traten.

Vom Standpunkt der chemischen Industrie werden unter nachwachsenden Rohstoffen vor allem Cellulose, Stärke und Zucker sowie natürliche Öle und Fette verstanden. M. Dambroth schlägt vor, für die Nutzung nachwachsender Rohstoffe in der Landwirtschaft den Begriff *Industriepflanzenanbau* zu verwenden; hierbei handelt es sich übrigens um einen uralten Zweig der Landwirtschaft, wie die Beispiele Baumwolle, Hanf, Flachs, Jute, Sisal oder Ricinus zeigen.

Viele Jahrzehnte lang waren nachwachsende Rohstoffe von der Industrie nur wenig gefragt; abgesehen von einigen Großprodukten, die aus Holz gewonnen werden (Papier, Zellstoff sowie Textilfasern aus denaturierter Cellulose) dienten sie nur zur Produktion einiger weniger Spezialitäten; Alkydharze (eine wichtige Gruppe von Lackrohstoffen), Seifen und einige Waschrohstoffe (sämtliche genannten Produkte werden aus natürlichen Ölen und Fetten hergestellt) sind Beispiele hierfür. Lediglich in den Jahren des zweiten Weltkrieges hatte die industrielle Nutzung nachwachsender Rohstoffe größere Bedeutung; mit dem wirtschaftlichen Aufschwung der Bundesrepublik wurden sie jedoch rasch bis zur Bedeutungslosigkeit verdrängt.

Die Erdölkrisen in den 70er Jahren führten nicht nur zur Neubewertung der Kohle, sondern auch zum Nachdenken über verstärkten Einsatz von Biomassen als Chemierohstoffe. Inzwischen haben nachwachsende Rohstoffe schon wieder einen Anteil von mengenmäßig 10% an der Versorgung der bundesdeutschen chemischen Industrie mit organischen Grundstoffen erlangen können (bezogen auf den Einsatzwert sind es sogar 20%). Weitere vielversprechende Möglichkeiten zeichnen sich ab, doch wie bei der Kohle ist auch hier die anfängliche Euphorie einer nüchternen Einschätzung gewichen.

In erster Linie soll der Frage nachgegangen werden, ob – ähnlich wie aus Kohle – die wichtigsten Grundstoffe der Petrochemie auch aus Biomassen zugänglich sind und eine *Biomassenchemie* in die vorhandenen Produktionslinien integriert werden könnte; so interessieren z. B. die Fragen, ob Ethylen und Propylen, Aromaten oder Synthesegas aus nachwachsenden Rohstoffen hergestellt werden können. In Analogie zur Kohle taucht auch die Frage auf, ob flüssige Treibstoffe im großen Umfang aus Biomassen erzeugt werden können. Zuvor soll jedoch einigen grundsätzlichen Fragen nachgegangen werden.

Die stofflichen Voraussetzungen für Leben auf der Erde schaffen die *autotrophen* grünen Pflanzen durch ihre einzigartige Fähigkeit, aus dem $CO_2$ in der Luft und Wasser organische Substanz aufzubauen und dabei Sauerstoff in Freiheit zu setzen:

$$6 CO_2 + 6 H_2O \xrightarrow[\text{Chlorophyll}]{\text{Sonnenenergie}} C_6H_{12}O_6 + 6 O_2$$

Bei diesem endothermen Prozeß werden in Gegenwart des grünen Blattfarbstoffes Chlorophyll aus einfachen anorganischen Verbindungen höherwertige organische Stoffe (Glucose, Stärke) gebildet, wobei Sonnenlicht als Energiequelle dient. Durch diesen auch als Assimilation bezeichneten photochemischen Prozeß wird im Prinzip Sonnenenergie stofflich fixiert; sie ist der erste Schritt auf dem Wege zur unübersehbaren Fülle kohlenstoffhaltiger Produkte in der Natur, die wir (einschließlich der abgestorbenen Pflanzenteile, Stroh, oder daraus gebildeten Abfallstoffe usw.) im weitesten Sinn des Wortes als *Biomassen* bezeichnen. Erst der bei der Photosynthese freiwerdende Sauerstoff ermöglicht die Existenz atmender Lebewesen. Jährlich werden rund 200 Mrd. t Biomassen gebildet, die etwa 100 Mrd. t SKE entsprechen – das ist die 10fache Menge des jährlichen Weltenergieverbrauches! Von diesem riesigen Potential werden aber nur knapp 3% land- und forstwirtschaftlich genutzt, wobei auch noch etwa 40% Rückstände anfallen; die restliche Menge wird von den überall in der Natur anwesenden Mikroorganismen wieder abgebaut, wobei der Kohlenstoff schließlich in Form von $CO_2$ wieder in den natürlichen Kohlenstoffkreislauf zurückkehrt. Da in diesem Kreislauf neben $CO_2$ auch kompliziert zusammengesetzte Kohlenstoffverbindungen als Zwischenstufen auftreten, sind sämtliche Mengenangaben auf Kohlenstoff umgerechnet. Selbst wenn aus Biomassen zunächst nutzbare Produkte wie

Nahrungs- und Futtermittel, Biogas, Ethanol *(= Bioalkohol)* oder Seifen, Kunststoffe, Lackrohstoffe usw. hergestellt werden, so ändert sich dennoch nichts in der Kohlenstoffgesamtbilanz – und das gilt natürlich auch für die direkte Verbrennung von nachwachsenden Rohstoffen wie Holz und Stroh.

Die Energieträger Erdöl, Erdgas und Kohle sind fossile Biomassen, die aus $CO_2$ entstanden sind, das jedoch schon vor vielen Millionen Jahren aus dem natürlichen Kohlenstoffkreislauf herausgenommen wurde; werden sie verbrannt, so gelangen zusätzliche $CO_2$-Mengen in den heutigen $CO_2$-Kreislauf und stören die natürlichen Gleichgewichte, die sich in geologischen Zeiträumen eingestellt haben: Dem zusätzlichen $CO_2$-Anfall steht ja kein zusätzlicher $CO_2$-Verbrauch durch zusätzliche Pflanzen entgegen; zwangsläufige Folge ist ein Ansteigen des $CO_2$-Pegels in der Atmosphäre. Fast 90% der weltweit verbrauchten Primärenergie sind fossilen Ursprunges; derzeit gelangen mehr als 5 Mrd. t Kohlenstoff in Form von etwa 20 Mrd. t $CO_2$ Jahr für Jahr zusätzlich in die Atmosphäre. Lag vor der Industrialisierung der $CO_2$-Volumenanteil in der Luft bei etwa 260 ppm, so ist seit etwa 1700 ein ständiger Anstieg (mit steigender Tendenz!) auf heute 345 ppm nachweisbar; der gegenwärtig beobachtete jährliche Anstieg von 1 ppm ist im wesentlichen auf die Verbrennung fossiler Energieträger zurückzuführen. Die vereinfachte Darstellung des Kohlenstoffkreislaufes in der Natur zeigt Abbildung 69.

Der Vorrat an $CO_2$ in der Atmosphäre entspricht etwa 720 Mrd. t Kohlenstoff, von denen jährlich 120 Mrd. t in Form von $CO_2$ für die Photosynthese entnommen und zum Aufbau organischer Substanz verwendet werden. Von dieser Menge werden wiederum jährlich 60 Mrd. t nach *Veratmung* durch die Pflanzen (zur Energiegewinnung für die eigene Lebenstätigkeit „*verbrennen*" die Pflanzen einen Teil der durch Photosynthese aufgebauten organischen Verbindungen) als $CO_2$ wieder abgegeben; der Rest dient zum Aufbau der Biosphäre, die ebenfalls (zum größten Teil durch Verwesungsprozesse) wieder zu $CO_2$ abgebaut wird und in dieser Form in den natürlichen Kreislauf zurückkehrt.

Dieser Gleichgewichtskreislauf wird durch Eingriffe des Menschen empfindlich gestört: Durch Verbrennung fossiler Energieträger gelangt zusätzliches $CO_2$ in die Atmosphäre, dem kein zusätzlicher Verbrauch entgegensteht; zwangsläufig kommt es zum $CO_2$-Anstieg (schraffierte Fläche). Außerdem wird der $CO_2$-Verbrauch insbesondere durch die laufende Zerstörung tropischer und subtropischer Wälder verringert (gestrichelte Linie im $CO_2$-Fluß aus der Atmosphäre zur Photosynthese). $CO_2$ ist in Wasser löslich; daher stellt sich auch ein Gleichgewicht zwischen dem in den Meeren gelösten $CO_2$ und dem $CO_2$ in der Atmosphäre ein, wobei jährlich etwa 200 Mrd. t Kohlenstoff von der Atmosphäre aufgenommen bzw. wieder abgegeben werden.

$CO_2$ behindert die Wärmereflexion der Erdoberfläche. Dem natürlichen $CO_2$-Gehalt der Luft verdankt die Erde ihre durchschnittliche Oberflächen-

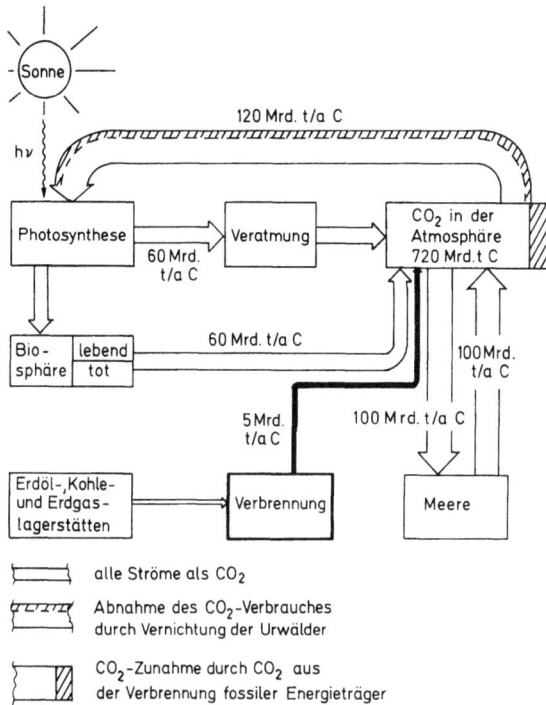

*Abb. 69.* Störung des natürlichen Kohlenstoffkreislaufs durch zusätzliches $CO_2$ aus der Verbrennung fossiler Energieträger und durch die Zerstörung der tropischen und subtropischen Wälder

temperatur von etwa 15-20 °C; ohne diese natürliche Isolierschicht wäre sie ein unwirtlicher Planet mit einer durchschnittlichen Oberflächentemperatur von −20 °C. Auf ihrem Weg durch die Atmosphäre werden rund 30% der eingestrahlten Sonnenenergie an Wolken, Staub und an der Erdoberfläche reflektiert; die restlichen 70% werden absorbiert, davon etwa 19% von Wasserdampf, Ozon und anderen Spurengasen in der Atmosphäre. Die verbleibenden 51% werden von der Hydro-, Litho- und Biosphäre absorbiert, in langwellige Wärmestrahlung (Infrarotbereich) umgewandelt und wieder abgestrahlt. Nun läßt $CO_2$ zwar die Sonneneinstrahlung ungehindert zur Erde passieren, hält aber mit steigender Konzentration in der Atmosphäre auch steigende Anteile der langwelligen Abstrahlung an der Erdoberfläche zurück. So kann es allmählich zu einer weiteren (unerwünschten) Erwärmung der unteren Atmosphäre und der Erdoberfläche kommen entsprechend dem zurückgehaltenen Energiebetrag: Der befürchtete *Treibhauseffekt* mit seinen möglicherweise katastrophalen Auswirkungen auf unser Klima könnte die

Folge sein. Hierbei handelt es sich um einen *quasi irreversiblen* Prozeß, denn eine technische Entsorgung des $CO_2$ ist nicht möglich. Nur durch zusätzliche $CO_2$-Abnehmer könnte dann im Verlauf vieler Jahrzehnte wieder ein allmählicher Abbau des $CO_2$-Pegels auf den ursprünglichen *Normalpegel* stattfinden – vorausgesetzt, daß gleichzeitig auch der Ausstoß von $CO_2$ durch Verbrennung fossiler Energieträger drastisch reduziert wird. Das würde ein riesiges Aufforstungsprogramm der zerstörten Wälder insbesondere in den tropischen und subtropischen Regionen bedeuten sowie darüber hinaus weltweit eine Vergrößerung der früher vorhandenen Waldflächen – ein gigantisches Unternehmen, zu dessen Realisierung riesige Summen aufgebracht werden müßten. Schon heute muß der laufenden Zerstörung riesiger Waldflächen insbesondere in Entwicklungsländern mit allen zu Gebote stehenden Mitteln Einhalt geboten werden. Mehrfach wurde schon der Gedanke geäußert, den betreffenden Ländern ihre Schulden zu erlassen mit der Auflage, alles zu tun zum Schutz der vorhandenen Wälder und eine Forstwirtschaft nach modernen wissenschaftlichen Erkenntnissen aufzubauen – eine Leistung, die sie letztlich für die gesamte Menschheit erbringen würden. Die Zeit drängt: Jährlich fallen 10-20 Mio. ha tropischer Wälder Sägen und Äxten, Erntemaschinen und Bränden zum Opfer!

Der Treibhauseffekt ist nicht nur durch den Anstieg des $CO_2$-Gehaltes in der Atmosphäre bedingt; weiterhin tragen der Anstieg von Methan und Fluorchlorkohlenwasserstoffen (FCKW) dazu bei, und auch $N_2O$ (Distickstoffmonoxid, Lachgas) hat einen Einfluß. Insgesamt wird der Effekt zu etwa 50% auf $CO_2$ und zu je etwa 20% auf $CH_4$ und FCKW zurückgeführt, die verbleibenden 10% werden hauptsächlich dem $N_2O$ zugeschrieben. Maßgeblichen Anteil am $CH_4$-Anstieg hat die steigende Anzahl an Rindern, deren Darmbakterien Methan als Stoffwechselprodukt erzeugen; auf je 3 Menschen kommt ein Rind.

Hier taucht erneut die Frage nach Nutzung der Kernenergie auf. Es ist ein schwer zu begreifendes Phänomen, daß dem drohenden *Treibhauseffekt* in der Öffentlichkeit noch immer relativ wenig Aufmerksamkeit geschenkt wird, andererseits breite Schichten der Bevölkerung sich vehement gegen Kernenergie stemmen; offensichtlich ist zu wenig bekannt, daß eine Entsorgung von Kernkraftwerken technisch möglich, im Gegensatz hierzu aber eine $CO_2$-Entsorgung mit technischen Mitteln unmöglich ist. Es ist unredlich, Abschaffung der Kernkraft aus ethischen Gründen zu fordern, weil wir unseren Kindern und Kindeskindern kein *strahlendes Erbe* hinterlassen dürfen und geflissentlich zu verschweigen, daß wir auf dem *besten Wege* sind, ihnen ein Erbe zu hinterlassen, für das es keine technische Entsorgungsmöglichkeit gibt: Milliarden Tonnen $CO_2$ in unserer Atmosphäre!

Ebenso unverständlich – das muß klar ausgesprochen werden – sind die jüngsten Skandale in der Kernenergiewirtschaft mit ihren unausbleiblichen

Folgen: dem weiteren Verlust von Vertrauen zur Technik und - was noch viel schwerer wiegt - zum Verantwortungsbewußtsein der Techniker. Menschliches Versagen und peinliche Unmoral einiger weniger Beteiligter sowie Versuche, die Affären zu vertuschen, haben willkommenen Stoff für Medien geliefert, der bald dem Vergessen anheimfällt - was aber nicht so schnell vergessen wird, ist die Tatsache, daß der ordnungsgemäßen Entsorgung von Kernkraftwerken offensichtlich viel zu wenig Aufmerksamkeit geschenkt wurde. Es wird schwer sein, zu prinzipiell neuen akzeptablen Lösungen insbesondere in organisatorischen und institutionellen Bereichen zu gelangen, um skandalöse Vorfälle dieser Art in Zukunft auszuschließen; es wird noch sehr viel schwieriger, vielleicht sogar unmöglich sein, das verloren gegangene Vertrauen in weiten Kreisen der Bevölkerung zurückzugewinnen.

Es sollte nicht vergessen werden, daß die unklare Haltung mancher Politiker Unsicherheit verursachte und beitrug, eine Situation zu schaffen, in der offensichtlich illegalen Praktiken als *Selbsthilfe* und menschlichem Fehlverhalten Vorschub geleistet wurde. Allerdings bedarf es keiner Worte, daß sie kein Grund sein darf und kann, der als Entschuldigung für solche Vorfälle herhalten könnte!

Sicherlich führt kein Weg mehr an der Tatsache vorbei, daß neue Technologien zur Deckung des Weltenergiebedarfes gefunden werden müssen; so bietet besonders die Nutzung der Sonnenenergie Möglichkeiten einer umweltverträglichen Energieversorgung. Ob dies über Solarstrom und Nutzung der Supraleitfähigkeit bei höheren Temperaturen als bisher oder aber über Koppelung von Solarzellen mit Elektrolysezellen und Aufbau einer Wasserstoffwirtschaft erfolgen wird, oder ob noch ganz andere Wege erschlossen werden können - das sind Fragen, die zu beantworten Wissenschaftler und Techniker in der ganzen Welt bemüht sind. Um bis zu einem notwendigen Übergang zu neuen Formen der Energiegewinnung eine Entlastung des $CO_2$-Problems zu erreichen, schien sich eine viel stärkere Nutzung von Erdgas (Methan) als Brennstoff anzubieten: Bei Freisetzung gleicher Wärmemengen fällt bei Verbrennung von Methan nur rund die halbe $CO_2$-Menge an wie beim Verbrennen der entsprechenden Kohlemenge. Der amerikanische Astrophysiker Th. Gold hatte mit seiner Hypothese, die Erdgasvorräte seien viel größer als bisher angenommen, Hoffnungen in dieser Richtung geweckt; seiner Meinung nach sollten in mehreren tausend Meter Tiefe ungeheuer große Mengen von *abiogenen* (also nicht aus organischem Material gebildeten) Methan lagern. Eine Bohrung im Siljan-Krater in Südschweden (mit 48 km Durchmesser der größte Krater Europas, der durch einen Meteoreinschlag entstanden ist) wurde jedoch Ende 1987 bei 6298 m Endteufe ergebnislos eingestellt: Im hier anstehenden Granit, der durch den gewaltigen Einschlag bis in 7000 m Teufe zerrüttet ist, konnte kein Methan nachgewiesen werden.

### 5.2.1 Treibstoffe und chemische Grundstoffe aus Land- und Forstwirtschaft

Streben nach Unabhängigkeit von Erdöl war die Triebfeder, nachwachsenden Rohstoffen erneut größere Beachtung zu schenken; zugleich wurde aber dieser Trend oft vor dem Hintergrund einer Rückkehr zum natürlichen Kohlenstoffkreislauf gesehen. Überspitzt ausgedrückt könnte das so formuliert werden: Alles bleibt wie bisher; lediglich der fossile Kohlenstoff wird durch Kohlenstoff aus den riesigen Massen nachwachsender Rohstoffe ersetzt. Ist so etwas möglich? Dieser Frage soll nachgegangen werden.

Zunächst seien die mengenmäßig wichtigsten nachwachsenden Rohstoffe, die für eine Umwandlung in Grundstoffe für die chemische Industrie sowie für Treibstoffherstellung in Betracht kommen könnten, in Tabelle 30 vorgestellt.

Mengenmäßig gesehen ist Holz der bedeutendste nachwachsende Rohstoff: Die Nettobiomasseproduktion der Wälder der Erde wird mit auf jährlich rund 50 Mrd. t entsprechend etwa 90% aller auf der Erdoberfläche kumulierten Biomasse überhaupt geschätzt. Davon entfallen 62% auf die wasserreichen wuchskräftigen Tropenwälder sowie 38% auf die Wälder der gemäßigten und kalten Klimazonen. In diesem Nettozuwachspotential sind natürlich riesige Waldflächen enthalten, die nicht erschlossen sind und mit heute verfügbaren Mitteln auch nicht wirtschaftlich erschlossen werden können; realistischen Schätzungen zufolge könnten aber 14–18% des Holzpotentials genutzt werden, während im Jahre 1984 die tatsächliche Nutzung mit 3,1 Mrd. m$^3$ (davon allein 1,7 Mrd. m$^3$ Brennholz) bei nur rund 6% lag. Die Verteilung der Wälder ist sehr unterschiedlich; aus Sicht der Bundesrepublik wie auch der EG wären eine Erhöhung der Holzeigenproduktion und eine verstärkte chemische Nutzung durchaus wünschenswert.

*Tabelle 30.* Wichtig nachwachsende Rohstoffe

| Cellulosehaltige Rohstoffe | Stärkehaltige Rohstoffe | Zuckerhaltige Rohstoffe | Ölhaltige Rohstoffe |
|---|---|---|---|
| Holz | Kartoffeln | Zuckerrohr | Raps, Rübsen |
| Stroh | Mais | Zuckerrüben | Lein |
| Hülsen/Schalen | Getreide | Futterrüben | Soja |
| Bagasse[a] | Maniok | Zuckerhirse | Sonnenblume |
| Altpapier | | | Ölpalme |
| | | | Kokospalme |
| | | | Ricinus |
| | | | Erdnuß |
| | | | Baumwolle |

[a] Abfälle aus der Rohrzuckerproduktion.

Der jährliche Holzzuwachs pro Hektar beträgt in mitteleuropäischen Wäldern im Durchschnitt etwa 2–3 t atro (= absolut trocken); in Schnellwuchsplantagen könnten sehr viel größere Erträge erzielt werden, wobei in unseren gemäßigten Klimazonen Pappel-, Espen- und Weidenarten in Betracht kommen könnten. Schnellwachsende Baumarten zur Holzerzeugung sind zwar in der Bundesrepublik noch nicht im größeren Maßstab im Kurzumtrieb getestet worden; eine Produktion von 12 t atro Holz erscheint jedoch nach Angaben von A. Hüttermann auf relativ guten Böden erreichbar zu sein. Könnten in der Bundesrepublik 800000 ha geeignetes Land für Nutzung durch schnellwachsende Bäume zur Verfügung gestellt werden, so errechnet sich ein Potential von 9,6 Mio. t atro Holz pro Jahr entsprechend rund 6 Mio. t SKE. Forstwirtschaftliche Experten, so auch Hüttermann, betonen aber nachhaltig, daß noch sehr viel interdisziplinäre Forschungsarbeit zu leisten ist, ehe bei uns große Plantagen mit schnellwachsenden Holzarten angelegt werden können. So muß u. a. umfangreiche Arbeit mit dem Ziel der Züchtung von Holzarten mit gesteigerter Biomasseproduktion bei erheblich verbesserten Holzeigenschaften aufgewendet werden.

Wachsende Überschüsse in der Landwirtschaft der EG-Länder infolge stetiger Produktivitätszunahme zwingen dazu, die landwirtschaftlich genutzten Flächen drastisch zu reduzieren; wahrscheinlich müssen bis zum Jahre 2000 in der Bundesrepublik rund 3 Mio. ha, im gesamten EG-Raum etwa 10–15 Mio. ha Überschußflächen auf andere Weise als bisher genutzt werden. Hier würde sich als eine Alternative die Nutzung durch Holzwirtschaft anbieten, die sich durch eine Reihe bemerkenswerter Vorteile auszeichnet: Die letztlich geerntete Biomasse, das Derbholz, besteht zu 99,7 % aus Photosyntheseprodukten und weist damit einen niedrigeren Aschegehalt auf als alle übrigen geernteten oder erntebaren Pflanzenteile. Im Vergleich zu allen übrigen Nutzpflanzen wird 10mal mehr Sonnenenergie in Form von Holz geerntet als vergleichbare Biomasse bei allen übrigen Nutzpflanzen. Dabei darf aber nicht übersehen werden, daß Lignin einen erheblichen Anteil im Holz ausmacht; trotz jahrzehntelanger Forschungsarbeiten kann man mit ihm wenig mehr anfangen als es zu verbrennen. Hier liegt eine große Aufgabe für chemisch-technische Forschung noch vor uns. Holz wird mit erheblich weniger Aufwand produziert als landwirtschaftliche Produkte; so entfallen weitgehend die hohen Kosten für Düngung (insbesondere für stickstoffhaltige Düngemittel) sowie für Pflanzenschutz. Auch der Aufwand für Bearbeitung ist infolge der extensiven Bewirtschaftung geringer; deshalb sind auch weniger Umweltprobleme zu erwarten als bei der intensiven Landwirtschaft. Nun sind zwar die Kosten pro Flächeneinheit geringer als in der Landwirtschaft; die Erlöse aus der traditionell nicht subventionierten Holzwirtschaft sind allerdings ebenfalls niedriger.

Die chemische Zusammensetzung verschiedener Holzarten weist Tabelle 31 aus.

*Tabelle 31.* Chemische Zusammensetzung von verschiedenen lignocellulosehaltigen Rohstoffen. (Aus: Schliephake 1986)

| Rohstoff | Cellulose (%) | Hemicellulose (%) | | Lignin (%) |
|---|---|---|---|---|
| | | Hexosen | Pentosen | |
| Nadelholz | 40–48 | 12–15 | 7–10 | 26–31 |
| Laubholz | 30–43 | 2–5 | 17–25 | 20–25 |
| Getreidestroh | 38–40 | 2,5 | 17–21 | 6–21 |
| Bagasse | 38–42 | ? | 19–21 | 20–22 |
| Altpapier | 50–70 | – | 6–15 | 15–25 |

K. Freudenberg, der zahlreiche wichtige Beiträge zur Holzchemie geliefert hat, verglich den Aufbau von Holz mit dem von Eisenbeton: Das Lignin bildet dann die druckfeste Betonmasse, während Cellulose als Analogon zu den Stahleinlagen angesehen werden kann.

Wichtigstes Produkt der traditionellen chemischen Holzverwertung ist Zellstoff (Cellulose), von dem in der Bundesrepublik jährlich rund 800 000 t produziert werden; weitere rund 3 Mio. t werden importiert: Die einheimische Zellstoff-Industrie deckt heute nur noch rund ein Viertel des Bedarfes. Der Grund für diese relativ geringe Eigenproduktion ist in erster Linie durch Umweltprobleme gegeben – ein Beispiel dafür, daß auch die chemische Verwertung von Biomassen in Bezug auf Belastung der Umwelt durchaus nicht problemlos und das Schlagwort *sanfte Chemie* irreführend ist.

Cellulose gehört zur Gruppe der Polysaccharide; hierunter versteht man Makromoleküle, die aus zahlreichen Monosaccharidmolekülen, also einfachen Zuckermolekülen, aufgebaut sind. Cellulose besteht aus vielen Glucoseresten (Glucose = Traubenzucker); durch Hydrolyse in Gegenwart von Säuren wird das Makromolekül in seine einzelnen Bausteine zerlegt:

$$(C_6H_{10}O_5)_n + nH_2O \xrightarrow{\text{Säure}} n\,C_6H_{12}O_6$$
Cellulose         Glucose

Bei den Hemicellulosen handelt es sich um schwer zu definierende Mischungen aus verschiedenen Polysacchariden, die in ihrer Zusammensetzung stark variieren; als Grundbausteine enthalten sie Monosaccharide mit 5 (Pentosen) bzw. 6 (Hexosen) Kohlenstoffatomen im Molekül. Lignin dagegen ist ganz anders aufgebaut: Dies Makromolekül enthält aromatische Grundbausteine.

K. Freudenberg erkannte u. a. Phenoletheralkohole als Bausteine; so weist Coniferylalkohol, ein wichtiger Ligninbaustein, folgenden Bau auf:

HO—⟨⟩—CH=CH–CH$_2$OH
   |
   OCH$_3$

Beim chemischen Holzaufschluß zur Zellstoffgewinnung fällt Lignin zwangsläufig als Nebenprodukt an; im Regelfall wird es in den Zellstoffabriken zur Gewinnung von Prozeßdampf verbrannt.

Da Cellulose zu Glucose hydrolysiert werden kann, weiterhin Glucose durch alkoholische Gärung unter der Einwirkung von Hefen zu Ethanol und CO$_2$ abgebaut werden kann nach:

$$C_6H_{12}O_6 \longrightarrow 2C_2H_5OH + 2CO_2$$

so bietet sich hier ein Weg an, aus Holz über *Holzverzuckerung* zum Treibstoff *Biosprit* zu gelangen. Ähnlich wie Methanol läßt sich auch Ethanol sowohl in reiner Form wie auch in Mischung mit herkömmlichen Treibstoffen als Kraftstoff für Motoren einsetzen.

Das Problem der Holzverzuckerung ist alt: Schon 1819 hatte H. Braconnot erkannt, daß bei Einwirkung von konzentrierter Schwefelsäure auf Holz Glucose gebildet wird; 1855 berichtete G. F. Melsens, daß dieser Abbau auch mit verdünnten Säuren erreicht werden kann. Technisch brauchbare Verfahren zur Holzverzuckerung wurden aber erst in den Jahren zwischen beiden Weltkriegen entwickelt: F. Bergius arbeitete ein Verfahren aus, bei dem überkonzentrierte (41%ige) Salzsäure drucklos bei Normaltemperatur eingesetzt wird; H. Scholler setzte 0,2%ige Schwefelsäure ein und führte die Hydrolyse unter etwa 8 bar Druck bei rund 175 °C durch. Behaupten konnte sich schließlich das Scholler-Verfahren; zwar wurde in den 50er Jahren die Holzverzuckerung in Deutschland und in der Schweiz eingestellt, jedoch sind in der UdSSR inzwischen rund fünfzig Holzverzuckerungsanlagen in Betrieb, die nach dem Prinzip von H. Scholler arbeiten. Das Schema einer Holzverzuckerungsanlage nach der ursprünglichen Konzeption von Scholler zeigt Abbildung 70.

Wichtigster Anlagenteil in Scholler-Holzverzuckerungsfabriken sind säurefeste *Perkolatoren,* in denen zerkleinertes Holz (Holzabfälle, Sägespäne) bei 175 °C mit stark verdünnter (ca. 0,3%iger) Schwefelsäure aufgeschlossen wird; die Säure wird dabei in mehreren (etwa 12-15) Schüben durch das Holz gepreßt. Nach jedem Säureschub wird eine Ruhezeit eingelegt, in der die Hydrolyse stattfindet. Zugleich wird mit jedem Schub auch die entsprechende Menge *Würze* mit 3,5-4% Zuckergehalt in die Entspannungsgefäße gedrückt, wo die unter Betriebsdruck von etwa 8 bar stehende Flüssigkeit auf

184 Kohle und Biomassen contra Erdöl?

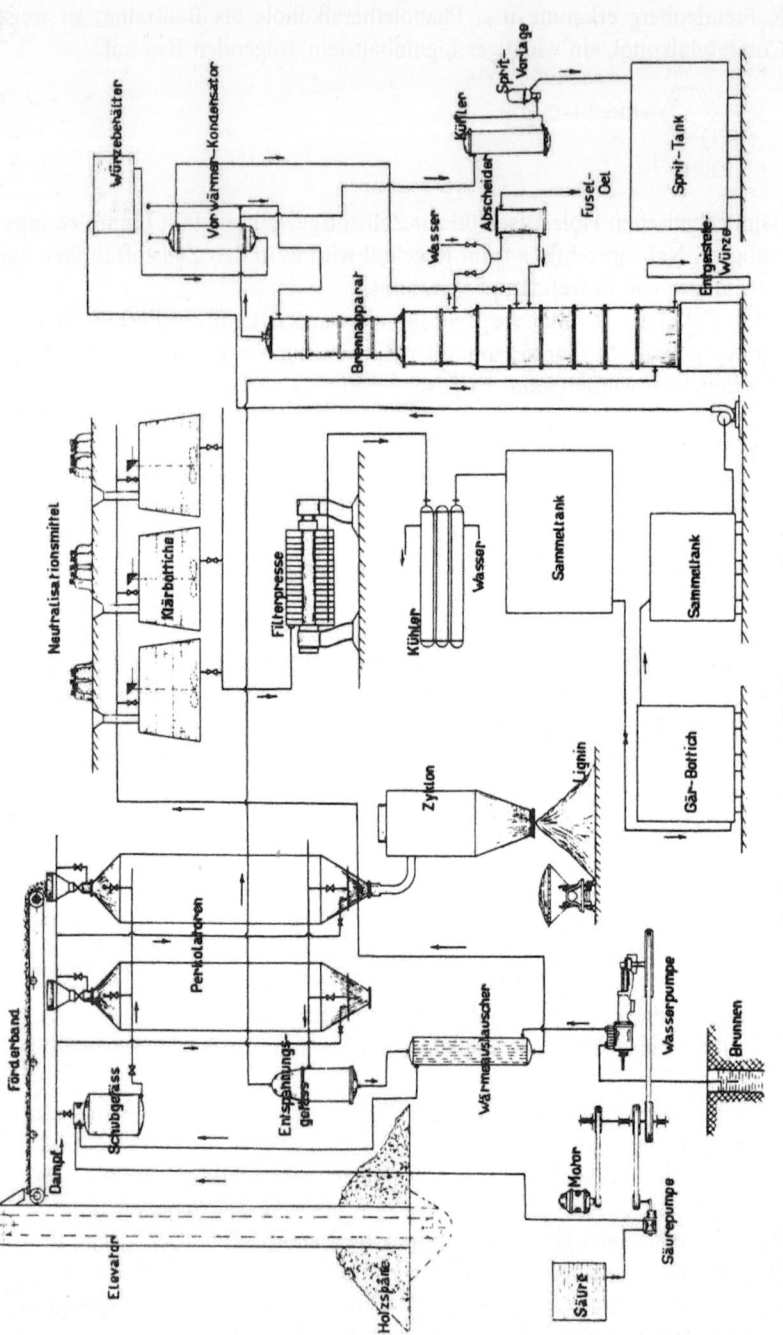

*Abb. 70.* Holzverzuckerung nach dem Scholle-Tornesch-Prozeß. (Zeichnung um 1930)

Normaldruck entspannt wird. Die gesamte Hydrolysezeit beträgt etwa 10-14 Stunden. Die schwach saure Würze wird mit Kalk neutralisiert, filtriert und gekühlt; anschließend erfolgt Vergärung. Die alkoholhaltige Maische wird sodann *entgeistet*, d. h. vom Alkohol befreit; in der Destillationskolonne wird hochprozentiger Alkohol gewonnen, während die *Schlempe*, d. h. die entgeistete Maische, als Viehfutter verwendet werden kann.

Am Ende der Hydrolyse wird der zurückbleibende harte Ligninkuchen aus dem Perkolator entfernt; dies gelingt in eleganter Weise durch schlagartiges Öffnen einer speziellen Entleerungsvorrichtung mit großem Querschnitt: Das ca. 170 °C heiße Wasser im Perkolator, das ja noch unter Betriebsdruck steht, verdampft dadurch geradezu *explosionsartig*, wobei der Ligninkuchen in viele kleine Teilchen zerrissen wird. Bevor in der ersten 1932 in Betrieb gegangenen Scholler-Anlage in Tornesch (Holstein) die Entspannung in Zyklone (= Fliehkraftabscheider) vorgenommen wurde, donnerte eine hundert Meter hohe Dampfligninwolke in die Atmosphäre, und dann rieselte ein feiner Ligninregen auf die benachbarte Umgebung. Die anfangs erzielte Ausbeute von etwa 170 l Ethanol pro Tonne Holzsubstanz konnte später auf 275 l erhöht werden; die Zuckerkonzentration in der Würze ließ sich auf rund 9% steigern. Eine weitere Verbesserung des Verfahrens besteht darin, in einer ersten Prozeßstufe zunächst nur *Vorhydrolyse* durchzuführen, bei der im wesentlichen die Hemicellulosen zu den entsprechenden Zuckern abgebaut werden, die als wertvolle Chemierohstoffe für die Herstellung einer Reihe technisch interessanter Verbindungen dienen können.

Vom Prinzip her weist der Scholler-Prozeß in seiner ursprünglichen Form den Nachteil auf, daß diskontinuierlich in Perkolatoren von 50-100 m³ Inhalt gearbeitet wird und die Hydrolysezeit relativ lang ist. Um kontinuierlichen Betriebsablauf zu erreichen, wäre es erforderlich, die Perkolatoren neu zu konzipieren; kontinuierliche Kocher, wie sie für Zellstoffabriken entwickelt wurden, könnten als Vorbild dienen.

Für kontinuierlichen Prozeßablauf wurden eine Reihe von Verfahren vorgeschlagen. Besonders bemerkenswert ist das BIOL-Verfahren, bei dem die Holzhydrolyse innerhalb von nur wenigen Sekunden bei Temperaturen um 250 °C unter 40 bar Druck abläuft; zur Hydrolyse wird 0,5%ige Schwefelsäure verwendet. Herzstück der Anlage ist ein liegender Rohrreaktor, durch den die Holz-Säure-Mischung mit Hilfe einer Schnecke rasch durchgedrückt wird, so daß die Verweilzeit in der heißen Reaktorzone (der Reaktor ist mit einem äußeren Heizmantel ausgerüstet) nur sehr kurz ist. Dies Verfahren wurde aber bisher nur in einer Pilotanlage studiert.

Ethanol kann nicht nur aus cellulosehaltigen nachwachsenden Rohstoffen (Holz, Stroh usw.), sondern auch aus stärke- und zuckerhaltigen landwirtschaftlichen Produkten hergestellt werden. Um die technischen Voraussetzungen für eine *Biospritproduktion* zu schaffen, mußte die bislang traditionell

186    Kohle und Biomassen contra Erdöl?

*Abb. 71.* Anlage zur Herstellung von Bio-Ethanol für Treibstoffe in den USA, errichtet von der Krupp Industrietechnik GmbH, Werk Buckau Wolf, Grevenbroich. (Mit freundlicher Genehmigung der Krupp Industrietechnik GmbH)

auf Herstellung von Trinkalkohol ausgerichtete Prozeßtechnik für eine Alkoholgroßproduktion umgestaltet werden; Ziele waren dabei Minimierung des Energieverbrauches und Maximierung der Alkoholausbeuten. Moderne Alkoholfabriken erinnern schon vom Äußeren her nicht mehr an die herkömmlichen *Schnapsbrennereien* (mit einer ebenfalls ausgefeilten Technik!). Abbildung 71 zeigt eine moderne Großanlage für Alkoholgewinnung.

Bei der Planung einer Biospritproduktion aus landwirtschaftlichen Produkten sollte Konkurrenz zwischen Nahrungsmittelversorgung einerseits und Energie- bzw. Chemierohstoffversorgung andererseits tunlichst vermieden werden; das ließe sich z.B. durch Nutzung von Pflanzen erreichen, die auch an Standorten gedeihen, die für den Anbau ernährungswichtiger Pflanzen ungeeignet sind, ferner durch Nutzung landwirtschaftlicher Abfallprodukte sowie durch Erhaltung des sonstigen Nährwertes der betreffenden Produkte, z.B. Verspriten des Stärkeanteils von Mais unter Erhaltung dessen weiterer Inhaltsstoffe wie Eiweiß, Fett und Spurenelementen für Ernährungszwecke.

Steigende Rohölpreise sowie geringe Erdöl- und Erdgasvorkommen im eigenen Land haben das *Pro-Alcool*-Programm der brasilianischen Regierung initiiert; erstmals in der Welt hat Brasilien den Großversuch unternommen, durch Übergang auf chemische Verarbeitung von Biomassen von Erdölimporten unabhängig zu werden. Als Rohstoff bot sich Zuckerrohr an; die heute für Biosprit-Produktion genutzte Fläche macht mit 3,8 Mio. ha etwa 7,5% der in Brasilien landwirtschaftlich genutzten Gesamtfläche aus. Rund 10 Mrd. Dollar wurden innerhalb von 10 Jahren in dies Projekt investiert; die Kapazität der Spritfabriken wird auf 12–16 Mio. m$^3$ pro Jahr in rund 400 Fabriken angegeben. 11,4 Mio. m$^3$ Biosprit wurden im Jahre 1984 erzeugt; die Tageskapazität der Fabriken liegt zwischen 30 und 650 m$^3$, die der einzelnen Spritkolonnen bei maximal 120 m$^3$. Die Fabriken sind *energieautark*, d. h. daß die nach Auspressen des Zuckerrohrs verbleibende *Bagasse* beim Verbrennen unter den Dampfkesseln der Fabriken genügend Dampf zur Durchführung des Prozesses und zur Erzeugung des notwendigen elektrischen Stroms liefert.

Das brasilianische Projekt wurde im EG-Raum, so auch in der Bundesrepublik, mit lebhaften Interesse verfolgt; glaubte man doch in weiten Kreisen, hier ein Vorbild für Verspritung der riesigen überschüssigen Lagerbestände an Getreide und Zucker zu erkennen. Ferner erschien auch der Anbau von Zuckerrüben und Futterrüben sowie weiterer Pflanzen für Gewinnung von *Treibstoffen vom Acker* („Pack die Rübe in den Tank!") ein Ausweg zu sein, um freiwerdendes Ackerland weiterhin nutzen zu können. Das erwartete Anhalten des Rohölpreistrends der 70er Jahre hätte zur Jahrhundertwende auch zu einer Wettbewerbsangleichung führen müssen; die Möglichkeit einer wirtschaftlichen Verwendung von nachwachsenden Rohstoffen zur Treibstoffgewinnung wurden aber offensichtlich viel zu optimistisch eingeschätzt.

Die EG-Kommission in Brüssel hat es inzwischen abgelehnt, ein von der Europäischen Gemeinschaft getragenes Programm durchzuführen, um Agrarüberschüsse auf dem Wege einer Verspritung abzubauen und *Biosprit* herkömmlichen Treibstoffen beizumischen. Zweifellos war diese Entscheidung richtig: Einmal hätte teures Ethanol auf den viel niedrigeren Benzinpreis herabsubventioniert werden müssen, ferner wäre erneut ein falsches Zeichen für die Landwirtschaft gesetzt worden, der sich so ein neuer Weg zu Subventionen eröffnet hätte, und schließlich muß Biosprit mit petrochemischen Ethanol, ebenso aber auch mit Methanol konkurrieren können. So erweist es sich heute als Fehleinschätzung, daß in den Jahren hoher Rohölpreise hauptsächlich der Verarbeitung von Biomassen zu Treibstoffen Aufmerksamkeit geschenkt wurde (trotz zahlreicher Warnungen von Agrarfachleuten); andererseits führt dies Beispiel in krasser Weise die Bedeutung des Autos in unserer Gesellschaft vor Augen. Nach Schätzungen von M. Dambroth, der diese Entwicklung kritisch verfolgte, könnte eine Ethanolproduktion aus heimischen Agrarprodukten höchstens 20% des bundesdeutschen Kraftstoffbedarfes decken. Sicherlich ist das Leistungsprotential unserer Kulturpflanzen noch längst nicht voll ausgeschöpft, obwohl die Leistungsfähigkeit der Zuckerrübe mit 5000–6000 l Ethanol pro Hektar beträchtlich ist; mit Futterrüben ließen sich sogar rund 2000 l mehr gewinnen. Insgesamt gesehen sind aber die Möglichkeiten einer Treibstoffversorgung aus heimischen Pflanzen begrenzt. Die Zurückhaltung der EG-Kommission wird durch ein Gutachten bestätigt, in dem festgestellt wird, daß sich Bioalkohol erst bei einem Rohölpreis von 40 Dollar pro barrel wirtschaftlich behaupten könnte; als das Gutachten erstellt wurde, lag der Preis bei 18 Dollar pro barrel!

In der Bundesrepublik wurden große Hoffnungen auf Ethanolproduktion aus heimischen Agrarprodukten gesetzt, die Entlastung für die Landwirtschaft bringen sollte. Um die erforderliche Technologie verfügbar zu machen, wurden auch energische Schritte unternommen: So können in der Pilotanlage der Zuckerfabrik Ochsenfurt täglich 25 t Zucker nach dem Hoechst/Uhde-Prozeß zu 15 000 l Ethanol verarbeitet werden; in Niedersachsen wird der Bau einer Großversuchsanlage betrieben, in der neben Rüben auch Kartoffeln und Mais zur Herstellung von Ethanol verwendet werden können. Die *Energiekrise* schien der Landwirtschaft neue Perspektiven zu eröffnen; im Gegensatz zur herkömmlichen Meinung bringen Feldfrüchte unserer gemäßigten Klimazone Spitzenerträge an Biosprit, die die des Zuckerrohrs teilweise erreichen oder sogar weit übertreffen (Futterrübe!). M. Dambroth hat folgende erzielbaren Ethanolmengen angegeben (s. Tabelle 32).

Solche Zahlen führten zu Überlegungen, stillgelegte Agrarflächen zum Anbau von *Energiepflanzen* zu nutzen. Die Idee, Nahrungsmittel als Energierohstoffe einzusetzen, ist übrigens nicht neu: Auch nach dem ersten Weltkrieg wurden vornehmlich Kartoffel-, daneben auch Getreideüberschüsse hauptsächlich in vielen kleinen landwirtschaftlichen Brennereien im damaligen Deutschen Reich vergoren; in den östlichen Provinzen hatte die Herstellung von Kartoffelsprit sogar erhebliche Bedeutung für die Landwirtschaft. Schon damals wurde im Zumischen von Ethanol zu Benzin ein Weg gesehen, um Agrarüberschüsse abzubauen; mit den viel billigeren Erdölprodukten konnte Kartoffelsprit aber nicht konkurrieren, mußte subventioniert werden, und die Kosten wurden auf die Autofahrer abgewälzt. Damals stellte die Brennerei und Preßhefefabrik Tornesch GmbH einen Antrag zur Herstellung

*Tabelle 32.* Alkoholerträge. (Aus: Agrar-Bericht, 1980, 31, 3: 26)

| Kulturart | Alkoholertrag (in l pro ha) |
|---|---|
| Futterrübe | 6074,4 |
| Zuckerrübe | 4658,4 |
| Kartoffeln | 3255,2 |
| Weizen | 1782,6 |
| Roggen | 1285,1 |

von Spiritus aus Holz nach dem Scholler-Verfahren, mit dem sich sogar der Reichsrat, d.h. die Vertretung der Länder, beschäftigen mußte; in einem Spottgedicht *Pfingstwunsch 1929* nahm der *Simplicisimus* hierzu Stellung. Gegen die Herstellung eines viel billigeren Holzsprits hatten sich die Interessenvertreter der Landwirtschaft mit aller Entschiedenheit allerdings vergeblich gewandt; damals wurde in angesehenen Zeitungen die Frage gestellt, ob der Versuch, die Holzverzuckerung zu hintertreiben, nicht eine Hemmung des technischen Fortschritts bedeutet (u.a. Berliner Tageblatt und Kölnische Zeitung am 3. Mai 1929).

Trotz moderner Technologie liegen die Herstellkosten für Bioethanol weit über dem Preis von Superbenzin, in dem ja auch noch ein beträchtlicher Steueranteil enthalten ist. Hinzu kommen erhebliche ökologische Probleme: Pro $m^3$ Ethanol fallen 10-15 $m^3$ Schlempe mit 10-15% Feststoffanteil an. Schlempe eignet sich wegen ihres Eiweißgehaltes sehr gut als Viehfutter, insbesondere auch als Mastfutter; Eindickung und Trocknung zu einem Handelsprodukt sind jedoch energieaufwendig. Die Verwertung als Mastfutter hätte den unerwünschten Nebeneffekt, die Tierhaltung noch weiter auszudehnen und würde zu zusätzlichen Fleisch- und Milchüberschüssen führen. Andererseits kann Schlempe in Faultürmen, ähnlich wie sie in Klärwerken zu finden sind, *methanisiert* werden; das anfallende Biogas eignet sich als Heizgas. Der hierfür erforderliche Aufwand ist allerdings erheblich; so steht auch die größte europäische Biogasanlage in der Zuckerfabrik Ochsenfurt und dient zur Entsorgung der Abfälle aus der Zuckerproduktion sowie der Schlempe aus der Alkoholherstellung.

Dies Beispiel führt die allgemeine Problematik bei der Verarbeitung von Biomassen deutlich vor Augen; folgende Aufgaben fallen dabei an:

1. Gewinnung der Wertstoffe,
2. Verwertung der verbleibenden Reststoffe,
3. Entsorgung der Abfallstoffe:
   - biologisch leicht abbaubare Stoffe,
   - biologisch schwer abbaubare Stoffe,
   - verbleibende anorganische Salze.

Als eine Technologie der Zukunft - daran kann kein Zweifel bestehen! - wird sich die Nutzung nachwachsender Rohstoffe auch den strengen Anforderungen des Umweltschutzes stellen müssen; die Kosten für die notwendige Entsorgung können dazu führen, den Einsatz mancher nachwachsenden Rohstoffe bei uns auszuschließen. Es gilt daher, für die jeweiligen Verwendungszwecke sozusagen maßgeschneiderte *Industriepflanzen* zu züchten, die hohe Hektarerträge liefern und es möglich machen, die ganze Pflanze wirtschaftlich zu verwerten.

Inzwischen hat sich ergeben, daß Biosprit selbst unter den im Vergleich zur

Bundesrepublik viel günstigeren Bedingungen in Brasilien nicht wirtschaftlich hergestellt werden kann, obwohl die Hektarerträge beträchtlich gesteigert werden konnten und die Alkoholausbeute von 65 auf rund 80 l Sprit pro Tonne Zuckerrohr anstieg. Das *Pro Alcool*-Programm der brasilianischen Regierung ist offensichtlich zu einer schweren wirtschaftlichen Belastung für das Land geworden, von dem jedoch nicht ohne weiteres wieder abgegangen werden kann; allein schon die Massenarbeitslosigkeit bei Landarbeitern in den Zuckerrohrplantagen, die ein Abrücken vom Biosprit zwangsläufig mit sich bringen würde, erlaubt keine plötzliche Abkehr. 2,5 Mio. Autos, das sind rund 20% des brasilianischen Kraftfahrzeugbestandes, fahren mit Biosprit; 85% aller Neuwagen sind für Ethanolbetrieb ausgerüstet.

Natürlich können die Verhältnisse in Brasilien nicht ohne weiteres auf die im EG-Raum übertragen werden; dennoch zeigt dies Beispiel klar die zu erwartenden Schwierigkeiten. In Brasilien fielen bei einer Produktion von 10,4 Mio. $m^3$ Alkohol im Jahre 1986 rund 122 Mio. $m^3$ Schlempe an, die der Abwassermenge von 61 Mio. Einwohnern gleichzusetzen sind. Verwertung als Viehfutter war nur begrenzt möglich, Nutzung für Biogasgewinnung scheiterte am finanziellen Aufwand für den Bau der hierfür erforderlichen Biogasanlagen. Weite Verbreitung fand die direkte Verwendung von flüssiger Schlempe als Dünger; für sehr große Mengen Schlempe gab es aber nur einen *Entsorgungsweg:* Ablassen der angesammelten Mengen nach Zwischenlagerung, bei der ein Teil der Belastungsstoffe aerob abgebaut wurde, oder aber direktes Einleiten in die Vorfluter mit dem Risiko von Schäden bei Trinkwasser und Fischbeständen.

Der Anbau von Zuckerrohr erfolgt in Brasilien vorwiegend auf großen Farmen mit Flächen von durchschnittlich 6000 ha, die jeweils eine Fabrik mit einer täglichen Destillationskapazität von 120 $m^3$ Alkohol versorgen können; über negativen Folgen solcher Monokulturen für die ökologischen Systeme wurde bisher noch nichts bekannt, jedoch sind Anzeichen von Bodenauslaugung im Norden des Landes inzwischen unübersehbar. Diversifizierung durch Zwischenanbau von Pflanzen, die Grundnahrungsmittel liefern, soll solchen Gefahren entgegenwirken. Die ökologischen Probleme, die sich abzeichnen, können sicherlich gelöst werden; für die wirtschaftlichen, sozialen und fiskalischen Probleme zeichnen sich dagegen bisher keine Lösungen ab.

Ein weiteres ernstzunehmendes Problem bilden die bei der motorischen Verbrennung von Alkohol entstehenden, unangenehm riechenden Oxidationsprodukte, insbesondere Aldehyde; andererseits treten bei Kohlenoxid und Stickoxiden verringerte Emissionen auf. Die Entfernung der Aldehyde, die schleimhautreizend wirken (Rachen, Augen), muß mit Katalysatoren erfolgen; Verringerung der Aldehyd-Emissionen durch motorische Maßnahmen gelang bisher noch nicht.

Ethanol kann nicht nur als Treibstoff eingesetzt werden, sondern eignet sich auch zur Herstellung zahlreicher wichtiger Grundstoffe für die chemische Industrie; die erforderlichen Verfahren sind z. T. schon seit vielen Jahrzehnten bekannt. So lassen sich zwei Schlüsselprodukte der organisch-chemischen Industrie leicht aus Ethanol herstellen: Durch katalytische Wasserabspaltung in Röhrenöfen bei 400 °C an Aluminiumoxidkatalysatoren gelangt man zum Ethylen:

$$CH_3-CH_2OH \xrightarrow{Al_2O_3\text{-Katalysator}} H_2C=CH_2 + H_2O$$

Acetaldehyd entsteht durch Dehydrierung von Ethanol an Silber- oder bevorzugt an Kupferkatalysatoren:

$$CH_3-CH_2OH \xrightarrow{Cu\text{-Katalysator}} CH_3-C\overset{H}{\underset{O}{\diagdown}} + H_2$$

*Abb. 72.* Anlage zur Herstellung von Acetaldehyd aus Bio-Ethanol in Pakistan, errichtet von der Starcosa GmbH. (Mit freundlicher Genehmigung der Starcosa GmbH, Braunschweig)

## 192 Kohle und Biomassen contra Erdöl?

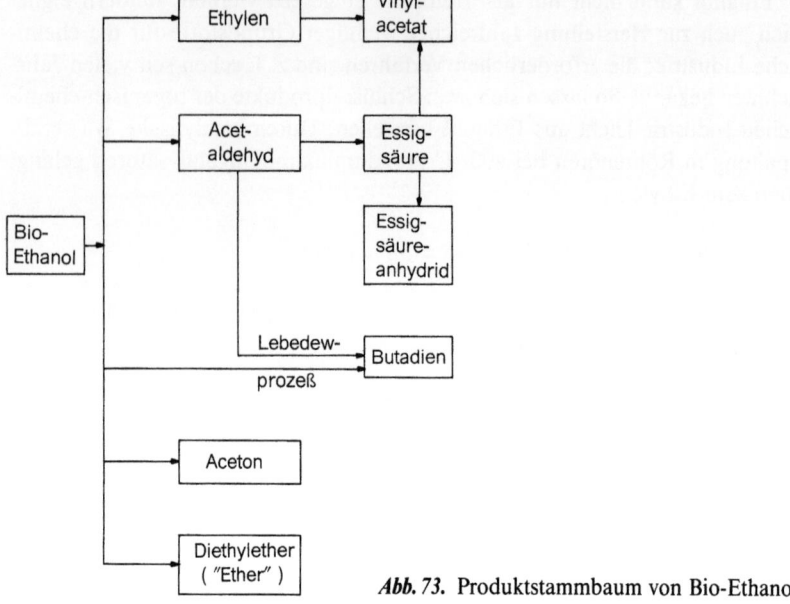

*Abb. 73.* Produktstammbaum von Bio-Ethanol

Ausgehend von Ethanol ist es also möglich, zur bereits besprochenen Produktpalette der Ethylen- bzw. Acetylenchemie zu gelangen. Die Ansicht einer modernen Acetaldehydanlage, in der Ethanol eingesetzt wird, zeigt Abbildung 72.

Eine Übersicht über eine Reihe wichtiger Produkte, die aus Ethanol gewonnen werden können, gibt Abbildung 73.

Eine herausragende Stellung als Rohstoff für petrochemische Grundstoffe nimmt Naphtha ein, die ebenfalls aus Ethanol zugänglich ist (s. Abb. 74).

Insgesamt zeigt diese Betrachtung, daß vom Standpunkt der chemischen Technik gesehen, eine Ethanolchemie auf Basis von Biomassen ohne weiteres möglich wäre und in vorhandene petrochemische Linien integriert werden könnte; vom wirtschaftlichen Standpunkt betrachtet, muß sie an den hohen Kosten für Bioethanol und weiter auch an den großen Investitionen für die erforderlichen Neuanlagen scheitern. Bei den derzeitigen Rohölpreisen ist also Einstieg in die Ethanolchemie nicht möglich. In Brasilien hatte man große Hoffnungen darauf gesetzt, eine breite Palette organisch-chemischer Produkte letzten Endes auf Basis von Zuckerrohr zu gewinnen; inzwischen wird auch hier die Ethanolchemie sehr kritisch gesehen, und neue Ethylenprojekte basieren wieder auf Erdgas und Erdöl.

Prinzipiell lassen sich Biomassen auch in ähnlicher Weise wie Kohle in Synthesegas umwandeln; die Herstellung von Methanol aus Synthesegas, das

Biomassen 193

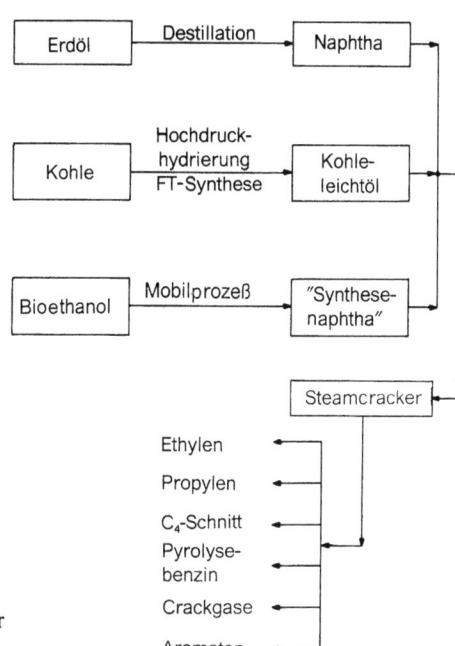

**Abb. 74.** Gewinnung petrochemischer Grundstoffe auf alternativen Wegen

z. B. aus Holz gewonnen wird, wäre im Vergleich zur Holzverzuckerung und anschließenden Ethanolproduktion sowohl aus energetischen Gründen wie auch im Hinblick auf die weniger schwierigen Umweltprobleme sogar vorteilhafter. Eine Anlage zur Herstellung von Synthesegas aus Biomassen zeigt Abbildung 75.

Hier eröffnen sich interessante Aspekte: Methylester höherer Fettsäuren sind nämlich hervorragend als Kraftstoffe für Dieselmotoren geeignet. So ließe sich z. B. aus dem getrockneten Fruchtfleisch von Kokosnüssen (=Kopra) durch Extraktion mit geeigneten Lösungsmitteln Kokosöl gewinnen und der extrahierte Rückstand nach *Entbenzinierung* (=Abtreiben des Hexans) als Viehfutter einsetzen. Durch Vergasen der harten Kokosschalen läßt sich Synthesegas gewinnen und nach den besprochenen Verfahren in Methanol überführen; durch sog. *Umesterung* des Kokosöls mit Methanol gelangt man zu den entsprechenden Kokosfettsäuremethylestern, die als Substitute für Dieselöl dienen können.

$$
\begin{array}{lclcl}
CH_2-OOC-R & & & CH_2-OH & \\
| & & & | & \\
CH\ -OOC-R & +\ 3\ CH_3OH & \rightleftharpoons & CH\ -OH & +\ 3\ R-COOCH_3 \\
| & & & | & \\
CH_2-OOC-R & & & CH_2-OH & \\
\text{Kokosöl} & +\ \text{Methanol} & \rightleftharpoons & \text{Glycerin} & +\ \text{Kokosfettsäure-} \\
& & & & \text{methylester}
\end{array}
$$

R hauptsächlich $C_{11}H_{23}$- bzw. $C_{13}H_{27}$-

194  Kohle und Biomassen contra Erdöl?

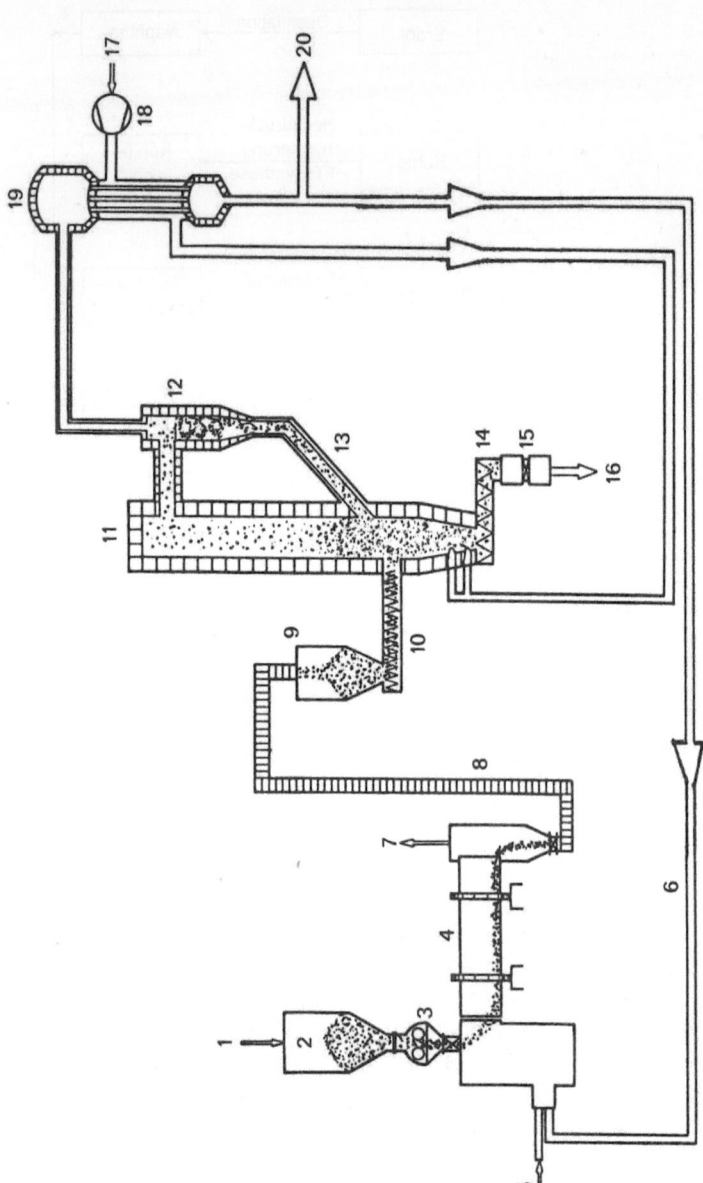

*Abb. 75.* Vergasung von Biomassen nach dem Lurgi-Prozeß in zirkulierender Fließschicht. *1* Zuführung von Biomasse, *2* Bunker, *3* Brecher, *4* Trockner, *5* Luftzufuhr Brenner, *6* Gas für Brenner, *7* Abgas, *8* Transporteinrichtung, z.B. Elevator, *9* Bunker, *10* Dosierschnecke, *11* Vergaser, *12* Zyklon, *13* Rückführung, *14* Austragschnecke, *15* Ascheschleuse, *16* Asche, *17* Vergasungsmittel, *18* Gebläse, *19* Vorwärmer, *20* Produktgas. (Mit freundlicher Genehmigung der Lurgi GmbH, Frankfurt/Main)

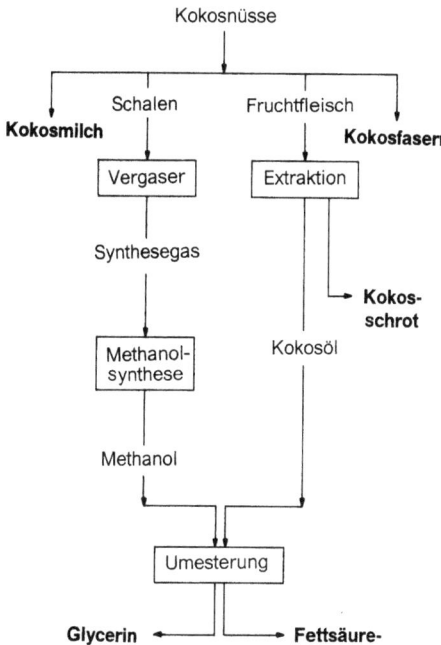

*Abb. 76.* Kokosnüsse als Beispiel einer Verwendung aller Bestandteile der Früchte

Das dabei als Zwangsanfall freigesetzte Glycerin ist ein wichtiges Ausgangsprodukt zur Herstellung einer breiten Palette von Produkten für die Nahrungs- und Genußmittelindustrie, für kosmetische und pharmazeutische Produkte, aber auch Kunstharze und Lackrohstoffe, Weichmacher usw. Da die Fasern der Kokosnuß gleichfalls genutzt werden können, ferner die *Kokosmilch* als Nahrungsmittel Verwendung finden kann, so liegt hier ein Beispiel vor, wie alle Ernteteile nutzbringend verwertet werden können. Das Schema zeigt Abbildung 76.

Übrigens werden auch in der Bundesrepublik Pläne verfolgt, heimische Ölpflanzen als Treibstoffe einzusetzen; so eignet sich z. B. Rapsöl als Dieselöl. Auch diese Produkte müssen mit Dieselöl aus Erdölraffinerien konkurrieren können! So faszinierend der Gedanke auch sein mag, mit Hilfe von Treibstoffen aus nachwachsenden Rohstoffen einen Beitrag zur Verringerung des $CO_2$-Eintrags aus der Verbrennung fossiler Energieträger bzw. daraus hergestellter flüssiger Treibstoffe zu leisten, so sprechen ökonomische Gründe dagegen, die aus den derzeitigen Rohölpreisen herrühren. Zugleich darf nicht übersehen werden, daß auch ökologische Probleme bei der Verarbeitung von Biomassen auftreten, die nur mit großem technischen Aufwand zu lösen sind und laufende hohe Kosten verursachen, die vom Produkt getragen werden müssen: *Sanfte Chemie* durch Verarbeitung von Biomassen ist eine Illusion!

Der seit 1986 anhaltende Ölpreisverfall führte dazu, zunächst keine weiteren Großprojekte nach brasilianischem Vorbild in Angriff zu nehmen; ob ähnliche Projekte an anderen Stellen auf der Erde Aussicht auf wirtschaftlichen Erfolg bieten können, hängt zwar in erster Linie von der künftigen Rohölpreisentwicklung ab, weiterhin natürlich von verbesserten Technologien zur Nutzung von Biomassen, daneben aber ganz entscheidend auch von den jeweiligen örtlichen Gegebenheiten sowie den Möglichkeiten, die erforderlichen Anlagen den vorliegenden Bedürfnissen anzupassen und optimal in die bestehende Infrastruktur einzufügen. Auch politische Überlegungen können dabei eine wichtige Rolle spielen. Auf längere Sicht gesehen dürfte der Nutzung von Biomassen weltweit steigende Bedeutung zukommen – nicht zuletzt aus Gründen des Umweltschutzes.

Zwar ist in der gesamten Biomasse auf der Erde ähnlich viel Energie gespeichert wie in allen nachgewiesenen Reserven fossiler Energieträger; ihre Nutzung an Stelle der herkömmlichen Energieträger wird aber in den nächsten Jahrzehnten keine wesentlichen Beiträge zur Deckung des Weltenergiebedarfes und zur Verlangsamung des Eintrages zusätzlicher $CO_2$-Mengen in den natürlichen Kohlenstoffkreislauf leisten können – zu groß sind die agronomischen und technischen Schwierigkeiten, für deren Überwindung noch viel Forschungs- und Entwicklungsarbeit erforderlich ist.

Nutzung von Biomassen ist einer der möglichen Wege zur Nutzung von Sonnenenergie. Zwar empfängt die Erdoberfläche jährlich von der Sonne eine Energiemenge, die dem 15 000(!!)-fachen des jährlichen Energiebedarfes der Menschen entspricht – die Energiedichte der Sonneneinstrahlung, d.h. die pro Flächeneinheit empfangene Energiemenge ist aber gering; so beträgt das jährliche Sonnenenergieangebot in der Bundesrepublik im Flachland etwa 3600–4000 MJ ($=1000$–1100 kWh) pro m$^2$. Nutzung von Sonnenenergie (auf welchem Wege auch immer!!) erfordert Bereitstellung großer Flächen zum Einfangen der Sonneneinstrahlung. Welcher Weg beschritten wird, hängt entscheidend von der Einschätzung des Kosten/Nutzen-Verhältnisses durch die Verbraucher ab: Es wird schwer sein, den überwiegend ökonomisch-orientierten Konsumenten ökologischen Nutzen verständlich und akzeptabel zu machen.

Unter den Forschungsaufgaben spielt die Erhöhung des Leistungsvermögens von Pflanzen (Hektarertrag) eine vorrangige Rolle; ferner gilt es, Veränderungen in den örtlichen Ökosystemen zu vermeiden und neue Formen der Agrarwirtschaft zu entwickeln, um gravierende Gefahren beim Anbau von *Energie- und Rohstoffpflanzen* durch zu intensive Nutzung in großflächigen Monokulturen so weit als möglich auszuschließen. Zu solchen Gefahren zählt das Entstehen eines neuen Typs von *ökologischer Monotonie*. Intensive

Nutzung in großen Monokulturen erfordert intensiven Einsatz von Mineraldüngern und Pflanzenschutzpräparaten, die Gefahr für das Grundwasser bedeuten können (u. a. durch Nitratzufuhr). Rationelle kostengünstige landwirtschaftliche Produktion führt u. a. auch zum Einsatz von Großmaschinen, die neue Störungen der Bodenfauna durch Bodenverdichtung verursachen können. Der Konflikt zwischen ökonomischen und ökologischen Interessen scheint vorprogrammiert zu sein; durch eine ökologisch orientierte Raumplanung nach streng wissenschaftlichen Gesichtspunkten müßte es jedoch möglich sein, solchen Gefahren von Beginn an zu begegnen.

Anbau von Industrie- und Energiepflanzen könnte übrigens durch Entlastungen bei Umweltproblemen durchaus auch ökonomische Vorteile bringen; so könnte z. B. an Anbau auf schwermetall-kontaminierten Böden gedacht werden (z. B. im Gebiet des Vorharzes), oder an Düngung mit schwermetall-beladenen Klärschlämmen aus bestimmten Ballungsgebieten: Da die Pflanzen ja nicht der menschlichen Ernährung dienen bzw. als Futtermittel eingesetzt werden, ist die Kontaminierung belanglos – immer vorausgesetzt, daß Verwechselung mit Nahrungsmittel- und Futtermittelpflanzen durch organisatorische Maßnahmen mit Sicherheit ausgeschlossen wird.

### 5.2.2 Neue Wege zur Nutzung nachwachsender Rohstoffe

Bisher wurde fast ausschließlich den Fragen nachgegangen, ob sich nachwachsende Rohstoffe zur Herstellung flüssiger Treibstoffe eignen bzw. Basis zur Gewinnung der wichtigsten organischen Grundstoffe bilden können und sich in vorhandene petrochemische Produktionslinien integrieren lassen. Die Gewinnung von Treibstoffen oder herkömmlichen, derzeit fast ausschließlich aus Erdöl hergestellten Grundstoffen aus nachwachsenden Rohstoffen wie Cellulose, Stärke, Zucker oder natürliche Öle und Fette, ist aber aus der Sicht des Chemikers unlogisch: Da produzieren Pflanzen unter Nutzung der Sonnenenergie hochwertige, z. T. sehr kompliziert aufgebaute Substanzen, die unter Einsatz von Energie und Zerstörung des molekularen Gefüges zu geringerwertigen Grundstoffen, etwa Ethanol und weiter Ethylen, abgebaut werden, die ihrerseits auf technisch aufwendigen Wegen unter weiterem Aufwand von Energie wieder in hochwertige Chemikalien oder Kunststoffe und Synthesefasern umgewandelt werden. Vom Standpunkt des Chemikers muß es vorrangiges Ziel der Entwicklungsarbeiten sein, die hochwertigen Naturprodukte unter weitgehendem Erhalt ihrer molekularen Strukturen zu *maßgeschneiderten* Endprodukten zu veredeln, die den Anforderungen der Verbraucher voll entsprechen. Daher ist die Frage berechtigt, ob unter den heutigen Bedingungen die Nutzung nachwachsender Rohstoffe in den Industrieländern über Treibstoffherstellung oder Intergrierung in vorhandene petrochemische Linien sinnvoll sein kann; es liegt doch geradezu auf der Hand, Biomassen in solcher Weise zu nutzen, die ihren natürlichen Besonderheiten Rechnung trägt! Hier kann ein neues weites Feld erschlossen werden, zu dem keine direkten Wege von Erdöl, Erdgas und Kohle führen!

Der hier angedeutete Weg ist nicht neu, wie das Beispiel der sog. *halbsynthetischen* Fasern zeigt, die erstmals 1880 vom französischen Chemiker Graf Chardonnet aus Cellulose hergestellt wurden und noch immer Bedeutung haben; so lag die Chemiefaserproduktion Westeuropas im Jahre 1982 bei rund 3,2 Mio. t, davon waren etwa 20% Cellulosefasern. In den letzten Jahren konnte eine neue Generation von Viskosespinnfasern entwickelt werden, die in ihren textilen Eigenschaften schon weitgehend Baumwollfasern entsprechen. Wie die meisten Langfaserzellstoffe, ist der aus dem kühlen Nadelholzgürtel der Erde kommende Fichtensulfitzellstoff ein hervorragend geeigneter Grundstoff für die Produktion solcher Cellulosefasern. Noch immer haben Viskosefasern keine in jeder Hinsicht völlig befriedigende Qualitätsstufe erreicht, und Ziele der Weiterentwicklung sind daher eine noch bessere Qualität, Kostensenkung bei der Herstellung, besseres Marketing und verstärkter gezielter Einsatz als Mischfaserkomponente.

Der Anbau von Industriepflanzen ist nicht neu und wird in sehr großem Umfang durchgeführt; ein Beispiel hierfür liefert die Baumwolle, die seit Jahrtausenden kultiviert wird und heute nicht nur Bedeutung als Lieferant natürlicher Fasern besitzt, sondern zusätzlich auch ein sehr gutes Speiseöl liefert. Durch Einsatz moderner Technologie lassen sich die textilen Eigenschaften der Baumwollfasern mannigfaltig variieren – ein weiteres Beispiel für die Möglichkeiten, nachwachsende Rohstoffe durch Weiterveredlung den Verbraucherwünschen anzupassen. Der *direkte* Zugriff zu Textilfasern hat früher auch bei uns eine bedeutende Rolle gespielt: Anbau von Flachs und Lein sowie Hanf sind Beispiele hierfür. Es sollte nicht bei einer Rückbesinnung auf diese früheren Formen der Agrarwirtschaft bleiben: Anbau dieser bei uns schon fast vergessenen Faserpflanzen könnte ein wichtiger Beitrag zur Nutzung heimischer nativer Rohstoffe sein. Ein weites Feld eröffnet sich hier für kreative Chemiker, Textilfachleute, Agronomen, Biologen, Pflanzenzüchter und Gentechnologen, denn nur durch interdisziplinäre Forschungs- und Entwicklungsarbeiten werden sich die hier bietenden Chancen nutzen lassen; das reicht hin bis zu den Gestaltern von Mode und Heimtextilien, die ihre Arbeit auf die neuen Fasern und Faserqualitäten ausrichten müssen, oder Marketingfachleute, deren Aufgabe es ist, Marktchancen zu erkennen und zu nutzen.

Landwirtschaftliche Produkte können auch als Substrate für biotechnologische Massenproduktion Verwendung finden; erwähnt seien hier z. B. Polyhydroxybuttersäure oder 2,3-Butandiol für Kunststoffherstellung, oder Aceton und Butanol, die als Lösungsmittel Bedeutung haben. Weiterhin sei auch die Produktion von *Biopolymeren* genannt, die in der Lebensmittel- und Waschmittelindustrie eingesetzt werden können und sich auch als Hilfsstoffe bei der tertiären Erdölgewinnung (Polymerfluten) eignen.

Native Rohstoffe eröffnen der chemischen Industrie eine Fülle neuer Möglichkeiten; insgesamt ist zu erwarten, daß der heutige Bedarf (s. Tabelle 33) in Zukunft stark ansteigen wird.

An der Spitze des Verbrauches stehen natürliche Öle und Fette, von denen weltweit 9,5 Mio t für die Herstellung chemischer Erzeugnisse verarbeitet werden; das sind nur etwa 14% der Weltproduktion von 1985, die 68,2 Mio. t betrug, davon 17,5 Mio. t tierische Fette wie Rindertalg und Butter. Die wichtigsten Einsatzgebiete für Rohfette im technischen Bereich sind die Herstellung von waschaktiven Verbindungen und Seifen, kosmetischen Erzeugnissen, Kunstharzen, Weichmachern (= Hilfsstoffe für die Verarbeitung von Kunststoffen, besonders PVC), Hilfsstoffen für die Nahrungs- und Genußmittelindustrie (besonders Emulgatoren) und pharmazeutischen Erzeugnissen. Hier handelt es sich jedoch um die „klassischen" Einsatzgebiete, die z. T. seit vielen Jahrzehnten bekannt sind; bisher zeichnen sich nur wenige Möglichkeiten ab, um neue Gebiete zu erschließen. Tatsächlich wurde Fettforschung auch nur in wenigen chemischen Unternehmen intensiv betrieben, während in den Forschungsinstituten unserer Universitäten und Hochschulen wenig Neigung bestand, dieses Gebiet in der hier aufgezeigten Arbeitsrichtung wissenschaftlich voranzutreiben; Fettforschung etwa für bessere Kenntnisse über unsere Nahrungsfette oder im Rahmen der klinischen Chemie wurde allerdings ungemein intensiver betrieben. Eines der wenigen Beispiele aus neuerer Zeit, das Ansatzpunkte für die Gewinnung neuartiger Zwischenprodukte liefern kann, ist die Olefinmetathese, die auf ungesättigte Fettsäureester übertragen werden kann, z. B. Umsetzung von Ölsäuremethylester mit Ethylen zu 1-Decen und $\omega$-Decylensäuremethylester:

$$CH_3-(CH_2)_7-CH=CH-(CH_2)_7-COOCH_3$$
$$+$$
$$H_2C=CH_2$$

$$\Updownarrow \text{Katalysator}$$

$$CH_3-(CH_2)_7-CH \quad CH-(CH_2)_7-COOCH_3$$
$$\| \quad + \quad \|$$
$$CH_2 \quad\quad CH_2$$

Eine technische Anwendung dieser außerordentlich interessanten und vielseitigen Reaktion ist derzeit noch nicht möglich, weil die erforderlichen teuren Wolframkatalysatoren nur gering belastbar sind.

Sollen Öle und Fette vermehrt als Rohstoffe in der chemischen Industrie Verwendung finden, so kommt es entscheidend darauf an, den Anforderun-

***Tabelle 33.*** Derzeitiger Verbrauch der chemischen Industrie an nativen Rohstoffen (Angaben in 1000 t). (Nach Falbe; aus: Angew. Chemie, 1988, 100: 42)

| Rohstoff | BRD | EG | Welt |
|---|---|---|---|
| Zucker | 15 | 65 | 800 |
| Stärke | 115 | 390 | 1750 |
| Cellulose | 220 | 600 | 5014 |
| Öle/Fette | 700 | 2700 | 8500 |

gen der Industrie mit klassischen Züchtungsmethoden oder neuen biotechnologischen Methoden nachzukommen und folgende Ziele anzustreben:

1. Oleochemisch interessante Fettsäurezusammensetzung,
2. hoher Gehalt an möglichst einer Fettsäure (Ölsäure, Laurin- bzw. Myristinsäure),
3. Fettsäuren mit funktionellen Gruppen,
4. Wachsgehalt in pflanzlichen Ölen und Fetten.

Daneben müssen auch eine Reihe wichtiger biologischer Voraussetzungen erfüllt sein, etwa Resistenz gegenüber Pflanzenschädlingen und Pflanzenkrankheiten, gleichmäßige Keimung sowie gleichmäßiges Abblühen; weiter gilt es auch, den Ölertrag zu steigern, z. B. beim Raps, der mit 950 kg pro ha nur rund ein Drittel des Ölertrags einer Ölpalme erreicht.

Diese Beispiele zeigen, wie in den Industrieländern der Einsatz größerer Mengen nativer Rohstoffe erreicht werden könnte und mit Sicherheit auch erreicht wird!

## 5.3 Zusammenfassung

Insgesamt ergibt sich aus den geschilderten Entwicklungen folgendes Bild:

1. Der weitaus größte Teil des Weltenergiebedarfes wird bis hinein ins nächste Jahrhundert von Erdöl, Erdgas und (mit steigender Tendenz) Kohle, ferner von Kernkraft gedeckt werden.
2. Nutzung alternativer Energien wird angesichts der weltweiten Gefährdung des Klimas durch zusätzliches $CO_2$ aus fossilen Brennstoffen sowie des weltweit zunehmenden Widerstandes gegen Kernkraft verstärkt vorangetrieben; ihr Anteil an der Deckung des Weltenergiebedarfes wird jedoch bis zur Jahrhundertwende keine nennenswerte Bedeutung erlangen.

3. Erdöl und Erdgas werden weiterhin die wichtigsten Rohstoffe zur Erzeugung organisch-chemischer Produkte sowie Wasserstoff bleiben.
4. Eine *Renaissance der Kohlechemie* etwa in der Bundesrepublik ist vor Ende des Jahrhunderts nicht zu erwarten; weltweit wird die Bedeutung der Kohlechemie zunehmen.
5. Die Bedeutung der Biomassen als Rohstoffe für die Herstellung flüssiger Treibstoffe wird sich in engen Grenzen halten und lediglich lokale Bedeutung erlangen können; allerdings unterscheidet sich die Situation in den Entwicklungsländern grundsätzlich von der in den Industrieländern.
6. Die Verwendung nachwachsender Rohstoffe in der chemischen Industrie wird dagegen laufend zunehmen, wobei Veredlung der Naturstoffe unter weitgehendem Erhalt ihrer molekularen Strukturen im Vordergrund steht.
7. Durch Anbau leistungsfähiger Industriepflanzen wird ein Strukturwandel in der Landwirtschaft eintreten, deren Ziele dann nicht allein nur in der Erzeugung von Nahrungs- und Futtermitteln bestehen werden.
8. Die damit verbundenen ökologischen Probleme sind technisch und organisatorisch lösbar; es bleibt zu wünschen, daß diese Entwicklung durch rechtzeitige Raumplanung von Beginn an so gesteuert wird, daß ein Konflikt zwischen ökologischen und ökonomischen Interessen vermieden wird.
9. Die Nutzung nativer Rohstoffe in der chemischen Industrie der Industrieländer wird bei uns schneller zunehmen als die Nutzung von Kohle als Chemierohstoff.
10. *Da es nicht gelingen wird, die derzeitige Bevölkerungszunahme hauptsächlich in den Entwicklungsländern fühlbar zu verlangsamen, wird auch am Ende unseres Jahrhunderts die eigentliche Ursache der die menschliche Existenz bedrohenden Gefahren als ungelöstes Problem ins 21. Jahrhundert mitgenommen.*

# 6 Wir und unsere Umwelt

## 6.1 Umweltschutz

Der explosionsartige Anstieg der Weltbevölkerung und die weltweit um sich greifende Anwendung umweltschädigender Technologien, verbunden mit einem ungehemmtem Verbrauch fossiler Energieträger, führen zu immer tieferen Eingriffen in die Umwelt. Diese Entwicklung stößt an ihre natürlichen Grenzen, hat sie stellenweise auch schon überschritten. Die nicht mehr zu übersehenden anthropogenen Schäden in der Natur haben zur Erkenntnis geführt, daß die Möglichkeiten für weitere technische Entwicklungen in der bisherigen Richtung eng begrenzt sind – selbst solche, die vor nicht allzu langer Zeit als nahezu unbegrenzt angesehen wurden, wie die Aufnahmekapazität von Luft und Meeren für Zivilisationsabfallprodukte im weitesten Sinn. Alle Technologien haben direkten oder indirekten Einfluß auf die Umwelt; ohne Inanspruchnahme der Umwelt sind menschliches Leben und unsere heutige Zivilisation undenkbar. An der Spitze umweltschädigender Aktivitäten steht die Verbrennung fossiler Brennstoffe.

Wissenschaft, Technik und Wirtschaft müssen eng zusammenarbeiten, um neue Belastungen der Umwelt so weit als irgend möglich zu vermeiden und alte, stark umweltbelastende Technologien durch moderne, umweltverträglichere zu ersetzen. Durch Wissenschaft- und Technologietransfer muß den Ländern der dritten Welt geholfen werden, beim Aufbau ihrer Industrie bewährte, umweltverträgliche Verfahren zur Energieerzeugung sowie Produktion von chemischen Erzeugnissen einzusetzen. Die Industrieländer im Osten wie im Westen müssen sich ihrer Verantwortung voll bewußt sein und mit gutem Beispiel vorangehen; die weitere Entwicklung darf sich nicht ungehemmt vollziehen: Neben berechtigten Forderungen nach wirtschaftlicher Stabilität, Sicherstellung der Rohstoff- und Energieversorgung, ausreichendem Warenangebot für die Bevölkerung, sozialer Sicherheit, genügend Arbeitsplätzen usw. muß *gleichberechtigt* die Forderung nach Schutz *unserer* Umwelt stehen. Im Idealfall sollten Zivilisation und Technik weder heute noch in der Zukunft Mitmenschen und Nachfahren, aber auch Tiere, Pflanzen und Sachgüter gefährden – ein Ziel, das unerreichbar ist, denn Null-Inanspruchnahme der Umwelt unter Aufrechterhaltung unserer Zivilisation ist eine Utopie! Wir sind aber noch sehr weit davon entfernt, daß diese oberste Maxime des Natur- und Umweltschutzes wenigstens anerkannt oder gar als Richtschnur eigenen Handels verwendet wird. Nur zu oft wird im Wettstreit zwischen ökonomischen und ökologischen Interessen der Ökonomie der Vorrang eingeräumt; dabei wird übersehen, daß auf Dauer die Ökologie sich den Vorrang erzwingen wird: Nachfolgende Generationen werden für die möglichen Folgen solcher kurzsichtigen Fehlentscheidungen aufkommen müssen, so wie wir heute das Problem der uns vererbten *Altlasten* lösen müssen. Unter Altlasten versteht man alte Deponien sowie frühere Standorte von gewerblichen und industriellen Unternehmen, wo Abfälle, Rückstände, Chemikalien usw. nach heutigen Gesichtspunkten umweltgefährdend gelagert sind; sie müssen saniert werden, insbesondere um der Gefahr von Grundwasserverseuchungen zu begegnen.

Umweltschutz bedeutet in der Praxis vor allem Anwendung umweltverträglicher Technologien einschließlich der technischen Einrichtungen für sichere Lagerung, sicheren Transport und umweltgerechte Entsorgung. Zahlreiche gesetzliche und behördliche Auflagen, die leider selbst im engen EG-Raum noch sehr unterschiedlich sind und daher zu Wettbewerbsverzerrungen führen können, bilden den Rahmen für umweltgerechtes Verhalten; nicht vergessen werden dürfen auch die vielen Maßnahmen zum Schutz der Umwelt, die von der Industrie aus eigener Initiative ergriffen wurden. *Arbeitssicherheit*, d.h. Sicherheit der Mitarbeiter am Arbeitsplatz, sowie *Anlagensicherheit*, d.h. Einsatz von Anlagen und Verfahren, die Gefahren vermeiden und Risiken so weit als irgend möglich verringern, sind heute selbstverständliche Forderungen. Auch die hier behandelten Technologien beanspruchen die Umwelt; verschiedentlich wurde darauf hingewiesen, und es wurden auch Maßnahmen besprochen, um die Umwelt weniger zu belasten (z.B. Kohlevergasung als Vorstufe in Großkraftwerken).

Anhand einiger weniger weiterer Beispiele soll nun aufgezeigt werden, daß wir heute über technische Mittel verfügen, um diesen Forderungen gerecht werden zu können.

## 6.2 Was ist Umwelt?

Die Erde nimmt, so weit wir es heute wissen, eine Sonderstellung unter den Planeten ein: Sie beherbergt Leben, besitzt also eine *Biosphäre*. Jedes Lebewesen benötigt seine Umwelt, d.h. den ihm adäquaten Lebensraum mit den hier herrschenden Lebensbedingungen. Leben ist Voraussetzung für Umwelt; ohne Leben gibt es nur Zustände und Zustandsänderungen nach den Gesetzen von Physik und Chemie.

Als Ökosysteme bezeichnet man funktionale, räumlich begrenzte Einheiten aus Organismen (Biozönose) und Umwelt (Biotop), die durch vielfältige, in sich fein ausgewogene Regelungsvorgänge charakterisiert sind; dadurch wird erreicht, daß zwar das Leben als Ganzes erhalten bleibt, die „Bäume aber nicht in den Himmel wachsen".

Neben der natürlichen Umwelt steht die von Menschenhand geschaffene künstliche Umwelt, d. h. die unzähligen Wohn- und Industriegebäude, das dichte Netz der Infrastruktur bestehend aus Straßen, Brücken, Kanälen, Eisenbahnlinien, Hafenanlagen, Tanklagern, Silos usw., die das ursprüngliche Gesicht der Landschaft gravierend verändert haben; hinzu kommt, bedingt durch immer mehr Freizeit, die wachsende Zahl von Sport- und Freizeitanlagen. Dabei darf aber nicht übersehen werden, daß auch unsere heutige *natürliche* Umwelt weitgehend *Kulturlandschaft* ist, also durch menschliche Tätigkeit (Land- und Forstwirtschaft, Flußregulierungen, Eindeichungen, Trockenlegungen usw.) gestaltet wurde; nur wenige Landschaften in der Bundesrepublik zeigen heute noch ihr ursprüngliches Aussehen, so wie es sich nach der letzten Eiszeit vor rund zehntausend Jahren ausbildete. Es wäre eine gefährliche Illusion zu glauben, das Rad der Zeit ließe sich zurückdrehen, und Natur und Lebensbedingungen längst vergangener Tage (die nur zu oft romantisch verklärt gesehen werden!) ließen sich wiederherstellen – zu viele Menschen leben auf der Erde und stellen steigende materielle Ansprüche, für deren Befriedigung die Umwelt mehr und mehr in Anspruch genommen wird. Nur wenn es gelingt, diese Prozesse zu steuern und weltweit wissenschaftlich gesicherte Belastungsgrenzen für die Umwelt durchzusetzen, wird unser blauer Planet auch in Zukunft für uns Menschen Heimat bleiben können.

Wird das gelingen? Hier sollte uns ein Gedanke optimistisch stimmen: Zeichnen sich auch die Grenzen der Umweltbelastbarkeit ab, so sind Grenzen menschlichen Denk- und Erkenntnisvermögens nicht zu erblicken. Wiederholt schon hat menschlicher Geist in schier ausweglosen Situationen innovative Lösungen gefunden: So fand der von Th. Malthus am Ende des achtzehnten Jahrhunderts prognostizierte Hungertod der Menschheit nicht statt, denn J. von Liebig begründete die wissenschaftlich gesicherte Mineraldüngung, die zur Vervielfachung der landwirtschaftlichen Erträge führte.

Innerhalb unserer Umwelt müssen 3 große Bereiche unterschieden werden, die in vielfachen Wechselbeziehungen untereinander stehen:
1. Boden,
2. Luft,
3. Wasser.

## 6.2.1 *Boden*

Als Boden bezeichnet man die Erdschichten (Horizonte) eines Ökosystems, in denen sich Bodenleben (Bakterien und Einzeller, Algen, Pilze, Milben,

Fadenwürmer, Regenwürmer usw.) abspielt; die Schichtstärke reicht von wenigen Dezimetern bis hin zu mehreren Metern und beträgt bei uns im Durchschnitt etwa zwei Meter. Boden bildet sich als Umwandlungsprodukt aus mineralischen und organischen Substanzen durch Zusammenwirken von Ausgangsgestein, Wasser, Klima sowie Pflanzen, Tieren und Menschen.

Im erweiterten Sinne versteht man unter Boden auch die tieferen Horizonte der Erdoberfläche, die Bodenschätze und Energiequellen enthalten, zu deren Erschließung oft sehr tiefe Eingriffe erforderlich sind.

Dem Boden, der Grundlage allen Lebens auf der Erde, drohen zahlreiche Gefahren, so z.B. durch Schwermetalle, die bei Verbrennungsprozessen in Kraftwerken, Industrie und Gewerbe, Verkehr und Haushalten in Freiheit gesetzt werden bzw. bei metallurgischen Prozessen entweichen können; sie gelangen in die Atmosphäre und von hier direkt wieder auf den Boden, oder sie werden aus der Atmosphäre ausgewaschen und mit Regen, Nebel und Schnee zurückgebracht. Durch moderne Rückhaltetechnik, z.B. durch Filter und Abgaswäscher, oder durch Verwendung von bleifreiem Benzin, kann der Umweltbelastung wirksam begegnet werden.

Bei Verbrennung von Kohle und Heizölen wird $SO_2$ emittiert, das in Form von *saurem* Regen oder Nebel maßgeblich verantwortlich ist für das immer weiter um sich greifende Waldsterben. Durch Rauchgasreinigungsanlagen läßt sich der $SO_2$-Ausstoß sehr stark reduzieren; ein weiterer Weg ist die hydrierende Entschwefelung von Mineralölprodukten (Heizöl). Bei Verbrennungsprozessen, bei denen Luft als Sauerstoffquelle direkt eingesetzt wird, und die bei hohen Temperaturen ablaufen, werden Stickoxide gebildet, die ebenfalls starke Umweltgifte sind. Duch gezielte Maßnahmen läßt sich der Verbrennungsprozeß so lenken, daß die $NO_x$-Bildung stark verringert wird. Auch Stickoxide werden durch Niederschläge aus der Atmosphäre gewaschen und gelangen in Form von Salpetersäure auf den Boden. Diese beiden Beispiele zeigen übrigens sehr deutlich die engen Wechselbeziehunen zwischen Boden, Luft und Wasser.

Bei chemischen Produktionen entstehen Abfälle, deren Menge gelegentlich sogar die der eigentlichen Produkte übersteigen kann. Brennbare Abfälle werden häufig in Sonderverbrennungsanlagen mit nachgeschalteten Abgaswäschern verbrannt; die Abgase gelangen erst nach der Abgasreinigung in die Atmosphäre. Dabei können allerdings neue Entsorgungsprobleme auftreten (Abwässer aus der Waschstufe, Deponierung der zurückbleibenden Verbrennungsrückstände).

Der größte Teil der Abfälle wird heute auf geordneten Deponien unter ständiger Kontrolle umweltverträglich gelagert. Geordnete Deponien sind mit einer Basisabdichtung (Lehmschicht, Kunststoff-Folien und -Platten) ausgerüstet, durch die Austritt von umweltbelastenden Stoffen in den Boden und weiter ins Grundwasser verhindert wird. Außerdem verfügen solche

Deponien über Dränung (Dränage), d. h. zwischen Abdichtungsschicht und Müllschicht befindet sich eine Kiesschicht mit darin verlegten Abzugsrohren für Sickerwasser; die ganze Deponiesohle ist also als wasserdichte Wanne ausgebildet, aus der kontaminiertes Sickerwasser zur nächsten Abwasserreinigungsanlage abgeführt wird. Durch spätere Begrünung lassen sich solche Deponien in die umliegende Landschaft einbeziehen.

Die Erdölraffinerien im Binnenland werden durch Pipelines versorgt, durch die jährlich viele Millionen Tonnen Rohöl transportiert werden; weiterhin werden Mineralölprodukte wie Benzin und leichtes Heizöl durch separate Fertigproduktleitungen z. B. von den Raffinerien im Raum Rotterdam in die Bundesrepublik gepumpt. Um Boden und Grundwasser nicht zu gefährden, müssen beim Bau und Betrieb solcher Fernleitungen sehr strenge Auflagen erfüllt werden, deren Einhaltung laufend überwacht wird; zudem sind längs der Rohrleitungstraße Ölwehrdepots eingerichtet, von denen aus im Fall eines Ölalarms nach einem mit den zuständigen Behörden abgestimmten Alarmplan die Schadensbekämpfung gezielt erfolgen kann.

Die Lagerung von Rohöl sowie Mineralölprodukten muß in den Raffinerien sowie bei den Verbrauchern so erfolgen, daß Gefährdung von Boden und Grundwasser ausgeschlossen ist; so stehen die Tanks in großen Tankwannen, die eventuell auslaufende Produkte auffangen. In ähnlicher Weise erfolgt auch die Lagerung umweltgefährdender Chemikalien etwa in der chemischen Industrie. Selbstverständlich muß auch bei den produzierenden Anlagen Gewähr dafür bestehen, daß Gefährdung von Boden und Grundwasser nicht besteht.

Besonders tiefe Eingriffe in Landschaft und Boden erfordern die modernen, großflächigen, tiefen Braunkohlentagebaue, wie sie im rheinischen Revier zu finden sind; hier erzwangen zunehmende Teufe der Flöze und die dadurch bedingte Verschlechterung des Verhältnisses von Abraum (in Kubikmeter) zu Kohle (in Tonnen) (= AK-Verhältnis), Aufspaltung der Kohleflöze und unterschiedliche Kohlequalitäten sowie die Bewältigung sehr großer Grundwassermengen den Übergang zu neuen Abbau- und Entwässerungsmethoden, weiterhin völlige Umgestaltung der Landschaft verbunden mit der Umsiedelung ganzer Ortschaften und Verlegung von Straßen und Eisenbahnen, Gewässerläufen usw. Welche Massenbewegungen in solchen Tagebauen erfolgen, zeigt folgendes Beispiel: Bei einem AK-Verhältnis von 2,5:1 sind bei einer Jahresfördermenge von 30 Mio. t Braunkohle daneben noch 75 Mio. m$^3$ Abraum zu bewegen.

Der Tagebau von Hambach (bei Düren), der ein Abbaugebiet von rund 8500 ha umfaßt, und für den die Aufschlußarbeiten im Jahre 1978 aufgenommen wurden, ist für die Förderung von 50 Mio. t Braunkohle pro Jahr vorgesehen; für die Förderung dieser Menge müssen daneben noch rund 300 Mio. m$^3$ Abraum bewegt werden. Seit 1984 wird Kohle gefördert. Die mächtigen

Kohlenflöze fallen in Teufen bis zu mehr als 400 m; das AK-Verhältnis beträgt an diesen Stellen 6:1.

Bietet der tiefe Tagebau einerseits im Hinblick auf Landschaftszerstörung und Eingriffe in das Bodengefüge ein besonders schwerwiegendes Beispiel für anthropogene Eingriffe in die Umwelt, so liefert er zugleich auch ein Musterbeispiel dafür, daß nach der Nutzung, d.h. Auskohlung, keine zerstörte Landschaft zurückbleiben muß, sondern im Gegenteil eine neue, abwechslungsreiche Kulturlandschaft geschaffen wird. So zeigt die Luftaufnahme aus dem Jahre 1935 (s. Abb. 77 oben) das Gruhlwerk, eine Brikettfabrik in der Nähe von Brühl bei Köln, mit dem dahinter liegenden Grubenfeld. Anfang der 50er Jahre wurde die Fabrik abgerissen, die darunter liegende Kohle abgebaut und die Rekultivierung begonnen. Wo sich einst das Grubenfeld ausdehnte und häßliche Fabrikanlagen standen, befindet sich heute ein rund 2000 ha großes Naherholungsgebiet mit dem Heider Bergsee bei Brühl (s. Abb. 77, S. 208/209). Bezugspunkt für beide Aufnahmen ist die Straßenmündung im rechten unteren Bildrand.

## 6.2.2 Luft

Die bedrohlichste Entwicklung hat die Verseuchung der Luft angenommen. In den letzten Jahren verdichteten sich die wissenschaftlichen Erkenntnisse über nachhaltige, z.T. sogar irreversible Schäden in unserer Lufthülle, die u.a. auf die Verbrennung fossiler Energieträger zurückgeführt werden müssen. Das gilt für die ständige Zunahme des $CO_2$-Gehaltes der Luft, weiterhin für die riesigen Mengen $NO_x$, die insbesondere aus den Auspuffrohren der Kraftfahrzeuge entweichen. Für das Waldsterben in vielen Gebieten der Welt wird in erster Linie das $SO_2$ verantwortlich gemacht, das hauptsächlich aus Kohlekraftwerken stammt und in Form von saurem Regen und saurem Nebel seine unheilvollen Wirkungen verübt.

Im Gegensatz zu vielen anderen Umweltproblemen sind die weltweiten Gefahren, die aus der Verschmutzung der Lufthülle herrühren, schon relativ frühzeitig von Politikern erkannt worden; es besteht heute Einstimmigkeit darin, daß die Lösung dieses Problems nur noch global möglich ist. Innerhalb der KSZE-Verhandlungen unterzeichneten vor neun Jahren 34 Staaten sowie die EG eine Konvention über grenzüberschreitende Luftverschmutzungen. Zu wirklich konkreten Schritten kam es jedoch erst im September 1987, als ein Protokoll in Kraft trat, in dem die einzelnen Staaten sich verpflichteten, bis 1993 die $SO_2$-Emissionen um (nur!) 30% zu senken. Dies Protokoll wurde von den Vertretern der USA, Großbritanniens und Polens nicht unterzeichnet, also von Ländern, die besonders hohe Mengen von $SO_2$ in die Atmosphäre entlassen. So fällt z.B. weiterhin saurer Regen, dessen $SO_2$ zum

208　Wir und unsere Umwelt

*Abb. 77.* Beispiel für die Rekultivierung eines Braunkohlentagebaus im rheinischen Revier, s. Text. (Mit freundlicher Genehmigung der Rheinischen Braunkohlewerke AG, Köln)

ganz überwiegenden Teil aus den Schornsteinen US-amerikanischer Kohlekraftwerke in den Staaten südlich der Großen Seen stammt, auf kanadisches Gebiet; die herrlichen Seen in der Wildnis Kanadas werden noch saurer werden, und das Schicksal weiter Waldgebiete läßt sich leicht erahnen. Ähnliche Entwicklungen werden in Schweden und Finnland beobachtet, die unter dem $SO_2$-Ausstoß von Kraftwerken in der CSSR, in der DDR, Polen und in der Sowjetunion leiden.

Sicherlich trifft es zu, daß die Erdatmosphäre einem riesigen Laboratorium gleicht, das in seiner Gesamtheit noch bei weitem nicht durchschaut wird; allenfalls haben wir einige Teilaspekte verstanden. Angesichts der möglichen Gefahren, die durch irreversible Schäden in der Lufthülle verursacht werden können, erscheint es allerdings als im höchsten Maße unverantwortlich, den Ausstieg aus der (die Lufthülle nicht belastenden) Kernenergie als politisches Ziel zu setzen, ohne klar zu sagen, auf welchem Wege der dann fehlende Energieanteil gedeckt werden soll. Der Gedanke, durch Energieeinsparungen auf Kernkraft verzichten und allenfalls mit ein paar *Windmühlen* nachhelfen

*Abb. 77.* Legende s. S. 208

zu können, kann ja wohl nur von ein paar Utopisten ernst genommen werden. Hier bewegt sich die Diskussion auf schmalem Grat!

Welche Mengen von Schadstoffen in die Luft emittiert werden, zeigt die Bilanz der anthropogenen Emissionen in der Bundesrepublik aus dem Jahre 1984 (Tabelle 34).

Insgesamt zeigen diese Angaben, daß mengenmäßig Kohlenmonoxid an der Spitze steht, gefolgt von Stickoxiden und $SO_2$. Der Straßenverkehr ist beim CO der größte Verursacher; es entsteht vor allem bei Verbrennungsvorgängen mit zu geringer Sauerstoffzufuhr, z. B. beim Warmlaufenlassen von Motoren. Stickoxide entstehen als Nebenprodukte bei Verbrennungsprozessen, wenn Luft als Sauerstoffquelle dient; zuerst bildet sich NO, das über Zwischenprodukte in der Atmosphäre zu $NO_2$ oxidiert wird. $SO_2$ bildet sich

**Tabelle 34.** Anthropogene Emissionen 1984 in der Bundesrepublik

| Verursacher | Massenanteile (%) | | | | |
|---|---|---|---|---|---|
| | CO | $SO_2$ | $NO_x$ berechnet als $NO_2$ | Organische Substanzen | Staub |
| Energie | 0,6 | 62,9 | 27,7 | 1,1 | 23,5 |
| Kleinverbraucher | 21,5 | 9,5 | 4,3 | 3,8 | 8,8 |
| Industrie | 18,7 | 24,0 | 10,7 | 8,7 | 57,0 |
| Verkehr | 59,2 | 3,6 | 57,3 | 45,2 | 10,7 |
| Lösungsmittel | – | – | – | 41,2 | – |
| Gesamtemissionen in Millionen Tonnen = 100% | 7,4 | 2,6 | 3,0 | 1,8 | 0,65 |
| davon chemische Industrie in % | 0,9 | 4,3 | 2,6 | 3,1 | 2,9 |

bei der Verbrennung von schwefelhaltigen fossilen Energieträgern, besonders Braunkohle.

Die deutschen Stromerzeuger dürfen für sich in Anspruch nehmen, Vorreiter des Umweltschutzes in der ganzen Welt zu sein: Mit einem Investitionsaufwand von 22 Mrd. DM für Entschwefelungs- und Entstickungsanlagen für Braunkohlen- und Steinkohlenkraftwerke hat die deutsche Stromwirtschaft Maßstäbe gesetzt! Insgesamt konnte durch ein 5jähriges Entschwefelungsprogramm, das am 30. Juni 1988 auslief, eine Abgasreinigung von 90% der Kraftwerke erreicht werden; bei den restlichen Anlagen handelt es sich um Altanlagen, die spätestens bis zum Jahre 1993 stillgelegt werden, und die daher nicht mehr mit aufwendigen Anlagen für Rauchgasreinigung ausgerüstet werden. Mit dem Einbau von Entschwefelungsanlagen für rund 15 Mrd. DM wurde eine Verminderung des $SO_2$-Ausstoßes von 1,55 Mio. t im Jahre 1982 auf 0,53 Mio. t für 1988 erreicht; bis 1993 soll der Ausstoß auf 0,34 Mio. t gesenkt werden. Nach Inkrafttreten der Großfeuerungsanlagenverordnung (GFAVO) am 1. Juli 1983 (gilt für Kraftwerke mit einer thermischen Leistung von über 300 MW) ist ein Grenzwert von 400 mg $SO_2/m^3$ Abluft vorgeschrieben. Bei der Rauchgasreinigung haben die Kalkwaschverfahren mit Gips als Endprodukt einen Marktanteil von rund 90% erreicht. Für die ab 1989 jährlich anfallenden 2,5 Mio. t Gips ist die Weiterverarbeitung gesichert. Der $NO_x$-Ausstoß soll von 0,74 Mio. t im Jahre 1982 auf jährlich 0,2 Mio. t mit Hilfe katalytischer Verfahren vermindert werden.

Nun handelt es sich bei der Entschwefelung von Rauchgasen aus Verbrennungsanlagen für fossile Energieträger um eine aufwendige Sekundärmaßnahme; nach Meinung von Fachleuten werden in der Zukunft Primärverfahren, bei denen die Brennstoffe vor der Verbrennung entschwefelt werden, an Bedeutung gewinnen. Erinnert sei in diesem Zusammenhang an die Entschwefelung von Mineralölprodukten, z.B. Heizöl. Besondere Hoffnungen werden auf direkte Entschwefelung mit Hilfe von Mikroorganismen gesetzt; die Kosten für die erforderlichen Anlagen lassen sich allein deshalb schon relativ niedrig halten, weil weder hohe Drücke noch hohe Temperaturen zur Durchführung der biologischen Verfahren erforderlich sind. Technische Anlagen sind noch nicht in Betrieb; Hauptgrund hierfür ist offensichtlich die noch nicht ausreichende Selektivität der eingesetzten Bakterien, die beim Abbau nicht nur den Schwefel entfernen, sondern auch Kohlenwasserstoffe angreifen. Inzwischen sind aber schon Mutanten bekannt geworden, die verbesserte Selektivität zeigen; die Gentechnologie wird diese Entwicklungen mit Sicherheit beschleunigen.

Wie weit heute die Laboratoriumsversuche bereits gediehen sind, zeigen folgende Ergebnisse: Mit *Thiobacillus ferrooxidans* bzw. *thiooxidans* konnte aus Kohle mit einer Korngröße von 0,5 mm in 10-14 Tagen über 95% des Pyritschwefels zu Sulfat oxidiert werden; diese Bakterien oxidieren außerdem auch organisch gebundenen Schwefel, und es gelang z.B. mit *Thiobacillus thiooxidans* oder *Thiobacillus thioparus*, in nur 10 Minuten eine Erdölfraktion zu über 90% zu entschwefeln.

Ebenso ist es heute auch möglich, Reinigung von Abluft und Abgasen aus chemischen Anlagen und Raffinerien, Hüttenwerken, Lackiereien usw. wirksam durchzuführen, so daß die Belastungen der Umwelt drastisch gesenkt werden können. Auch zur Entschwefelung der konzentrierten schwefelhaltigen Gase für Claus-Anlagen sind biotechnologische Prozesse bekannt, die sich in japanischen Raffinerien bereits bewährt haben.

Am Rande sei noch vermerkt, daß auch Verfahren zur mikrobiologischen Bodensanierung entwickelt wurden; so gelang z.B. die Sanierung von Böden, die mit Dieselkraftstoffen und ähnlichen umweltschädigenden Verunreinigungen kontaminiert waren, mit Hilfe von Mikroben.

*6.2.3 Wasser*

Mit steigender Bevölkerungszahl und fortschreitender Industrialisierung nahm auch die Belastung der Gewässer stark zu, ein Prozeß, der sich nach dem Zweiten Weltkrieg verstärkt fortsetzte; die Erhöhung des Lebensstandards in den Industrieländern erforderte zudem Bereitstellung immer größerer Mengen Trinkwasser (der tägliche Bedarf an Trinkwasser liegt in der Bundesrepublik bei 140 l pro Kopf) sowie Beseitigung immer größerer Abwassermengen unter steigender Belastung der Oberflächengewässer.

Die Selbstreinigungskraft der Gewässer wurde überfordert; hierunter versteht man Vorgänge in Gewässern, durch die organische Wasserinhaltsstoffe durch Tätigkeit von Organismen (Bakterien, Einzeller, höhere Lebewesen) zu einfachen Verbindungen wie $CO_2$ abgebaut werden. In diese Abbauprozesse werden auch die von Abwässern eingebrachten Schmutzstoffe mit einbezogen, wobei übrigens die Bakterien eine ganz erstaunliche Anpassungsfähigkeit an das wechselnde *Nahrungsangebot* zeigen und selbst synthetische hergestellte Stoffe aus der chemischen Industrie sofort oder nach relativ kurzer Adaptionszeit angreifen und abbauen. Neben biologischen Vorgängen tragen auch physikalische und chemische Prozesse zum Selbstreinigungsvermögen der Oberflächengewässer bei.

Die biologischen Abbauprozesse in Gewässern sind abhängig vom Sauerstoffangebot, das jedoch allein schon wegen der geringen Löslichkeit von Sauerstoff in Wasser (je nach Temperatur 0,0008-0,0012 Gew.-%) nur sehr begrenzt ist. Mit steigendem Nährstoffangebot infolge Einleitung stark belasteter Abwässer in die Gewässer vermehren sich die Lebewesen im Wasser, und ganz besonders natürlich diejenigen Arten, die dem jeweiligen Angebot optimal angepaßt sind: Die Zusammensetzung der Biozönosen ändert sich, und zugleich nimmt natürlich auch die Konzentration von Sauerstoff im Wasser ab: Lebewesen, die sauberes sauerstoffreiches Wasser benötigen, wie Forellen, können nunmehr in solchen Gewässern nicht mehr existieren. Schließlich kann der Sauerstoffgehalt auf Null absinken, und anaerobe Bakterien, die keinen Sauerstoff benötigen, finden die für sie geeigneten Lebensbedingungen; als Stoffwechselprodukte treten nun aber überriechende giftige Schwefelverbindungen, niedere Fettsäuren usw. auf – das Gewässer ist *umgekippt* und wird zum *toten Gewässer*.

Das zu verhindern ist eine Aufgabe des Gewässerschutzes; zur Sanierung des Sauerstoffhaushaltes muß die Fracht von organischen Stoffen drastisch gesenkt werden. Hierzu dient die biologische Reinigung von Abwässern, die anfangs nur bei kommunalen Abwässern zur Anwendung kam, später aber auch von der chemischen Industrie aufgegriffen wurde. Besondere Bedeutung haben die sog. *Belebtschlammverfahren* gewonnen, bei denen Bakterien in hoher Konzentration als sog. „Belebtschlamm" zum Abwasser zugemischt werden, wobei zugleich auch Luft mit Belüftern in das Abwasser eingedrückt wird, um das Sauerstoffangebot zu erhöhen. Dieser Prozeß wird bei den älteren Verfahren in großen, relativ flachen Becken durchgeführt; er verdrängte die ältesten Abwasserreinigungsverfahren (Rieselfelder, Abwasserteiche).

Die biologische Abwasserreinigung hat auch in der chemischen Industrie Eingang gefunden; Voraussetzung für die Einleitung der oft stark kontaminierten Abwässer aus chemischen Produktionsanlagen ist allerdings, daß die Verunreinigungen nicht die biologischen Prozesse stören. Daher werden in chemischen Fabriken an den Produktionsprogrammen orientierte Entsorgungskonzepte durchgeführt und die Abwässer erst nach speziellen Vorreini-

Was ist Umwelt? 213

gungen in die biologische Stufe eingeleitet; als Vorstufen werden Neutralisierung der Abwässer, mechanische Abtrennung in Wasser unlöslicher Bestandteile, Fällungen sowie Extraktionen usw. durchgeführt.

Bei Anlagen mit Oberflächenbelüftern ist die Höhe der *Belebungsräume* auf nur 4-5 m begrenzt; bei größeren Wassertiefen reicht die Wirkung der als eine Art Rührwerk ausgebildeten Belüfter nicht mehr aus, d.h. in die tieferen Wasserschichten gelangt kaum noch Sauerstoff. Nachteilig ist auch die geringe Verweilzeit der Luft in solchen Systemen, wodurch nur etwa 5% des angebotenen Sauerstoffs tatsächlich für die oxidativen Abbauvorgänge genutzt werden. Der Entwicklungstrend führte von den flachen Becken zu völlig neuen konstruktiven Lösungen, bei denen die Luft nicht mehr eingerührt, sondern vom Boden des Belebungsbeckens aus mit Düsen eingeblasen wird. Auf diese Weise wurde erreicht, daß man nunmehr auf höhere Abwasserschichten übergehen konnte; diese Entwicklung führte zu hohen Bioreaktoren, in denen gleiche Abbauleistungen wie in flachen Becken bei viel gerin-

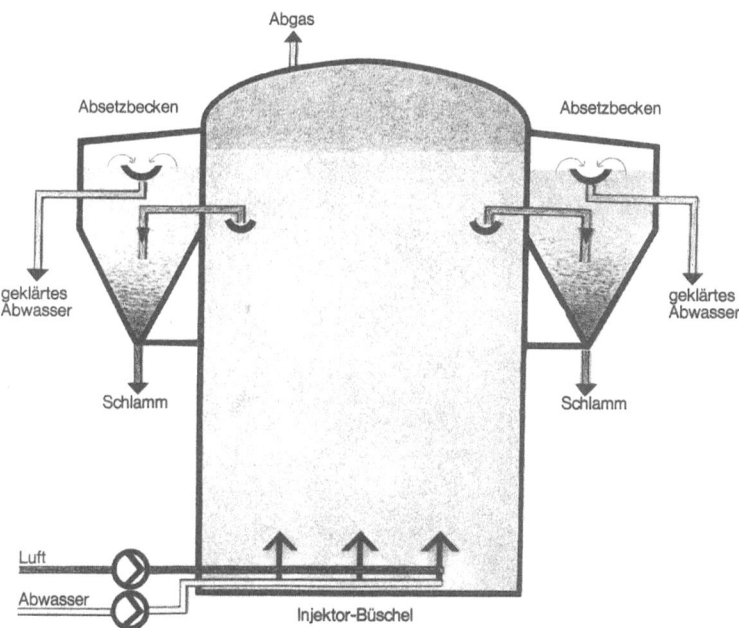

*Abb. 78.* Die Schemazeichnung veranschaulicht die Arbeitsweise der Abwasserreinigung durch die *Turmbiologie*. Durch mehrere hundert Injektordüsen werden frisches Abwasser und Luft zugeführt, wobei die Luft zu sehr feinen Blasen zerteilt wird. Die Abgase werden gesammelt und können verbrannt werden, das biologisch gereinigte Wasser läuft über eine Absetzrinne in den Vorfluter. (Bayer AG, Leverkusen)

gerem Flächenbedarf erreicht werden und zudem die Ausnutzung des Sauerstoffangebotes wegen der längeren Verweilzeit der Gasblasen erheblich besser ist.

Die nach dem biologischen Abbau stark angewachsene Bakterienmasse wird in der anschließenden Nachklärung vom gereinigten Abwasser getrennt; ein Teil geht als Rücklaufschlamm zurück in die Belebungsstufe, der Rest wird nach Entwässerung auf Deponien gebracht oder verbrannt.

Ein Beispiel für moderne Abwasserreinigung mit biologischen Mitteln bietet die *Turmbiologie* (Abb. 78). Die Abwässer werden zunächst von mechanischen Verunreinigungen befreit und werden dann in riesigen Puffertanks gesammelt, in denen durch Vermischen großer Abwassermengen eine gewisse Gleichmäßigkeit erreicht wird. Von hier gehen die Abwässer zu den hohen *Biotanks,* wo der eigentliche Abbau stattfindet. Durch mehrere hundert Injektordüsen werden frisches Abwasser und Luft in die Anlage eingeleitet, wobei die Luft zu feinen Blasen zerteilt wird und infolge der großen Oberfläche besonders gut wirken kann. Die Flüssigkeitshöhe im Biotank beträgt 26 m. Wegen der erheblich verbesserten Sauerstoff-Ausnutzung wird weniger Luft benötigt und daher im Vergleich zu den älteren Anlagen Energie eingespart. Der Belebtschlamm wird in Absetzbecken, die eine Art Manschette um den oberen Teil des Bioturms bilden, vom gereinigten Abwasser befreit; ein Teil des Schlamms wird zurückgeführt, die Restmenge nach Eindickung auf Deponien gelagert oder verbrannt. Die in sich geschlossene Anlage ermöglicht es, Abgase bei Bedarf vor Austritt in die Atmosphäre zu reinigen, die Anlage also ohne Geruchsbelästigung der Anwohner zu betreiben.

## 6.3 Ausblick

Anhand einiger Beispiele wurde gezeigt, daß heute moderne Technologien schonenden Umgang mit unserer Umwelt ermöglichen; die Weiterentwicklung auf diesem Gebiet vollzieht sich stürmisch, und besonders Biotechnologie und Gentechnologie scheinen dazu berufen, entscheidend zu weiteren Verbesserungen beizutragen. Kein Zweifel darf aber daran bestehen, daß angesichts des ansteigenden $CO_2$-Gehaltes in der Atmosphäre und der dadurch bedingten Gefahr des Treibhauseffektes sowie des immer stärker werdenden Widerstandes gegen die Nutzung von Kernenergie neue Wege zur Deckung des Weltenergiebedarfes beschritten werden müssen. Nicht minder gefordert ist die chemische Industrie, von der gleichfalls noch viele Beiträge zur Entlastung unserer Umwelt erwartet werden, etwa Entwicklung noch umweltverträglicherer Produktionsmethoden, noch bessere Methoden zur Entsorgung, verstärktes Recycling oder weltweite Einstellung der Produktion

Ausblick 215

von Fluorchlorkohlenwasserstoffen, um der Zerstörung der Ozonschicht Einhalt zu gebieten.

Der von Th. Malthus vorausgesagte Hungertod der Menschheit fand nicht statt; auch die von Pessimisten und Technikfeinden prophezeihte Umweltkatastrophe mit all ihren fatalen Folgen für die Existenz der Menschheit wird nicht stattfinden, wenn die verantwortlichen Politiker in aller Welt den Einsatz moderner, umweltverträglicher Technologien konsequent durchsetzen und die riesigen Beträge, die heute für Entwicklung und Bau von Mitteln zur Zerstörung unserer Welt vergeudet werden, für ihren Erhalt einsetzen.

# 7 Literatur

*Handbücher*

Kirk RE, Othmer DF (1978-1984) Encyclopedia of chemical technology. Wiley, New York
Ullmanns Encyclopädie der technischen Chemie (1972-1982) Verlag Chemie, Weinheim
Winnacker K, Küchler L (1981-1986) Chemische Technologie. Hanser, München Wien

*Monographien*

Amecke HB (1987) Chemiewirtschaft im Überblick - Produkte, Märkte, Strukturen. VCH Verlagsgesellschaft, Weinheim
Asinger F (1986) Methanol - Chemie - und Energiestoff. Springer, Berlin Heidelberg New York Tokyo
Beyer H, Walter W (1984) Lehrbuch der organischen Chemie. Hirzel, Stuttgart
Capra F (1988) Wendezeit. Bausteine für ein neues Weltbild. Knaur, München
Deutsche BP Aktiengesellschaft Hamburg (1978) Das Buch vom Erdöl. Reuter & Klöckner, Hamburg
Franck HG, Collin G (1968) Steinkohlenteer. Springer, Berlin Heidelberg New York
Franck H-G, Knop A (1979) Kohleveredlung. Springer, Berlin Heidelberg New York
Franck H-G, Stadelhofer JW (1987) Industrielle Aromatenchemie. Springer, Berlin Heidelberg New York Tokyo
Fürth A, Munderloh H (1951) Braunkohle und ihre chemische Verwertung. Steinkopff, Dresden Leipzig
Gimpel J (1981) Die industrielle Revolution des Mittelalters. Artemis, Zürich München
Grawe J (1987) Neue Techniken der Energiegewinnung. Bonn Aktuell, Stuttgart
Herrmann B (Hrsg) (1986) Mensch und Umwelt im Mittelalter. Deutsche Verlags-Anstalt, Stuttgart
Klemm F (1954) Technik. Eine Geschichte ihrer Probleme. Alber, Freiburg München
Klemm F (1983) Geschichte der Technik. Deutsches Museum. Rowohlt, Reinbek
Konzelmann G (1976) Öl - Schicksal der Menschheit? Sigloch, Künzelsau Thalwil Salzburg
Korte F (1987) Lehrbuch der ökologischen Chemie. Thieme, Stuttgart New York
Krejci-Graf G (1955) Erdöl - Naturgeschichte eines Rohstoffes. Springer, Berlin Göttingen Heidelberg
Landes DL (1973) Der entfesselte Prometheus. Technologischer Wandel und industrielle Entwicklung in Westeuropa von 1750 bis zur Gegenwart. Kiepenheuer & Witsch, Köln
Lehmann GH (1957) Erdöllexikon. Hüthig, Heidelberg; Dreyer, Mainz

Lehmann GH (1964) Erdöl-Lexikon. Verlagsanstalt Hüthig und Dreyer GmbH, Mainz Heidelberg
Limberg T (1925) Die Praxis des wirtschaftlichen Verschwelens und Vergasens. Knapp, Halle
Miegel M (1987) Kurswechsel in der Kohlepolitik? Bonn Aktuell, Stuttgart
Nütten I, Sauermann P (1988) Die anonymen Kreativen. Gabler, Wiesbaden
Ost H (1900) Lehrbuch der chemischen Technologie. Jänecke, Hannover
Osteroth D (1966) Natürliche Fettsäuren als Rohstoffe für die chemische Industrie. Enke, Stuttgart
Osteroth D (Hrsg) (1979) Chemisch-technisches Lexikon. Springer, Berlin Heidelberg New York
Osteroth D (1985) Soda, Teer und Schwefelsäure. Der Weg zur Großchemie. Deutsches Museum. Rowohlt, Reinbek
Ost H, Rassow B (1953) Lehrbuch der chemischen Technologie. Barth, Leipzig
Petrascheck WE Jr (1956) Kohle - Naturgeschichte eines Rohstoffs. Springer, Berlin Göttingen Heidelberg
Philip B, Stevens P (1987) Grundzüge der industriellen Chemie. VCH Verlagsgesellschaft, Weinheim
Raymond WF, Larvor P (1986) Alternative uses for agricultural surpluses. Elsevier Applied Science, London New York
Ress FM (1957) Geschichte der Kokereitechnik. Glückauf, Essen
Rieche A (1956) Grundriß der technischen organischen Chemie. Hirzel, Leipzig
Rübberdt R (1972) Geschichte der Industriealisierung. Wirtschaft und Gesellschaft auf dem Weg in unsere Zeit. Beck, München
Schliephake D (1986) Nachwachsende Rohstoffe. Holz und Stroh - Natürliche Öle und Fette - Alkohole für Kraftstoff. Kordt, Bochum
Simpson GG (1972) Leben der Vorzeit. Deutscher Taschenbuch Verlag, München; Enke, Stuttgart
Theimer W (1980) Öl und Gas aus Kohle. Technologie und Politik am Ende des 20. Jahrhunderts. Deutscher Taschenbuch Verlag, München
Waddams AL (1962) Chemicals from petroleum. Murray, London
Walden P (1944) Drei Jahrtausende Chemie. Limpert, Berlin
Weissermel K, Arpe H-J (1976, $^3$1988) Industrielle organische Chemie. Bedeutende Vor- und Zwischenprodukte. Verlag Chemie, Weinheim
Winnacker K, Bierer H (1974) Grundzüge der chemischen Technik. Hanser, München Wien
Wiseman P (1972) An introduction to industrial organic chemistry. Applied Science Publishers, London
Wiseman P (1986) Petrochemicals. Horwood, Chichester

*Kolloquium zweier Bundesministerien*

Der Bundesminister für Forschung und Technologie; Der Bundesminister für Ernährung, Landwirtschaft und Forsten (1986) Expertenkolloquium: Nachwachsende Rohstoffe: Möglichkeiten und Grenzen einer Produktion und Verwendung heimischer Pflanzen für die Industrie, 14.-15. Oktober. Bonn

## Literatur

*Ausgewertete Zeitschriften*
u. a.

Chemical & Engineering News
Chemical Engineering
Chemie in unserer Zeit
Chemie für Labor und Betrieb
Chemie - Ingenieur - Technik
Chemiker-Zeitung
Chemische Industrie
Chemische Rundschau
Erdöl - Kohle - Petrochemie
Fette - Seifen - Anstrichmittel
Nachrichten aus Chemie und Technik
VDI-Nachrichten
Zeitschrift Verein Deutscher Ingenieure

*Danksagung*

Folgende Firmen und Verbände stellten mir ihre Veröffentlichungen zur Verfügung:

- Arbeitskreis Teerschwele im Förderkreis des Museumsdorfs Düppel e. V., Berlin-Zehlendorf
- BASF, Ludwigshafen
- Bayer AG, Leverkusen
- Deutsche Exxon Chemical GmbH, Köln
- GFK, Gesellschaft für Kohleverflüssigung mbH, Saarbrücken
- Hoechst AG, Frankfurt/Main
- Krupp Industrietechnik GmbH, Grevenbroich
- Krupp-Koppers GmbH, Essen
- Lurgi GmbH, Frankfurt/Main
- Mineralölwirtschaftsverband (MWV), Hamburg
- Ruhrkohle AG, Essen
- Rheinische Braunkohlewerke AG, Köln
- Starcosa GmbH, Braunschweig
- VEW, Vereinigte Elektrizitätswerke Westfalen AG, Dortmund
- VCI, Verband der Chemischen Industrie e. V., Frankfurt/Main
- VEBA OEL Entwicklungs-Gesellschaft mbH, Gelsenkirchen

# 8 Sachverzeichnis

Abbauprozesse, biologische 212
Abgasreinigung 211
Abluftreinigung 211
Abwässer 211-214
Aceton 50
Acetylen 33, 49, 50, 154-162, 167, 168
Alkylphenole 140
Altlasten 203
Ammoniak aus Verkokung 57, 58, 65, 70, 75, 76, 161
Ammoniaksynthese 18, 38, 44-47, 51
Anlagensicherheit 203
Anreiböl s. Kohlehydrierung nach IG-Verfahren
Arbeitssicherheit 203
Aromaten 30, 31, 83-86, 128, 132, 140, 141, 150, 162
Aufblähen von Kohle 56
autrophe Pflanzen 175

Backen von Steinkohlen 101
Backofen s. Bienenkorbofen
Bagasse 187
Belebtschlamm 212, 213
-, -Verfahren 212-215
Benzin 17, 22-25, 34, 98
(s. Fischer-Tropsch-Synthese, s. Kohlehydrierung)
Benzinierung s. Kohlehydrierung
Benzol 65, 70, 71
Bienenkorböfen 63, 64
Bioalkohol 167, 168
- als Chemierohstoff 191-193
- aus Holzzucker 176, 185, 189
- aus Rohr- und Rübenzucker 187, 188
- aus stärkehaltigen Pflanzenmaterial 186-189
Bioethanol s. Bioalkohol
Biogas 189
Biomassen 174-200
Biopolymere 199

Bioreaktor 213-215
Biosprit s. Bioalkohol
Biosphäre 203
Biotop 203
Biozönose 203
Bitumen 25, 55
Boden 204-207
Bodenleben 204, 205
Bohrinsel 11
Boudouard-Reaktion 102
Braunkohlenschwelen 24, 55, 91-98
Braunkohlentagebau 206, 207
Braunkohlenteer 24
Briketts 78, 86, 141
Buna 50, 167
Bunkeröle 22, 28, 126
Butadien 33, 161, 167-170
Butan 33
Buten 16

Calciumcarbid 49, 141, 155, 156, 162
Carbochemie 4
Carburieren 99
Cellulose 182, 183
Club of Rome 2, 4, 163
Cracken 23-29
Cyclohexanol 140
Cycloparaffine s. Naphthene

Dachpappe 76, 77
Dampfcracken s. Steamcracken
Dampffluten s. Erdölförderung, sekundäre
Dampfspalten s. Steamreforming
Dealkylierung 31
Dehydrierung 30
Dehydrocyclisierung 30
Delayed Coker 137, 147, 148
Deponierung 205
Destillation 16, 24-27
Dieselöl s. Fischer-Tropsch-Verfahren, s. Kohlehydrierung, s. Raffinerie

## Sachverzeichnis

Diisooctylphthalat s. Weichmacher
Disproportionierung 31
Dränung 206
Durchgehen von Reaktionen 129

Elektrofilter 74-76
Emissionen, anthropogene 209, 210
Energiepflanzen 188, 196, 197
Entgasung von Kohle (s. Schwelung von Kohle, s. Verkokung von Kohle)
Erdöldestillation s. Destillation
Erdölförderung, offshore 10, 11, 164
-, primäre 20
-, sekundäre 20
-, tertiäre 21
Erdölgas 38
Erdölraffinerie s. Raffinerie
Essigsäure aus Holzschwelung 90
Ethylen 36
- aus Acetylen 70
- aus Koksofengas 69, 70
- aus petrochemischen Rohstoffen s. Steamcracking

Faulschlamm 19
Feststoffvergasung s. Kohlevergasung
Fetthärtung 45
Fischer-Tropsch-(FT)-Synthese 18, 139, 149-153, 162
Flash-Prinzip 82, 83
Flugstrom s. Kohlevergasung im -
Fluidisierung s. Kohlevergasung in Wirbelschicht
Fluidprozeß s. Fluidisierung
Fraktionierung s. Destillation
Futterrüben 187

Gasanstalt 57-60, 70, 77
Gasbeleuchtung 56, 57
Gasometer s. Gasspeicher
Gasreinigung von Koksofengas 57, 70-74
Gasspeicher 58, 59
Gasturbine 171, 172
Gaswasser s. Gasreinigung
Gaswerk s. Gasanstalt
Generatorgas 99, 103-105
Gleichstromlichtbogenofen 156-159
Grudekoks 92

Haber-Bosch-Verfahren s. Ammoniaksynthese
Heißwasserextraktion von Ölsand 147, 148
Heizöl 25, 34, 46, 98
Heizölraffinerie 36
Helium 37
Hochdrucksynthese s. Ammoniaksynthese, s. Kohlehydrierung, s. Methanolsynthese
Holz als Chemierohstoff 180-186
- aus Schnellwuchsplantagen 181
Holzessig 90
Holzgeist 90
Holzkohle 60-62, 86-91
Holzteer 86-91
Holzzucker 183-186
Horizontalkammeröfen 60, 64-68
Horizontalretortenöfen 59
HTR-Prozeß s. Kohlevergasung
HTW-Prozeß s. Kohlevergasung in Wirbelschicht
Huminsäuren 55
Hüttenkoks s. Koks
Hydrocracken s. Cracken, hydrierend
Hydroformylierung s. Oxoprozeß
Hydroskimming-Raffinerie s. Heizölraffinerie

ICI-Prozeß für Synthesegas 40-45
IG-Verfahren s. Kohlehydrierung
Imprägnieren s. Teeröl
Industriepflanzen 174, 189, 196-198
Inkohlung 53-55, 91
Isomerisierung 29
Isopropanol 50
Isopropylalkohol s. Isopropanol

Karbid s. Calciumcarbid
Kartoffelsprit 188
Kerogen 145
Klopfen 29, 132
Kohlehydrierung 18, 28, 50, 125-143, 166
- nach IG-Verfahren 127-133
- nach neuer Technologie 134-143
Kohlenstoff-Kreislauf, natürlicher 176, 177, 196
Kohleöl s. Kohlehydrierung
Köhler 60
Kohleraffinerie 138-140
Kohlevergasung 99-103, 166
- im Festbett 103-108

## Sachverzeichnis

-, Flugstrom 113-118
- mit HTR-Wärme 103, 124, 125, 165
- im Plasmareaktor 159, 160
-, Untertage 119-124
- nach VEW-Prozeß 172-175
- in Wirbelschicht 109-113
Kokerei 60, 67-70, 76, 162
Kokereigas s. Koksofengas
Kokosnüsse als Chemierohstoff 193
Koks 55-65, 70, 71, 101, 141, 162
Koksöfen s. Bienenkorböfen, s. Horizontalkammeröfen, s. Horizontalretortenöfen
Kombikraftwerk 171, 172
Kondensation 65
Konversion 28
Konvertierung 41, 107, 113
Koppers-Totzek-Prozeß s. Kohlevergasung im Flugstrom

Lebedew-Prozeß s. Butadien aus Bioalkohol
Leuchtgas s. Gasanstalt
Leuchtöl 22, 49, 92
Leuna-Benzin 18, 130
Lignin 182-185
LPG = Liquified Petroleum Gas s. Flüssiggas
LR ( = Lurgi-Ruhrgas)-Verfahren s. Schwelung von Ölschiefer
Luft 207-211
Luftgas s. Generatorgas
Luftverflüssigung nach Linde 99

Meiler 60-63
Metathese s. Olefinmetathese
Methanisierung 42, 43, 102, 107, 129
Methanol
- aus Holzschwelung 90
- als Treibstoff 152
Methanolsynthese 39, 44-47, 127, 152, 169
Mineralölprodukte, Inlandabsatz 35
MTG-(methanol-to-gasoline)-Prozeß 153, 154
Muttergestein 19, 39

nachwachsende Rohstoffe s. Biomassen
Naphtha 25, 32-36, 135
Naphthene 24, 134
Naturgas s. Erdölgas

Nebenproduktkokerei s. Kokerei
Nordseeöl 10, 38, 143

Oberflächengewässer 211
Ökosystem 203, 204
Oktanzahl 29, 30
Olefine 48, 50, 162
Olefinmetathese 199
Oleochemie 200
Ölfalle 20
Ölsand 28, 34, 143-148
Ölschiefer 34, 143-148
Oxo-Prozeß 39, 47, 48, 117, 118, 166
Ozonschicht 215

Paraffine aus Schwelteer 24, 91, 92
Petroleum 16, 25
Phenol 140
Photosynthese 175
Pipeline 16, 19, 36, 38
Plasmapyrolyse s. Gleichstromlichtbogenofen
Plasmareaktor s. Gleichstromlichtbogenofen
Platforming s. Reforming, Reformieren
Polymerfluten s. Erdölförderung, tertiäre
Pott-Broche-Verfahren 141-143
Pro-alcool-Programm s. Bioalkohol aus Zuckerrohr
Prenflo-Verfahren s. Kohlevergasung im Flugstrom
Primärenergieverbrauch, BRD 11
-, Welt 11
-, Weltreserven an fossilen Primärenergieträgern 144
-, Westeuropa 11

Raffinerie 16-19, 22, 24, 25, 37, 51, 52
-, Heizöl- 36
-, Kraftstoff- 36, 37
-, petrochemische 35, 36
Raffination 25
Rapsöl als Dieseltreibstoff 195
Rauchgasreinigung 171, 205, 210
Reformieren 29, 30
Regenerator 65-67
Regenerativ-Verfahren s. Regenerator
Rekultivierung von Tagebauten 207, 208
Röhrenofen 27, 32, 33, 41, 83, 150, 191
Rohstoffpflanzen s. Energiepflanzen, s. Industriepflanzen

Rolleofen 93-95
Ruhr 100 106-108
Ruß 46

Sachsse-Bartholomae-Verfahren 158
SAR-Verfahren s. Kohlevergasung im Flugstrom
Sauergas 37, 38
saurer Nebel 205, 207
- Regen 205, 207
Schlempe 189, 190
Schmeeröfen s. Schwelung von Holz
Schwelen
- von Braunkohlen 24, 55, 91-98
- von Holz 86-91
- von Ölschiefer 145-148
- von Steinkohlen 91, 141
Schwelkohlen 93
Schwelteer 55, 93, 95-98
Schweröl 28, 34, 164
Selbstreinigungskraft von Oberflächengewässern 211, 212
SHELL-Prozeß zur Schwerölvergasung 46, 47
Solarzellen 179
Sonnenenergie 190
SNG (Synthetic Natural Gas) 100
Steamcracking 32, 33
Steamreforming 40, 161, 162
Steinkohlengas s. Koksofengas
Steinkohlenteer 71-86
Stickoxide 205, 209
Sumpfphase s. Kohlehydrierung nach IG-Verfahren
Süssen 38
Süßgas 37
Syncrude 138, 145, 148
Synthesegas 34, 39-48, 100, 105, 118, 162, 166
Syntholprozeß s. Fischer-Tropsch-Synthese

Tanker 17
Tauchflammverfahren 158
Teer s. Braunkohlenteer, s. Steinkohlenteer
Teerbrenner 87-90
Teerchemie 78, 79
Teerdestillation 77-86
Teerfarben 78, 79

Teeröfen s. Schwelung von Holz
Teeröl zum Imprägnieren von Holz 77
Teersand s. Ölsand
Teersäuren 141
Tenside 48, 140
Tensidefluten s. Erdölförderung, tertiäre
Texaco-Verfahren s. Kohlevergasung im Flugstrom
Torf 53
Treibhauseffekt 176-178, 214
Trinkwasser 211
Turmbiologie 213, 214

Umesterung von Kokosöl 193
Untertagevergasung s. Kohlevergasung, unter Tage
UTG = Untertagevergasung

Vergasung von Biomassen 193-195
- von Kohle s. Kohlevergasung
Verkokung 55-60
VEW-Kohlevergasungsprozeß s. Kohlevergasung
Vinylchlorid aus Acetylen 169

Wald, tropischer und subtropischer 176, 178, 180
Waldsterben s. saurer Regen, s. saurer Nebel
Wärmespeicher s. Regenerator
Wasserfluten s. Erdölförderung, sekundäre
Wassergas 99, 141
Wassergasreaktion, heterogen 99, 100
-, homogen 100
Wasserstoff 36, 41-43, 179
Weichmacher 48, 49
Weltbedarf an fossilen Rohstoffen 5-7
- an Primärenergie 36
Weltvorräte an fossilen Brennstoffen 5-10, 144, 164
Wirbelschicht s. Kohlevergasung in Wirbelschicht
Winkler Gaserzeuger s. Kohlevergasung in Wirbelschicht

Zellstoff s. Cellulose
Zucker s. Bioalkohol, s. Holzverzuckerung

W. Sandermann, Lahr

# Die Kulturgeschichte des Papiers

1988. 70 Abbildungen, 16 Farbtafeln, 25 Tabellen. IX, 202 Seiten. Broschiert DM 32,-.
ISBN 3-540-18612-3

**Inhaltsübersicht:** Felsbilder – die ältesten Dokumente der Menschheit. – Tontafel und Keilschrift. – Papyrus und Hieroglyphen. – Buch und Bibliotheken in Griechenland und Rom. – Die chinesische Papiererfindung. – Das Papier kommt zu den Arabern. – Das Papier Altamerikas. – Das Zeitalter des Pergaments. – Das Papier erreicht Europa. – Die Erfindung des Buchdrucks. – Vier Jahrhunderte Suche nach neuen Faserstoffen. – Papier im Vorfeld der Industrialisierung. – Holz wird Papierrohstoff. – Die Chemie und der Aufbau des Holzes. – Vom Halbstoff zum Papier. – Recycling von Altpapier. – Umweltprobleme der Zellstoff- und Papierindustrie. – Die Papierwirtschaft in Zahlen. – Papier und Neue Medien. – Literatur. – Quellennachweise. – Farbtafeln. – Sach- und Namenverzeichnis.

P. Fabian, Katlenburg-Lindau

# Atmosphäre und Umwelt

**Chemische Prozesse · Menschliche Eingriffe · Ozon-Schicht · Luftverschmutzung · Smog · Saurer Regen**

2. Auflage. 1987. 34 Abbildungen. XII, 133 Seiten. Broschiert DM 28,-. ISBN 3-540-17099-5

**Inhaltsübersicht:** Einleitung. – Die Evolution der Erdatmosphäre. – Die Ozon-Schicht und die photochemischen Prozesse in der mittleren Atmosphäre. – Photochemie der Troposphäre. – Einflüsse menschlicher Aktivitäten: Luftverschmutzung als regionales und globales Umweltproblem. – Literatur. – Sachverzeichnis.

Springer-Verlag
Berlin Heidelberg
New York London
Paris Tokyo
Hong Kong

H. Kiefer, W. Koelzer, Karlsruhe

## Strahlen und Strahlenschutz

**Vom verantwortungsbewußten Umgang mit dem Unsichtbaren**

2., erweiterte und aktualisierte Auflage. 1987.
44 zum Teil farbige Abbildungen,
39 Tabellen. XII, 163 Seiten.
Broschiert DM 32,-.
ISBN 3-540-17679-9

**Inhaltsübersicht:** Die Erforschung der strahlenden Natur. - Der Nachweis ionisierender Strahlung - Das Spinthariskop, der Geiger-Zähler, der Phoswich-Detektor. - Welchen Strahlen aus der Natur sind wir ausgesetzt? - Vom Menschen erzeugte und genutzte Strahlenquellen. - Auch bei Strahlung: Die Dosis macht's. - Risikoabschätzung: Eins zu einer Million. - Der Reaktorunfall in Tschernobyl und seine Auswirkung in der Bundesrepublik Deutschland.

H. Moesta, Universität Saarbrücken

## Erze und Metalle

**Ihre Kulturgeschichte im Experiment**

2., korrigierte Auflage. 1986. 47 Abbildungen,
8 Farbtafeln, 28 Experimente mit
Grundanleitung. XI, 189 Seiten.
Broschiert DM 34,80.
ISBN 3-540-16561-4

**Inhaltsübersicht:** Zeit und Technologie. - Kupfer. - Die Entdeckung der Legierungen. - Blei und Silber. - Gold. - Eisen. - Grundanleitung für die Experimente. - Farbtafeln. - Literaturverzeichnis. - Sachverzeichnis.

Springer-Verlag
Berlin Heidelberg
New York London
Paris Tokyo
Hong Kong

MIX
Papier aus verantwortungsvollen Quellen
Paper from responsible sources
FSC® C105338

If you have any concerns about our products,
you can contact us on
**ProductSafety@springernature.com**

In case Publisher is established outside the EU,
the EU authorized representative is:
**Springer Nature Customer Service Center GmbH
Europaplatz 3, 69115 Heidelberg, Germany**

Printed by Libri Plureos GmbH
in Hamburg, Germany